DYNAMISCHE FLUGSICHERHEIT
IN DER PRIVATFLIEGEREI

Der Leitfaden für Privatpiloten

Rainer Krumm

Motor buch Verlag

Einbandgestaltung: schreiberVIS, Seeheim

Bildnachweis:
Rainer Krumm, Shirin Krumm, Alexander Kühnert, Jakob Bosch, LSG Isny, Robert Sentef, Cordula Pflaum, Benedikt Bös, Chris Geist, Markus Horowski, Ute-Kathleen Titze-Haubold, Hans-Peter Zimmermann, Joachim Schreiber

ISBN: 978-3-613-04629-0

Sie finden uns im Internet unter:
www.motorbuch-verlag.de

1. Auflage 2024

Lektorat: Redaktion Motorbuch
Layout, Satz und Prepress: schreiberVIS, Seeheim
Druck und Bindung: PBtisk a.s. Pribram
Printed in Czech Republic

Inhalt

Vorwort Claus Cordes
(Präsident Deutscher Aero Club e.V.)

Liebe Fliegerinnen und Flieger,
es ist mir eine Ehre und eine Freude, dass Rainer Krumm mich gebeten hat, das Vorwort für sein wichtiges Buch zu schreiben.

Es ist von unschätzbarem Wert für unsere sportliche Fliegerei, und das kann ich mit meiner eigenen Vita eindrucksvoll belegen.

Ich bin seit 1980 fast 28.000 Stunden auf unterschiedlichsten Flugzeugen geflogen, vom Schulgleiter SG38 im Gummiseilstart bis zum „Super Heavy" Airbus A380 mit 575 Tonnen Abflugmasse – und auch Juwelen wie die gute alte Tante Ju (Junkers Ju52) und die Königin des Nordatlantiks, die Lockheed L1049 „Super Constellation". Dabei habe ich auch mal „Pech gehabt", es ist jedoch nie jemand zu körperlichem Schaden gekommen. Allerdings ereigneten sich diese Missgeschicke immer nur außerhalb des professionellen Umfeldes des Linienluftverkehrs. Daraus folgt geradezu zwangsläufig der Schluss, dass die „Kleinfliegerei" von „den Großen" nicht nur lernen kann, sondern unbedingt lernen muss!

Dabei ist aber zu berücksichtigen, dass die z. T. recht komplexen Methoden und Werkzeuge der „Kameraden vor dem Kondensstreifen" für Freizeitflieger zu anspruchsvoll sind und deswegen so weit runtergebrochen werden müssen, dass sie nicht abschrecken, sondern Interesse wecken und angenommen werden. Dieses Kunststück ist Rainer Krumm sehr gut gelungen.

Die Schulung im sicheren Umgang mit den beschriebenen Methoden und die Kenntnis der zugehörigen Hintergründe sind für eine sichere und effektive Anwendung äußerst wichtig, denn sie müssen in dem hochdynamischen System Luftfahrt sicher eingesetzt werden. Man muss sich nur einmal klarmachen, dass es von den ersten Flügen Otto Lilienthals in seinem aus Weidenruten erbauten Flugapparat bis zum ersten Linienflug der Concorde nur etwa 70 Jahre gedauert hat. Und das Ende der Fahnenstange der technischen Weiterentwicklung ist noch lange nicht erreicht. Sie schreitet mit großen Schritten voran und verlangt von uns, ständig dazu zu lernen. Aber auch jeder einzelne Flug ist ein hochdynamisches Ereignis, bei dem sich die äußeren Gegebenheiten und Umstände binnen kürzester Zeit radikal verändern können. Eben ist alles noch Routine in gewohnten Bahnen, und von jetzt auf gleich kann ein Flug in Gefahr geraten – und mit ihm Leib und Leben.

Pilotinnen und Piloten müssen auf solche Situationen vorbereitet werden und vorbereitet sein, denn jede und jeder kann jederzeit vor das Problem gestellt sein, eine schwierige Situation allein oder als Besatzung meistern zu müssen.

Dieses Buch leistet dazu einen wichtigen Beitrag. Es vermittelt Grundlagen und Zusammenhänge und beschreibt Methoden und Organisationsformen, die dem Auftreten gravierender Probleme schon im Vorfeld begegnen können und darüber hinaus den sicheren Umgang mit schwierigen Situationen eindrücklich beschreiben.

Jeder und jede im Luftsport Aktive, ob Vereinsvorstand, Fluglehrer oder Pilotin sollte es zur Hand nehmen und in Ruhe studieren, damit sich die zu hohen Unfallzahlen im Luftsport endlich deutlich reduzieren.

Und ist es nicht auch ein Anreiz, so etwas unglaublich Schönes wie Fliegen nicht nur zu können, sondern in allen Facetten so gut zu können, dass jeder Flug mit einer sicheren und glücklichen Landung endet? Dann wird es uns auch leichter fallen, Überzeugungsarbeit denen gegenüber zu leisten, die noch nicht wissen, wie schön es „da oben“ ist.

Ich wünsche diesem Buch eine weite Verbreitung, Ihnen allen allzeit glückliche Landung, und ich spreche Rainer Krumm meinen ganz herzlichen Dank dafür aus, dass er die Mühe des Recherchierens, Schreibens und Erklärens so selbstlos auf sich genommen hat.

Mit fliegerherzlichen Grüßen
Capt Claus Cordes
Präsident Deutscher Aero Club e. V.

Vorwort Eberhard Laur
(Präsident BWLV)

Liebe Fliegerinnen und Flieger,
die Bitte von Rainer Krumm, zum Thema Flugsicherheit ein Vorwort zu schreiben, habe ich sehr gerne angenommen.

Flugsicherheit gehört zur DNA in allen Luftsportarten und ist/muss ein wesentlicher Bestandteil der Aus- und Weiterbildung in den Verbänden und Vereinen sein. Jeder einzelne Luftsportler hat sich mit höchster Priorität diesem wichtigen Thema anzunehmen.

Als Fluglehrer seit 45 Jahren und Leistungsflugpilot bei vielen nationalen und internationalen Wettbewerben sowie durch meine langjährige Verbandstätigkeit gibt es viele Geschichten zu erzählen, wo elementare Grundregeln der Flugsicherheit missachtet wurden, die Gott sei Dank in vielen Fällen glimpflich verlaufen sind, jedoch auch in wenigen Fällen leider nicht. Was sich in den nach wie vor zu hohen Unfallzahlen niederschlägt.

„Es gibt mutige Piloten und alte Piloten, aber es gibt keine mutigen alten Piloten“

Die jährlichen Flugsicherheitsabende in den Vereinen und die Auffrischungsschulungen bei der Fluglehrerfortbildung, die Arbeitskreise im DAeC/BWLV – übrigens mit großer Unterstützung von Rainer Krumm – tragen dazu bei, die Sensibilität für das Thema Flugsicherheit entscheidend zu erhöhen.

Aber auch technische Innovationen wie z. B. Flarm und neuestens die Haubenblitzer in Segelflugzeugen zur Kollisionsvermeidung, die der BWLV für die Schulungsflugzeuge in den Vereinen vor 2 Jahren großzügig unterstützt hat, tragen zu mehr Sicherheit bei. Bei sportlichen Wettbewerben fällt immer wieder auf, dass Flugsicherheitsaspekte dem übersteigerten Ehrgeiz weichen und es zu gefährlichen Situationen kommt, die absolut vermieden werden könnten.

Ich selbst habe diese brenzligen Situationen mehrmals erleben müssen, wobei das riskante Verhalten Einzelner gefährliche Situationen heraufbeschworen hat.

In diesem Buch, das es in dieser Form noch nicht gibt und absolut überfällig ist, werden aus der Praxis heraus und auf fundierter Basis Zusammenhänge der verschiedensten (menschlichen) Faktoren dargestellt und analysiert sowie Anregungen zur Verbesserung der Flugsicherheit gegeben.

Ich wünsche dem Buch von Rainer Krumm den verdienten Erfolg im Sinne eines „Muss“ für Pilotinnen und Piloten, das Buch sollte aber auch eine Art Pflichtlektüre für alle Vereinsvorstände und Fluglehrer sein.

Eberhard „Ebo“ Laur mit seinem Sohn Philipp im Arcus M mit dem Kennzeichen D-KEBO.

Wenn das Ziel der Erhöhung der Flugsicherheitskultur mit konkreten Schritten und Maßnahmen damit erreicht wird, dann haben sich die Anstrengungen mehr als gelohnt!

Eberhard Laur
Präsident des
Baden-Württembergischen
Luftfahrtverband e.V.

Vorwort des Autors

Jedes Buch hat seine Geschichte. Die Idee zu diesem Buch ist aus vielen Dialogen mit Pilotinnen und Piloten entstanden. Durch mein Buch „Mentales Training für Piloten" habe ich viele Zielgruppen erreicht und viele Fliegende spiegelten mir wider, wie wichtig dieses Thema sei. Gleichzeitig sind viele überrascht, wie wenig Pilotinnen und Piloten sich mit dem Thema Flugsicherheit auseinandersetzen, wo es doch so wichtig sei.

In meinem Beruf als Personalentwickler und Organisationsentwickler arbeite ich mit Entscheidungsträgern oft an der Kultur ihrer Organisation und über meine Tätigkeit im Arbeitskreis Flugsicherheit des BWLVs kam auch die Frage für mich auf, warum es eigentlich noch kein Buch über dynamische Flugsicherheit gibt.

In diesem Buch über dynamische Flugsicherheit steht eine klare Botschaft im Mittelpunkt: **Unsere Haltung und unser Verhalten als Fliegerinnen und Flieger ist der Schlüssel zur Minimierung von Risiken**. Egal ob Hobbyflieger, Profipilot oder Flugzeugtechniker, unsere Entscheidungen und Handlungen haben direkten Einfluss auf die Sicherheit des Flugsports. Und sie prägen die Kultur in den Flugsportvereinen. Dieses Buch beleuchtet die Bedeutung von Ausbildung, Risikomanagement, Situationsbewusstsein und Kommunikation im Kontext des Fliegens. Es zeigt auf, wie Selbstreflexion und Verantwortungsbewusstsein dazu beitragen können, die Freude am Fliegen zu bewahren und gleichzeitig das Risiko auf ein Minimum zu reduzieren. Ein unverzichtbares Buch für alle, die die Faszination des Fliegens sicher und verantwortungsbewusst erleben möchten – gerade in den Vereinen. In Vereinen muss sich die Flugsicherheit in der Kultur des Vereins widerspiegeln und zur Selbstverständlichkeit werden.

Auch wenn man ein Buch faktisch allein schreibt, haben mich aber viele Menschen dazu inspiriert und ich durfte von so vielen Personen lernen. Daher mein Dank an den Arbeitskreis Flugsicherheit im BWLV, namentlich Christian Schulz, Felix Michnacs, Bernd Heuberger, Tobias Hipp, Markus Stury, Matthias Felsch, Alfred Ultsch und Axel Boorberg. Danken möchte ich auch allen meinen Fluglehrern in den verschiedenen Flugdisziplinen, von denen ich so viel lernen durfte – nicht zuletzt Fritz Michelfelder, der immer den Satz zu sagen pflegte „Schlampig wird es von selbst, an der Präzision mach ich keine Abstriche". Und den vielen Fliegerfreundinnen und Fliegerfreunden speziell im Segel- und Sportfliegerclub Bad Waldsee-Reute e.V., mit denen wir das Format „WWG- Whiskey Whiskey Golf – wieder was gelernt“ gestartet haben, um einen aktiven Beitrag für die dynamische Flugsicherheit zu erzielen. Claus Cordes und Eberhard Laur für die tollen Vorworte. Meinen Interviewpartnern Thomas Kurz, Hans-Peter Zimmermann, Cordula Pflaum, Robert Sentef, Alf Kohler und Peter von Känel herzlichen Dank für die spannenden Einblicke und Beiträge, die diese Interviews so wertvoll für die Flugsicherheit machen. Hans-Peter Lauble und Herwart Goldbach für ihre Gastartikel. Kai Gonet vom Luftfahrtbundesamt für den Austausch zum Thema Ereignismeldungen. Sonja Wittig, meiner Organisationsentwickler-Kollegin herzlichen Dank für die wunderbare und wertvolle Zusammenarbeit rund um die 9 Levels of Value Systems® und die Dialoge rund um Organisationskulturen. Meiner Kollegin bei axiocon Anja Stravs für das Fliegen der Korrekturschleifen. Und natürlich Alexander Burden vom Motorbuch Verlag, der sofort die Notwendigkeit dieses Buches erkannt hat und den Weg zur Publikation geebnet hat.

Und einen speziellen Dank an meine Familie, die meine Flugbegeisterung versteht und mich auch immer wieder dabei begleitet.

Rainer Krumm

Kontakt:
rainer@krumm.de
www.rainerkrumm.de
www.mentalpilot.de

Zur besseren Lesbarkeit habe ich mich dafür entschieden, geschlechtsneutrale Formulierungen zu verwenden und ansonsten weibliche und männliche Formen in einem ausgewogenen Verhältnis zu verwenden. Bitte fühlen Sie sich entsprechend Ihrer Identität angesprochen.

Im Buch verwende ich das freundschaftliche Flieger-Du.

Auf diesem YouTube Kanal findest Du zahlreiche Videos und Interviews rund um Dynamische Flugsicherheit und Mentales Training von mir

© Joachim Schreiber

Kapitel 1

Warum dynamische Flugsicherheit

> „Will man ein System wirkungsvoll steuern, sollte man das Zusammenspiel seiner verschiedenen Bestandteile genau betrachten, anstatt ihr Verhalten getrennt zu beobachten."
>
> *Paul Ehrlich, deutscher Mediziner und Forscher, 1854–1915*

Dieses Zitat leuchtet nicht nur in seiner zeitlosen Weisheit, sondern auch in seiner überraschenden Anwendbarkeit auf das Gebiet der Flugsicherheit. Ehrlichs Worte legen nahe, dass ein systemischer Ansatz, der das komplexe Zusammenspiel verschiedener Faktoren berücksichtigt, unerlässlich ist, um die Sicherheit in der dynamischen Welt der Privatfliegerei zu erhöhen. Es geht hierbei nicht allein um die technischen Aspekte des Flugzeugs, sondern auch um menschliche Faktoren, Wetterbedingungen, luftrechtliche Vorschriften und die Interaktion mit dem Luftraum. Jedes dieser Elemente spielt eine entscheidende Rolle und trägt zum Gesamtbild der Flugsicherheit bei.

Ein systemischer Ansatz für die Flugsicherheit

Der „systemische Ansatz" in der Organisationsentwicklung bezieht sich auf eine ganzheitliche Perspektive, bei der eine Organisation als ein komplexes System verstanden wird, in dem alle Teile miteinander verbunden sind und sich gegenseitig beeinflussen. Dieser Ansatz erkennt an, dass Veränderungen in einem Teil des Systems Auswirkungen auf das gesamte System haben können. Er betont die Wichtigkeit von Beziehungen, Mustern und Kontexten innerhalb der Organisation.

Bei der Anwendung des systemischen Ansatzes auf die Verbesserung der dynamischen Flugsicherung in der Privatfliegerei wird diese als ein Teil eines größeren Systems betrachtet, das nicht nur technische und operative Aspekte, sondern auch menschliche Faktoren, organisatorische Strukturen und die Kultur der Flugsicherheit umfasst. Ein systemischer Blick ermöglicht es, die Wechselwirkungen zwischen diesen verschiedenen Elementen zu erkennen und zu verstehen, wie sie gemeinsam die Gesamtsicherheit beeinflussen.

In diesem Buch werde ich die Wechselwirkungen und Abhängigkeiten zwischen diesen verschiedenen Elementen aufzeigen. Die dynamische Natur der Flugsicherheit erfordert eine ständige Anpassung und ein tiefes Verständnis für das Zusammenspiel aller beteiligten Faktoren. Wir werden untersuchen, wie Pilotenentscheidungen, technologische Innovationen und Änderungen in den Rahmenbedingungen die Sicherheit beeinflussen können.

Mein Ziel ist es, ein umfassendes Bild der Flugsicherheit in der Privatfliegerei zu zeichnen, das über die Betrachtung isolierter Bestandteile hinausgeht. Indem wir die Flugsicherheit als ein dynamisches System verstehen, das ständig auf interne und externe Einflüsse reagiert, können wir effektivere Strategien und Praktiken entwickeln, um die Sicherheit für alle Beteiligten zu erhöhen.

In diesem einleitenden Kapitel werden einige Modelle und Ansätze dargestellt, die für die Flugsicherheit in der Privatfliegerei relevant sind, bevor dann in den weiteren Kapiteln die vier von mir definierten Dimensionen der dynamischen Flugsicherheit erläutert werden. Stets mit Beispielen und auch Reflexionsfragen.

Gebrauchsanweisung für dieses Buch:

Ich darf alle Leserinnen und Leser auffordern, die Fragestellungen immer wieder auf die eigene Fliegerei und den eigenen Flugsportverein zu reflektieren und zu übertragen – und vor allem einen Dialog in den Vereinen über dynamische Flugsicherheit zu starten. Das Thema ist vielschichtig und komplex, daher ist es auch völlig in Ordnung sich einzelne Themen herauszugreifen und dort zu beginnen, die Sicherheit zu steigern. Der erste und wichtigste Schritt ist die Schaffung eines Bewusstseins über das Thema und der Austausch darüber.

Folgende Zitate zeigen, wie wichtig das Thema Flugsicherheit in der kommerziellen Luftfahrt ist – höchste Zeit, das Thema auch im Flugsport mehr zu thematisieren.

- „Sicherheit ist kein Ziel, sondern ein fortlaufender Prozess." – Dieter Kaden, ehemaliger CEO von Lufthansa Technik (zitiert in aero.de, 16. November 2005)
- „Das Ziel ist Null Unfälle." – Prof. Dr.-Ing. Johann-Dietrich Wörner, ehemaliger Vorstandsvorsitzender des Deutschen Zentrums für Luft- und Raumfahrt (zitiert in Deutsche Welle, 30. September 2015)
- „Wir dürfen uns niemals auf dem Erreichten ausruhen. Die Sicherheit in der Luftfahrt muss immer weiter verbessert werden." – Klaus-Peter Siegloch, Präsident des Bundesverbandes der Deutschen Luftverkehrswirtschaft (zitiert in Fliegermagazin, April 2013)
- „Es gibt keine zweite Chance bei der Flugsicherheit." – Bernd Gans, Leiter der Flugsicherheitsabteilung der DFS Deutsche Flugsicherung GmbH (zitiert in Aviation-Management, Mai 2018)

Die Faszination für die Privatfliegerei lässt den Traum vom Fliegen wahr werden und eröffnet den Horizont in ganz neue Dimensionen. Doch während das Flugzeug durch die Lüfte gleitet, ist Sicherheit das A und O. Und natürlich auch zuvor und danach am Boden. Die Sicherheit gewährleistet langfristigen Spaß und Freude am Flugsport und sollte daher für alle Fliegenden und deren Passagiere im Fokus stehen.

Flugsicherheit ist ein zentraler Faktor im Flugsport. Während die technischen Aspekte der Flugsicherheit in den letzten Jahrzehnten enorm verbessert wurden, bleibt die menschliche Seite oft vernachlässigt. Dieses Buch richtet sich an Luftsportler, Ultraleichtpiloten, Privatpiloten, Segelflieger und Luftsportvereine, die sich mit modernen Konzepten der Flugsicherheit befassen möchten. Dieses Buch soll die vier Dimensionen der dynamischen Flugsicherheit beleuchten, analysieren und auch konkrete Hilfestellungen und Tipps geben, wie die dynamische Flugsicherheit verbessert werden kann (und teilweise auch muss). Die Dimensionen sind die individuelle Person, das Zusammenspiel zweier Menschen, die Dynamik in Gruppen, aber auch die Kultur in ganzen Organisationen wie Vereinen. Nur ein ganzheitlicher Blick auf alle Dimensionen lässt dynamische Flugsicherheit zu.

Wir werden uns mit den mentalen Aspekten der Flugsicherheit, der Kommunikation und der Rolle des Vereins bei der Förderung einer Kultur der Sicherheit beschäftigen.

Fliegen ist ein faszinierendes Erlebnis, das jedoch mit Risiken verbunden ist. Eine moderne Flugsicherheitskultur, die sowohl technische als auch menschliche Aspekte umfasst, ist entscheidend für ein sicheres Flugerlebnis.

In diesem ersten Kapitel geht es zunächst um die Definition, was unter dynamischer Flugsicherheit zu verstehen ist. Verschiedene Modelle, die sich auch in anderen Lebensbereichen rund um das Thema Sicherheit bewährt haben werden vorgestellt und auf die Privatfliegerei übertragen. Ebenso werfen wir immer wieder einen Blick auf die kommerzielle Luftfahrt, welche Konzepte sich dort teils seit Jahren bewähren, aber es teilweise noch nicht in den Flugsport geschafft haben. Mir ist dabei aber auch der Pragmatismus in den Konzepten wichtig, denn diese Konzepte und Ansätze müssen auch in kleinen Vereinen auf der sogenannten grünen Wiese funktionieren. Ich lade Dich ein, beschäftige Dich mit den Modellen und gehe in den Dialog mit anderen Vereinsmitgliedern oder Fliegerfreundinnen und -freunden, um zu sehen, wie die Sicherheit bei Euch verbessert werden kann. Oft sind kleine Schritte schon sehr entscheidend.

Statische und dynamische Flugsicherheit

Seit Jahren sind die Unfallzahlen fast stagnierend und werden leider nicht besser. Die kommerzielle Luftfahrt hat es geschafft, die Unfallzahlen deutlich zu senken – und zwar durch dynamische Konzepte der Flugsicherheit, die in der privaten Fliegerei noch nicht wirklich Fuß gefasst haben, dieses Buch soll einen Beitrag dazu leisten. Bisher war ein Großteil der Flugsicherheit statisch und nicht dynamisch orientiert. Was unterscheidet die beiden Ansätze?

Definition: Statische Flugsicherheit

Statische Flugsicherheit ist reaktiv. Einfach formuliert ist statische Flugsicherheit immer eine Rückbetrachtung, wenn bereits Unfälle passiert sind. Es wird dann reaktiv analysiert, was passiert ist und was zukünftig verbessert werden könnte. Die Hersteller, Luftfahrtbehörden oder Verbände geben dann neue Hinweise, technische Mitteilungen, Verfahren, Gesetze oder Prüfnormen vor. Die Sättigung dieser statischen Methode liegt unter anderem daran, dass die meisten Unfälle oder Unfallarten bereits erfasst und verarbeitet wurden, diese sind aber eher technischer Natur. Oft sind diese Aspekte bauartbedingt und es wird mit den gemachten Erfahrungen nachgebessert und nachgeschärft.

Definition: Dynamische Flugsicherheit

Dynamische Flugsicherheit ist hingegen proaktiv und nach vorne gerichtet. Es umfasst auch mehr die Prozessabläufe, das menschliche Denken und Handeln und Interagieren, die Kultur in Vereinen und Organisationen und hat vor allem ein Grundverständnis/Mindset, dass Flugsicherheit wichtig und erlernbar ist. Die mentalen Aspekte spielen eine zentrale Rolle und das bewusste mentale Trainieren von Situationen und Handlungsabläufen. In Vereinen sollten die Themen aktiver geschult und reflektiert werden. Die Kultur an einem Flugplatz oder in einem Flugsportverein ist ebenso ein wichtiger Baustein der dynamischen Flugsicherheit – welchen Stellenwert spielt die Flugsicherheit, wie wird miteinander (oder gar gegeneinander) kommuniziert, welche Verfahren und Methoden werden am Flugplatz und im Verein gelebt.

Siegfried Baumgartl und Thomas Kurz formulieren aus Segelflieger- und Organisationsentwickler Perspektive dieses Thema wie folgt: „Aus den modernen Methoden der Sicherheitswissenschaft (Safety Science) wissen wir, dass es ein hundertfach höheres Potenzial zur Risikominimierung gibt, wenn bereits Vorfälle oder Ereignisse weit vor einem Unfall analysiert werden können. Die dynamische oder organisationsbasierte Flugsicherheitsmethode geht davon aus, dass aus jedem gemachten Pilotenfehler sinnvolle Maßnahmen entwickelt werden können: Jede sicherheitsrelevante Beobachtung, jedes registrierte Vorkommnis, jede Abweichung vom Regel- und Normbetrieb bietet Analyse- und Maßnahmenpotenzial. Um diese Potenziale zu heben muss die Sicherheitsarbeit auch näher an die Basis rücken, um die spezifischen Bedingungen der jeweiligen Luftsportart an den unterschiedlichsten Orten mehr zu berücksichtigen und die Kompetenz und Verantwortung direkt vor Ort zu stärken.“[1]

Um eine moderne Flugsicherheit zu etablieren, bedarf es die Kombination der statischen mit der dynamischen Flugsicherheit. Dies erfordert einen neuen Denk- und Handlungsansatz – der eben in die Vereine hineinreichen sollte bzw. muss, wenn das Sicherheitsthema eine wirkliche Relevanz haben soll und die Unfallzahlen massiv verbessert werden sollen. Die ICAO hat den DTOs (Determined Training Organiszation) bereits die dynamische Flugsicherheit ins Pflichtenheft geschrieben – die Vereine und Luftsportverbände sollten hier nachziehen. Wie das gehen kann, darum geht es in diesem Buch.

Blick in die Statistik

Die Sammlung und Analyse von aktuellen Flugunfallstatistiken ermöglicht es, Trends und Entwicklungen in Bezug auf die Flugsicherheit im Flugsport zu identifizieren. Im Fall von Deutschland, Österreich und der Schweiz gibt es jeweils nationale Flugunfalluntersuchungsstellen, die umfangreiche Daten über Flugunfälle erfassen und analysieren. Die verfügbaren Daten umfassen in der Regel Informationen wie die Anzahl der Unfälle pro Jahr, die Art der Unfälle (z. B. Kontrollverlust, Absturz, Kollision), die beteiligten Flugzeugtypen, die Ursachen und Faktoren, die zu den Unfällen geführt haben, sowie Informationen über Verletzte oder Todesfälle.

Die Sicherheitsentwicklung und Veränderungen der Unfallzahlen können über die Jahre hinweg betrachtet werden, um den Effekt von Sicherheitsmaßnahmen, Technologieverbesserungen und Schulungsprogrammen zu analysieren. Eine solche Bewertung ermöglicht es, Schwachstellen zu identifizieren und gezielte Maßnahmen zur Verbesserung der Flugsicherheit abzuleiten.

Es ist wichtig anzumerken, dass die spezifischen Daten und Statistiken in Bezug auf Flugunfälle in Deutschland, Österreich und der Schweiz kontinuierlich aktualisiert und veröffentlicht werden. Um eine genaue und detaillierte Analyse vorzunehmen, ist es ratsam, auf die neuesten Berichte und Veröffentlichungen der jeweiligen Flugunfalluntersuchungsstellen zurückzugreifen. Die Schweizerische Sicherheitsuntersuchungsstelle (SUST) ist die staatliche Behörde der Schweizerischen Eidgenossenschaft, welche den Auftrag hat, Unfälle und gefährliche Ereignisse von Bahnen, Luftfahrzeugen und Schiffen zu untersuchen. Die österreichische Institution Flugunfall-Untersuchungsstelle (FUS) hat die Aufgabe der Klärung der Ursachen von Flugunfällen und die Erstellung von Vorschlägen zur Vermeidung ähnlicher Vorfälle. In Deutschland hat die Bundesstelle für Unfalluntersuchungen zahlreiche Untersuchungen, Berichte und Statistiken online verfügbar.

Man wird jedoch kaum erwarten können, dass sich alle Pilotinnen und Piloten all diese Dokumente intensiv anschauen, aber in den meisten Vereinen gibt es Personen, die dafür eine Vorliebe haben und diese lesen – nun heißt es dieses Wissen anderen Menschen im Verein weiterzugeben. Es gibt auch auf YouTube oder in Podcasts viele hilfreiche Unfallanalysen, die komplexe Sachverhalte verständlich aufarbeiten und so eine große Zielgruppe erreichen. Beispielsweise arbeitet mein Vereinskollege UL-Pilot Alex Kühnert, der auch einen luftfahrttechnischen Berufshintergrund hat immer wieder Unfälle auf und leitet Tipps sind Tricks zur Vermeidung leichtverständlich ab. Der Schweizer Hans-Peter Zimmermann, mit dem ich für dieses Buch ein spannendes Interview zum Thema Unfallursachen führen durfte, bereitet ebenso mit viel Fachexpertise diese Unfallanalysen auf und veröffentlicht diese auf seinem YouTube-Kanal.

Der YouTube Kanal von Alexander Kühnert

Der YouTube Kanal von Hans-Peter Zimmermann

Unfallanalysen zur Flugsicherheit

Die Unfallanalyse „Unfälle und Störungen mit Luftsportgeräten 2000 – 2019“ der Bundesstelle für Flugunfalluntersuchung (BFU) fokussiert sich auf Ereignisse mit Ultraleichtflugzeugen und Tragschraubern in einem Zeitraum von 20 Jahren. Hier als Zusammenfassung einige wichtige Erkenntnisse und Trends:

- **Ereigniszahlen und Schwierigkeiten bei der Datenerfassung:** Die BFU stellte fest, dass die Erfassung von Ereignissen mit Ultraleichtflugzeugen und Tragschraubern sehr schwierig war. Organisationen wie das LSG-B des DAeC und der DULV veröffentlichten seit 1999 keine Unfallstatistiken für diese Bereiche. Die BFU erhielt zwar Meldungen zu Ereignissen, doch diese waren oft nicht eindeutig klassifizierbar.
- **Gesamtergebnis des Datenabgleichs:** Insgesamt gab es in dem 20-jährigen Zeitraum 1894 Ereignismeldungen zu Ultraleichtflugzeugen und Tragschraubern, darunter 140 tödliche Unfälle. Dies entspricht einem Jahresdurchschnitt von 95 Ereignissen und etwa 7 tödlichen Unfällen.
- **Tödliche Unfallrate:** Die BFU berechnete eine durchschnittliche tödliche Unfallrate von 1,4 tödlichen Unfällen pro 100 000 Starts mit Ultraleichtflugzeugen in Deutschland. Zum Vergleich: Die EASA berichtet von niedrigeren Raten für nichtgewerbliche kleine Flugzeuge und Segelflugzeuge.
- **Vergleich mit früheren Daten:** Im 10-Jahres-Vergleichszeitraum 1988 – 1997 wurden 217 Unfälle mit Ultraleichtflugzeugen registriert, davon 62 tödlich. Es zeigt sich also ein Anstieg der Gesamtunfallzahlen, aber ein ähnliches Niveau bei tödlichen Unfällen.

Trends und Tendenzen: Es gibt eine Zunahme der Gesamtunfallzahlen über die Jahre. Die tödlichen Unfallraten bleiben relativ konstant, trotz des Anstiegs der Gesamtunfallzahlen. Gründe für ausbleibende Verbesserungen in der Sicherheit:

- Mangel an präzisen und vollständigen Unfallstatistiken, was eine effektive Analyse und Prävention erschwert.
- Möglicherweise eine Zunahme der Aktivitäten im Bereich der Ultraleichtflugzeuge und Tragschrauber ohne entsprechende Sicherheitsmaßnahmen.
- Die Komplexität und Vielfalt der beteiligten Luftfahrzeuge und deren Betriebsbedingungen können ebenfalls zu Schwierigkeiten bei der Implementierung von Sicherheitsverbesserungen führen.

Diese Analyse bietet Einblicke in die Sicherheitslage bei Ultraleichtflugzeugen und Tragschraubern und weist auf die zu verbessernden Bereiche hin.

Es besteht ein akuter Bedarf an moderner und dynamischer Flugsicherheit im privaten Flugsport.

Lernen aus Unfallanalysen am Beispiel Außenlandung im Segelflug

Außenlandungen stellen laut BFU-Analysen[2] den primären Unfallschwerpunkt im Segelflug dar, insbesondere in Deutschland. 2010 wurden fast die Hälfte aller Segelflugunfälle während Außenlandungen verzeichnet, ein signifikanter Anstieg gegenüber dem mehrjährigen Durchschnitt von etwa 25 %. Die geografische Verteilung zeigt, dass in Bayern und Baden-Württemberg, sowie in angrenzenden Alpenländern, die meisten dieser Unfälle auftreten, bedingt durch anspruchsvolle Hoch- und Mittelgebirgslandschaften.

Die häufigste Unfallursache bei Außenlandungen ist der sogenannte „Ringelpiez“ – eine ungewollte Drehung des Flugzeugs um die Hochachse, meist durch frühzeitigen Kontakt einer Tragfläche mit dem Boden verursacht. Landungen in hohem Bewuchs wie Getreide- oder Maisfeldern bergen ebenfalls hohe Risiken, wohingegen Landungen in Rapsfeldern oft zu schweren Verletzungen der Piloten führen. Für Segelflugzeuge mit Hilfsantrieb werden häufig Unfälle aufgrund mangelnder Vorbereitung und Fehleinschätzungen der Außenlandesituation verzeichnet. Kollisionen mit Hindernissen im Anflug, insbesondere mit Überlandleitungen, sind ebenfalls eine wesentliche Unfallursache.

Um die Sicherheit bei Außenlandungen zu erhöhen, empfiehlt die BFU:

- **Geistige Vorbereitung:** Regelmäßige mentale Vorbereitung auf Außenlandungen, auch für die korrekte Inbetriebnahme des Triebwerks, ist entscheidend.

Eine gelungene Außenlandung mit dem Segelflugzeug auf einem Acker.

- **Training:** Üben Sie Ziellandungen unter verschiedenen Windbedingungen und, im Falle von Segelflugzeugen mit Hilfsantrieb, auch mit ausgefahrenem, stillgelegtem Triebwerk.
- **Streckenwahl und Flugplanung:** Berücksichtigen Sie die Eignung der überflogenen Landschaften für Außenlandungen. Nutzen Sie Flugplanungssoftware, Google Earth und Maps für die Identifizierung potenzieller Landefelder.
- **Prioritätensetzung:** Bei bevorstehenden Außenlandungen sollte die Sicherheit oberste Priorität haben.
- **Geländeerkundung:** Sorgfältiges Scannen des Geländes auf Oberflächenbeschaffenheit, Neigung und versteckte Gefahren ist unerlässlich.
- **Frühzeitige Entscheidung:** Entscheiden Sie sich rechtzeitig für ein geeignetes Außenlandefeld.
- **Korrekte Landungsdurchführung:** Landen Sie stets mit ausgefahrenem Fahrwerk und fliegen Sie eine ausreichend große Platzrunde mit einem deutlich ausgeprägten Queranflug.

Diese Empfehlungen und Erkenntnisse basieren auf umfassenden Analysen der BFU und zielen darauf ab, die Sicherheit im Segelflug, insbesondere bei Außenlandungen, zu verbessern.

Diese Analyse zeigt klar auf, dass durch dynamische Flugsicherheit, also die proaktive Unfallvermeidung durch Vorbereitung, mentales Training, Üben, den gemeinsamen Erfahrungsaustausch etc. viele Unfälle vermeidet werden können.

Gelungene Doppelsitzer-Außenlandung von Jakob Bosch und Wolfgang Hirth im Duo Discuss beim Alpenflug.

Im Abschnitt über die Unfallpyramide wird auch klar, das die Vermeidung von Beinahe-Unfällen ebenso wichtig ist. In Vereinen macht es daher sehr viel Sinn, sich auch immer wieder mit Unfallanalysen zu beschäftigen, die inzwischen ja auch leicht verständlich im Internet aufgearbeitet werden, um dann im Verein zu besprechen, was daraus gelernt werden kann.

Das Schweizer Käsemodell nach Reason

Meist passieren Unfälle nicht auf singulären Fehlern, sondern durch eine Verkettung mehrerer Themen. Umso wichtiger ist es, diese Fehlerkette möglichst früh zu durchbrechen, bzw. erst gar nicht entstehen zu lassen.

Das Schweizer Käsemodell[3], entwickelt von James Reason, einem renommierten Psychologen, ist eine Metapher, die benutzt wird, um zu erklären, wie trotz mehrerer Sicherheitsbarrieren in komplexen Systemen Fehler auftreten können. Das Modell stellt die Sicherheitsmaßnahmen eines Systems als mehrere Scheiben Schweizer Käse dar, wobei jede Scheibe eine Verteidigungsebene wie Sicherheitsrichtlinien, technische Kontrollen oder menschliche Intervention repräsentiert. Die Löcher in diesen Käsescheiben stehen für Schwachstellen oder potenzielle Fehler in jeder Ebene. Ein Unfall oder schwerwiegender Vorfall tritt auf, wenn diese Löcher in den verschiedenen Scheiben sich so ausrichten, dass ein durchgehender Fehlerpfad entsteht.

James Reason und die Entstehung des Modells

James Reason war ein führender Denker im Bereich der menschlichen Fehleranalyse und Sicherheitsforschung. Sein Modell, ursprünglich für die Analyse von Fehlern im Gesundheitswesen und der Arbeitssicherheit entwickelt, wur-

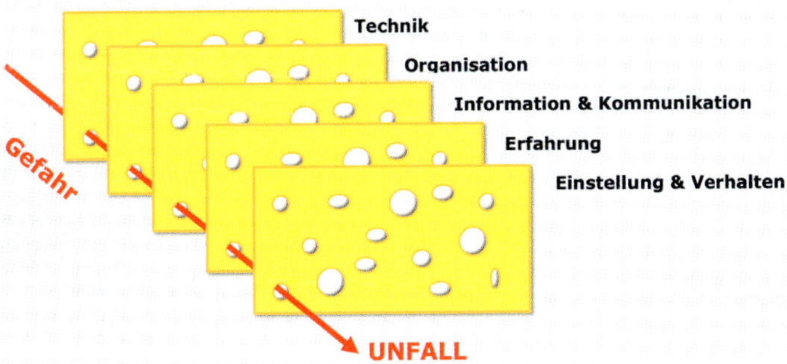

Das Schweizer Käsemodell nach James Reason.

de schnell in anderen Branchen, insbesondere in der Luftfahrt, übernommen. Reasons Arbeit hat das Verständnis dafür, wie menschliche Fehler und systematische Schwächen zu schwerwiegenden Zwischenfällen führen können, revolutioniert.

Anwendung im Threat and Error Management (TEM)

Im Kontext des Threat and Error Managements (TEM) - zu deutsch Bedrohungs- und Fehler Management - bietet das Schweizer Käsemodell einen Rahmen, um Risiken und Fehlerquellen zu identifizieren und zu managen. Im Hobbyflugsport hilft das Modell dabei, potenzielle Bedrohungen wie Wetteränderungen, technische Defekte oder menschliche Fehler zu erkennen und präventive Maßnahmen zu ergreifen.

Beispielweise sollte es dem „Pilot in Commad“ im Klaren sein, dass es im Herbst zu vermehrter Nebelbildung kommen kann, was die Erreichbarkeit mancher Flugplätze sehr schnell verhindern kann. Diese Gefahr gilt es im Vorfeld ins Bewusstsein zu rufen und entsprechende Planungen oder Ausweichplanungen vorzubereiten.

Beitrag zur dynamischen Flugsicherheit im Hobbyflugsport

Im Hobbyflugsport dient das Schweizer Käsemodell als Rahmenwerk, um die dynamische Natur der Flugsicherheit zu verstehen. Es hilft, komplexe Interaktionen zwischen verschiedenen Sicherheitsmaßnahmen zu visualisieren und zeigt auf, wie das Versagen einzelner Maßnahmen durch andere Sicherheitsebenen aufgefangen werden kann.

Ein Beispiel aus dem Hobbyflugsport könnte die Kombination aus Wetterbriefing und technischer Überprüfung des Flugzeugs sein. Wenn das Wetterbriefing unzureichend ist (ein „Loch“ im Käse) und gleichzeitig eine technische Unregelmäßigkeit übersehen wird (ein weiteres „Loch“), kann dies zu einer gefährlichen Situation führen. Hier illustriert das Modell, wie das Zusammentreffen verschiedener Fehlerquellen das Risiko eines Unfalls erhöht. Hat der Pilot gute Anflugblätter von Ausweichflugplätzen dabei, kann dieses Anflugblatt eine Käsescheibe sein, die den Unfall verhindern kann. Ist kein Anflugblatt an Bord, haben wir ein weiteres Loch. Oder wurde keine Benzinreserve kalkuliert entsteht ein weiteres Loch.

Das Schweizer Käsemodell bietet wertvolle Einsichten in die Natur menschlicher Fehler und Systemfehler. Es betont die Bedeutung mehrschichtiger Sicherheitsmaßnahmen und das kontinuierliche Streben nach Verbesserung der Sicherheitskultur im Hobbyflugsport. Durch das Verständnis und die Anwendung dieses Modells können Flugvereine und Einzelpiloten effektiver Risiken managen und somit einen wesentlichen Beitrag zur Sicherheit in der Luftfahrt leisten.

Aus der Praxis:

Bei einem kleinen Flugplatz mit gemischtem Flugbetrieb wurde beispielsweise eingeführt, dass die Modell-Flieger auch ein Flugfunkgerät mit Hörbereitschaft haben, um zu wissen, was sich am Boden und im Luftraum rund um den Platz aktuell abspielt. So können sie besser einschätzen, ob es gerade Sinn macht mit dem Modellbau-Jet zu fliegen, oder besser noch zu warten.

Reflexion und Tipp für Vereine:

Schaut Euch das Video zum Schweizer Käsemodell an, in dem das Modell erklärt wird oder erklärt Euch das Modell selbst und arbeitet zusammen heraus, was wichtige Käsescheiben für die verschiedenen Fliegergruppen an Eurem Platz sind und welche auch für alle gelten.

- Welche Gefahren gibt es an Eurem Platz und wie kann man sie vermeiden?
- Welche Käsescheiben haben wir, wie gut nutzen wir diese?
- Was kann für die Flugsicherheit im Verein unternommen werden?

Das Schweizer Käsemodell erkläre ich auch auf meinem YouTube Kanal

Praxisbeispiel:

Im Segel- und Sportflieger Club Bad Waldsee Reute e.V. diskutierten wir zunächst das Modell damit ein gemeinsames Verständnis besteht, um dann die Käsescheiben zu sammeln, die speziell an unserem Platz mit gemischtem Flugbetrieb und einem beschrankten Weg über die Startbahn wichtig sind. Dabei kamen auch sogenannte Selbstverständlichkeiten heraus, die aber doch immer wieder vergessen werden könnten und damit eben nicht selbstverständlich sind.

Die hier gesammelten Käsescheiben waren folgende:

- Ordentlich funken
- Kuller am Segelflugzeug weg!
- Mental fit und bereit sein
- Kommunikation – „schwätza“
- Flugleiter nicht ablenken
- Kein Quatschen im Tower
- Schranken schließen und Weg freihalten

Sicherheitsaustausch im SSC Bad Waldsee Reute im Rahmen eines Clubabends.

- Beim Modellflug kein „zu rollen“ auf Menschen
- Checklisten nutzen
- Modellfluggeräte sichern
- Ausreichend Sprit haben
- Partnercheck im Cockpit
- Gruppendynamik und „Druck“
- Rücksicht untereinander
- Tipps geben und Feedback
- Klarheit, wer Pilot in Command ist
- Ordentliche Flugvorbereitung
- Feuerwehr rausfahren

Sicherlich sind hier einige Selbstverständlichkeiten dabei wie „ordentlich funken“ – aber mal Hand aufs Herz … wird wirklich an allen Plätzen jederzeit ordentlich gefunkt … ich glaube nein.

Das Präventionsparadoxon

Das Präventions-Paradoxon beschreibt ein Phänomen, bei dem Maßnahmen zur Verhinderung eines bestimmten Ereignisses, wie z.B. eines Unfalls, für das einzelne Individuum oft keinen unmittelbaren Nutzen zu haben scheint, insbesondere wenn das Ereignis selten auftritt. Dies kann dazu führen, dass Einzelpersonen die Notwendigkeit solcher Präventionsmaßnahmen unterschätzen oder ignorieren, obwohl diese Maßnahmen auf einer größeren, kollektiven Ebene äußerst wirksam sind.

Im Kontext der Hobby-Fliegerei bedeutet dies, dass einzelne Piloten vielleicht nicht den direkten Nutzen von umfassenden Sicherheitsmaßnahmen erkennen, vor allem, wenn sie noch nie einen Unfall erlebt haben oder Unfälle in ihrem Umfeld selten sind. Die Tendenz, Sicherheitsmaßnahmen zu vernachlässigen, kann erhöht sein, wenn die Maßnahmen als umständlich oder zeitaufwendig empfunden werden.

Das Schweizer Käse-Modell von James Reason bietet eben eine hilfreiche Perspektive. Dieses Modell illustriert, wie Unfälle oft das Ergebnis mehrerer kleinerer Fehler oder Probleme sind, die sich durch verschiedene Sicherheitsebenen (dargestellt als Scheiben Schweizer Käse mit Löchern) hindurchbewegen. Jede Sicherheitsmaßnahme (jede Scheibe Käse) hat ihre Unzulänglichkeiten (die Löcher), aber das Zusammenspiel mehrerer Maßnahmen kann das Risiko eines Un-

Bauartbedingt haben Flugzeuge speziell am Boden sehr unterschiedliche Möglichkeiten des Sehens für die Piloten, dies muss man sich bewusst sein.

falls erheblich reduzieren. Das bedeutet, dass selbst kleine oder scheinbar unbedeutende Präventionsmaßnahmen in der Hobby-Fliegerei wichtig sind, da sie zusammenwirken, um die Sicherheit zu erhöhen.

Das Paradoxon liegt also darin, dass obwohl der Einzelne vielleicht keinen unmittelbaren Nutzen sieht, das kollektive Einhalten von Sicherheitsmaßnahmen wesentlich zur Unfallvermeidung beiträgt. Es ist entscheidend, ständig nach Verbesserungen in der Unfallprävention zu streben, um die Sicherheit in der Hobby-Fliegerei zu gewährleisten. Denn selbst wenn ein einzelner Pilot nie direkt von diesen Maßnahmen profitiert, trägt er doch zum allgemeinen Sicherheitsniveau bei, das letztlich allen zugutekommt.

So könnte es ein fataler Fehler sein, wenn ein Pilot entscheidet, dass er die Checkliste zum Außencheck vor dem Flug nicht mehr so ernst nimmt, denn er hat ja bei den letzten 200 Flügen auch nie einen Fehler beim Außencheck gefunden. Oder dass ein Pilot das Wetterbriefing nicht ernst nimmt, denn es ist ja bisher auch immer passend gewesen. Und schon fehlt eine Käsescheibe, die ggf. einen Unfall verhindert hätte.

Eine Sicherheitskultur bedeutet eben auch Checklisten zu nutzen, wenn keiner zuschaut.

Human Factors Analysis and Classification System (HFACS)

Das Human Factors Analysis and Classification System (HFACS), entwickelt von Wiegmann & Shappell im Jahr 2003, ist ein umfassendes Modell zur Analyse menschlicher Faktoren in der Luftfahrt, basierend auf dem Schweizer Käse-Modell von Reason. Ursprünglich für die US Air Force konzipiert, bietet HFACS eine mehrdimensionale Perspektive zur Untersuchung von Flugsicherheitsvorfällen und ist besonders wertvoll für die Analyse von Unfällen und Störungen in der privaten Fliegerei.

HFACS entstand aus der Notwendigkeit heraus, menschliche Fehler in der Luftfahrt besser zu verstehen und zu klassifizieren. Inzwischen hat sich das Konzept auch in der Pharmaindustrie etabliert, um Fehler zu vermeiden. Der Ansatz ist darauf ausgerichtet, die Ursachen von (Beinahe-)Unfällen auf verschiedenen Ebenen eines Systems zu identifizieren. Die Grundidee ist, dass menschliches Versagen nicht isoliert betrachtet werden kann, sondern im Kontext organisatorischer und operationeller Faktoren zu sehen ist.

In der Privatfliegerei kann das HFACS-Modell genutzt werden, um individuelle, zwischenmenschliche, gruppenbezogene und organisatorische Dimensionen der Flugsicherheit zu analysieren. Insbesondere lässt es sich anwenden, um:

- Aktive Fehler und Verstöße von Piloten zu identifizieren.
- Vorbedingungen für diese Fehler, wie Ermüdung oder mangelnde Ausbildung, zu erkennen.
- Mängel in der Sicherheitskritischen Aufsicht und in organisatorischen Strukturen zu ermitteln.

HFACS unterteilt sich in vier Hauptebenen:

- **Sicherheitskritische Handlungen:** Dies beinhaltet aktive Fehler (Fertigkeitsfehler, Entscheidungsfehler, Wahrnehmungsfehler) und Verstöße der Piloten (normale und regelmäßige Verstöße).
- **Vorbedingungen für sicherheitskritische Handlungen:** Hierzu zählen Umweltfaktoren (physikalische und technische Umwelt), Zustand des Piloten (psychischer, physiologischer Zustand und körperliche/mentale Einschränkungen), sowie Personelle Faktoren (Ressourcenmanagement, Leistungs-/Einsatzbereitschaft)
- **Sicherheitskritische Aufsicht:** Diese Ebene adressiert unzureichende Aufsicht, geplante unangemessene Durchführung; Versäumnisse bekannte Probleme zu lösen und Verletzung der Aufsichtspflicht.

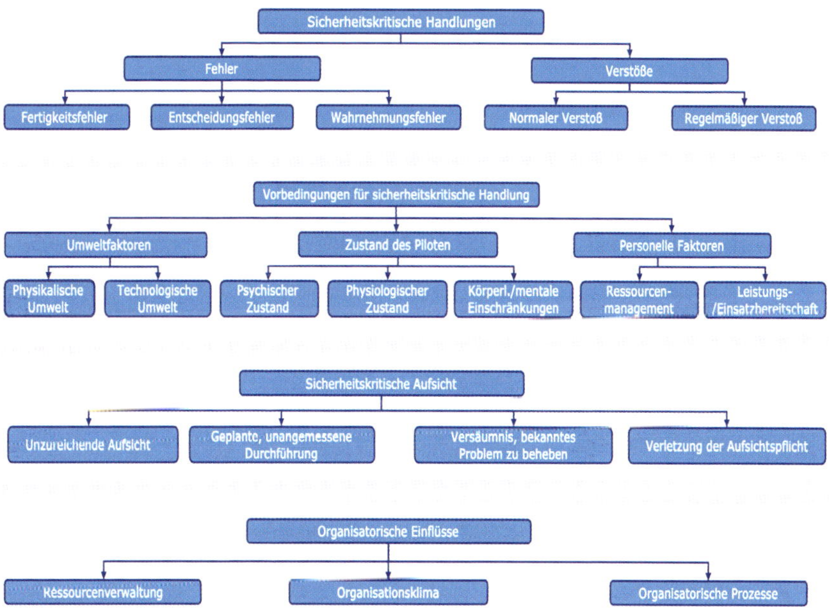

Human Factors Analysis & Classification System

- **Organisatorische Einflüsse:** Hier werden Faktoren auf der höchsten Ebene, wie Organisationskultur, Organisationsklima und Ressourcenverwaltung adressiert.

Das BFU nutzt das HFACS in seiner Studie zur Analyse von Unfällen mit Luftsportgeräten. HFACS kann einen wesentlichen Beitrag zur Erhöhung der Flugsicherheit in der Privatfliegerei leisten, indem es hilft, systemische Schwachstellen und menschliche Fehlerquellen zu identifizieren. Durch die Analyse vergangener Unfälle und Beinahe-Unfälle können wiederkehrende Muster erkannt und gezielte Maßnahmen zur Prävention eingeleitet werden.

Piloten und Flugvereine können HFACS nutzen, um:
- Sicherheitsbewusstsein und Verständnis für menschliche Faktoren zu fördern.
- Schulungen und Trainingsprogramme gezielt an Schwachstellen und Bedürfnissen auszurichten.
- Sicherheitskulturen innerhalb ihrer Organisationen zu stärken.
- Risikomanagementprozesse und Sicherheitsrichtlinien zu verbessern.

Das HFACS-Modell ist ein vielseitiges Instrument, das tiefgehende Einblicke in die menschlichen Aspekte der Flugsicherheit bietet. Seine Anwendung in der Privatfliegerei kann nicht nur zur Aufklärung von Unfällen beitragen, sondern auch präventive Maßnahmen fördern, um die Sicherheit in diesem Bereich nachhaltig zu verbessern.

Hauptergebnisse der HFACS-Analyse

Die Bundesstelle für Flugunfalluntersuchung (BFU)[4] hat in ihrer Analyse von Unfällen und Störungen mit Luftsportgeräten (LSG) von 2000 bis 2019 das Human Factors Analysis and Classification System (HFACS) angewendet. In den Jahren 2000 – 2019 untersuchte die BFU insgesamt 5667 Unfälle und schwere Störungen, davon 148 (2,6 %) Ereignisse mit Luftsportgeräten. Von den insgesamt 707 tödlichen Unfällen entfielen wiederum 101 (14,2 %) auf Luftsportgeräte. Diese Methode, ursprünglich für die US Air Force entwickelt, ermöglicht eine detaillierte Untersuchung menschlicher Faktoren in der Luftfahrt. Die Analyse der BFU liefert aufschlussreiche Erkenntnisse über die Rolle menschlicher Faktoren in der Allgemeinen Luftfahrt, insbesondere in der Privatfliegerei.

1. **Sicherheitskritische Handlungen und Vorbedingungen:** Die Studie identifizierte in 93 % aller Fälle mindestens eine sicherheitskritische Handlung und in 80 % mindestens eine Vorbedingung für solche Handlungen. Diese hohe Rate unterstreicht die Bedeutung menschlicher Fehler und deren Vorbedingungen in der Unfallentstehung.

2. **Kategorisierung der sicherheitskritischen Handlungen:**
- Fertigkeitsbasierte Fehler: Häufig durch Unaufmerksamkeit oder schlechte Gewohnheiten verursacht.
- Entscheidungsfehler: Falsche Beurteilungen, die zu unzureichenden oder gefährlichen Handlungen führen.
- Wahrnehmungsfehler: Fehleinschätzungen aufgrund von sensorischen Täuschungen.
- Verstöße: Vorsätzliche Missachtungen von Vorschriften.

3. **Rolle der Aufsicht und organisatorischer Einflüsse:** In vielen Fällen wurden Sicherheitsrisiken durch unzureichende Aufsicht oder organisatorische Mängel begünstigt. Diese Erkenntnis zeigt, dass neben individuellen Fehlern auch systemische Faktoren eine Rolle spielen.

4. **Vorbedingungen für sicherheitskritische Handlungen:**
- Umweltfaktoren: Wetter, Flughöhe und technologisches Umfeld beeinflussen die Pilotenleistung.
- Zustand des Piloten: Psychischer und physiologischer Zustand des Piloten, einschließlich Stress und Ermüdung.
- Personelle Faktoren: Ressourcenmanagement und persönliche Einsatzbereitschaft.

5. **Häufigste Ereigniskategorien:** Unkontrollierte Fluglage, Flugbetrieb in geringer Höhe, System-/Bauteilversagen und Luftfahrzeugannäherungen waren häufige Unfallkategorien, wobei menschliche Fehler und organisatorische Mängel als Hauptursachen identifiziert wurden.

Implikationen für die Flugsicherheit

- Entwicklung einer Sicherheitskultur: Organisationen in der Allgemeinen Luftfahrt sollten eine Sicherheitskultur fördern, die menschliche Fehler anerkennt und adressiert.
- Safety Management System (SMS): Es wird empfohlen, ein angemessenes SMS zu implementieren, das speziell auf die Bedürfnisse und Ressourcen der Privatfliegerei zugeschnitten ist.
- Rolle der Vorbilder: Die Bedeutung der Vorbildfunktion von Fluglehrern, Vereinsvorständen und anderen Schlüsselfiguren im Flugbetrieb wird hervorgehoben.

Die BFU-Studie unterstreicht die Komplexität menschlicher Faktoren in der Flugsicherheit. Die Anwendung von HFACS hat tiefe Einblicke für die Studie in die

Ursachen von Unfällen und Störungen in der Privatfliegerei ermöglicht. Durch die Identifizierung von Mustern menschlicher Fehler und systemischer Schwächen können gezielte Präventionsmaßnahmen entwickelt werden, um die Sicherheit in der Allgemeinen Luftfahrt zu verbessern. Es ist daher wichtig, als Pilotin oder Pilot und als Verein sich mit den Kategorien auseinanderzusetzen und zu prüfen, wie diese Kategorien das eigene Risiko und das im Verein beeinflussen.

Reflexion:

- Wenn Du Deine letzten Flüge analysierst, welche menschlichen Fehler waren da ggf. dabei?
- Wie hättest Du diese im Vorfeld vermeiden können und wie wirst Du sie in Zukunft vermeiden?
- Wie sind die 4 Kategorien in Deinem Verein ausgeprägt?
- Wie sieht es mit der organisationalen Ebene in deinem Verein aus? Was ist hinderlich, was ist förderlich für die Flugsicherheit?

Faszination der Flüge am frühen Morgen.

Just Culture – Schaffung einer Vertrauenskultur

Die Einführung einer Just Culture in Flugsportvereinen fördert die Vertrauenskultur für mehr Sicherheit. In der Welt des Flugsports, der von Enthusiasten und Privatpiloten bevölkert wird, hat die Förderung einer sicheren Umgebung oberste Priorität. Hier kommt ein essenzieller Faktor ins Spiel: das Vertrauen.

Definition Vertrauen

„Vertrauen“ ist ein komplexer Begriff, der in verschiedenen Kontexten unterschiedlich interpretiert werden kann. Im Allgemeinen bezieht sich Vertrauen auf die Überzeugung oder das Gefühl der Sicherheit, dass jemand oder etwas zuverlässig, ehrlich, effektiv oder wahr ist. Es handelt sich um eine emotionale und logische Haltung gegenüber einer Verbindung oder Erwartung.

Im zwischenmenschlichen Bereich bedeutet Vertrauen, dass man darauf vertraut, dass eine andere Person ihre Zusagen einhält, ehrlich ist und in einer Weise handelt, die die Beziehung respektiert und stärkt. In einer Organisation oder in einem institutionellen Kontext bezieht sich Vertrauen auf die Zuversicht in die Systeme, Prozesse und Führungspersonen.

Vertrauen ist grundlegend für das Funktionieren von Gesellschaften, da es die Grundlage für Kooperation und soziale Interaktion bildet. Es entwickelt sich oft über die Zeit durch wiederholte positive Erfahrungen und Interaktionen. Allerdings kann es durch negative Erfahrungen leicht beschädigt werden und ist oft schwierig wiederherzustellen.

Vertrauen in die eigene Kompetenz, in die Technik, in Mitpiloten und in den Flugsportverein bildet das Fundament, um nicht nur sicher, sondern auch mit Freude abzuheben und die Flugerfahrung in vollen Zügen zu genießen.

Neben technischen Aspekten spielt die Kultur, in der Fehler und Sicherheitsbedenken behandelt werden, eine entscheidende Rolle für die Sicherheit. Eine Just Culture oder Vertrauenskultur zielt darauf ab, ein Umfeld zu schaffen, in dem Mitglieder offen über Fehler sprechen können, ohne Furcht vor negativen Konsequenzen. Das Ziel ist es eine sanktionsfreie Kultur zu schaffen, in der Personen Fehler zugeben dürfen oder über Schwächen und Ängste reden können, ohne mit Repressalien, Strafen oder auch Gelächter zu rechnen.

Im Zuge der fortschreitenden Forschung und Entwicklung im Bereich der Sicherheitskultur hat der Begriff „Just Culture“ an Bedeutung gewonnen, insbesondere in Hochrisikobranchen wie der Luftfahrt. Geprägt von Sidney Dekker[5], einem Experten auf dem Gebiet der menschlichen Faktoren und System-Sicherheit, bezeichnet Just Culture ein Umfeld, das von einem ausgewogenen Verständnis von menschlichen Fehlern und systematischen Sicherheitsmaßnahmen geprägt ist.

Der Begriff „Just Culture" entstand aus der Notwendigkeit heraus, ein sicheres und gerechtes Arbeitsumfeld zu schaffen, in dem Fehler als Lernmöglichkeiten betrachtet werden, statt sie ausschließlich zu bestrafen. Im Kern steht die Idee, dass Fehler oft aus systemischen Problemen resultieren und nicht ausschließlich aus individuellem Versagen.

Just Culture basiert auf dem Grundsatz, dass Mitglieder offen über Fehler sprechen können, ohne Angst vor ungerechtfertigten Strafen. Dies fördert das Verständnis für die wahren Ursachen von Vorfällen und ermöglicht es, präventive Maßnahmen zu entwickeln.

Die Hauptelemente einer Just Culture umfassen:

- **Fehlerakzeptanz:** Anerkennung, dass Menschen Fehler machen und diese als Lernchancen nutzen.
- **Gerechtigkeit:** Gleichbehandlung bei Fehlern und transparente Entscheidungsprozesse.
- **Vertrauen:** Aufbau eines Umfelds, in dem Mitarbeiter sich sicher fühlen, über Probleme zu sprechen.
- **Lernen und verbessern:** Nutzung von Fehlern zur Optimierung von Prozessen und Systemen.

Just Culture findet Anwendung in verschiedenen Branchen, vor allem in Bereichen, in denen Sicherheit eine zentrale Rolle spielt. Dies umfasst die Luftfahrt, das Gesundheitswesen, die Energiewirtschaft und den Transportsektor.

In der Luftfahrt ist Just Culture ein Schlüsselelement für die Sicherheitskultur. Fluggesellschaften und Aufsichtsbehörden arbeiten kontinuierlich daran, ein Umfeld zu schaffen, in dem Sicherheitsbedenken ohne Furcht vor Repressalien gemeldet werden können. Dies hat zu einer signifikanten Verbesserung der Sicherheitsstandards und einer Reduzierung von Unfällen geführt. Die private Fliegerei kann von Just Culture lernen, indem sie ähnliche Prinzipien anwendet. Dies beinhaltet die Schaffung einer offenen und gerechten Atmosphäre, in der Piloten und Mitarbeiter Fehler melden und aus ihnen lernen können, ohne Angst vor Bestrafung.

Die Vereinigung Cockpit (VC) betont in ihrem „Just Culture & Reporting Guide"[6], dass eine offene und ehrliche Berichtskultur (Just Culture) entscheidend für die moderne Sicherheitsarbeit in der Luftfahrt ist. Just Culture fördert das Lernen aus Fehlern, indem sie eine systemische Betrachtung von Fehlern unterstützt und individuelle Schuldzuweisungen vermeidet. Das Reporting, also das Melden von Vorfällen, ist essentiell, um Sicherheitsrisiken zu identifizieren und zu minimieren. Die VC hebt hervor, dass das Melden von Fehlern und Vorfällen ohne Angst vor Bestrafung erfolgen muss, um ein effektives Sicherheitsmanagement zu gewährleisten. Die EU-Verordnung 376/2014 schützt Personen, die Vorfälle melden sowie in Berichten erwähnte Personen, solange kein Vorsatz oder grobe Fahrlässigkeit vorliegt. Dieser Ansatz gilt als zentral für das Erreichen eines hohen Sicherheitsniveaus in der Luftfahrt.

Für Hobbypiloten ist es wichtig, aus diesen Prinzipien zu lernen, indem sie eine Kultur der Offenheit und des Vertrauens fördern und Fehler als Lernmöglichkeiten betrachten. Sie sollten sich darin üben, Vorfälle ohne Angst vor Konsequenzen zu melden und aus den gemeldeten Informationen zu lernen, um die Sicherheit zu erhöhen.

Für Flugsportvereine bedeutet die Integration von Just Culture eine Stärkung ihrer Sicherheitskultur. Es fördert eine Gemeinschaft, in der Mitglieder aktiv an Sicherheitsdiskussionen teilnehmen, Erfahrungen austauschen und gemeinsam an der Verbesserung von Sicherheitspraktiken arbeiten. Just Culture ist mehr als nur ein Konzept; es ist eine Philosophie, die darauf abzielt, die Art und Weise, wie Organisationen mit Fehlern und Sicherheitsfragen umgehen, grundlegend zu ändern. Durch die Förderung von Offenheit, Lernen und Gerechtigkeit trägt es wesentlich zur Verbesserung der Sicherheit in verschiedenen Sektoren bei, insbesondere in der Luftfahrt. Indem Organisationen und Individuen dieses Prinzip annehmen, können sie nicht nur Sicherheitsrisiken minimieren, sondern auch eine Kultur des Vertrauens und des kontinuierlichen Lernens schaffen.

Aus der Praxis: Wenn beispielsweise in Haltergemeinschaften keine Vertrauenskultur besteht, werden kleine Fehler, kleine Defekte – aber auch teils große Defekte nicht gemeldet. Der Grund kann Angst vor Repressalien oder unschöner Kommentare sein. So könnte es passieren, dass ein Pilot eine sehr harte Landung macht, aber keinen Ton dazu sagt, anstatt dies zu kommunizieren und ggf. gemeinsam zu sehen, ob ein Schaden entstanden ist.

Die Übertragung einer Just Culture auf den Flugsport und die Privatfliegerei ist von entscheidender Bedeutung, um das Bewusstsein für Sicherheitsfragen zu schärfen und potenzielle Risiken zu mindern. Die Offenheit in der Kommunikation und eine sanktionsfreie Fehlerkultur ist die Basis.

1. **Bewusstseinsbildung und Schulungen:** Flugsportvereine sollten Schulungen und Workshops anbieten, um Mitglieder über die Grundlagen der Just Culture aufzuklären. Dies kann dazu beitragen, Missverständnisse über den Zweck der Vertrauenskultur auszuräumen und die Vorteile für die Sicherheit zu betonen.
2. **Meldesysteme etablieren:** Vereine könnten anonyme Meldesysteme einführen, die es Mitgliedern ermöglichen, Sicherheitsbedenken oder Vorfälle ohne Angst vor negativen Konsequenzen zu melden. Diese Meldungen könnten dann von einem speziell geschulten Team analysiert werden.
3. **Fehler als Lerngelegenheit:** Es ist wichtig, Fehler nicht als Versagen von Einzelpersonen, sondern als Gelegenheit zur Verbesserung des Systems zu be-

trachten. Diskussionen über Fehler sollten konstruktiv geführt werden, um daraus zu lernen und zukünftige Vorfälle zu verhindern.

4. **Offene Kommunikation fördern:** Flugsportvereine sollten eine Kultur der offenen Kommunikation pflegen, in der Mitglieder sich frei fühlen, Bedenken anzusprechen oder Fragen zu stellen. Regelmäßige Treffen oder Foren können dazu genutzt werden, um Sicherheitsthemen zu diskutieren.
5. **Richtlinien für schwerwiegende Verstöße:** Während kleine Fehler als Lerngelegenheit betrachtet werden sollten, müssen klare Richtlinien für schwerwiegende Verstöße festgelegt werden. Diese sollten fair und transparent sein, um das Vertrauen in die Just Culture aufrechtzuerhalten.

Die Einführung einer Just Culture oder Vertrauenskultur in Flugsportvereinen kann die Sicherheit erhöhen, indem sie eine Umgebung schafft, in der Mitglieder frei über Sicherheitsbedenken und Fehler sprechen können. Durch bewusste Schulungen, klare Meldesysteme und die Betonung von Lernen aus Fehlern können Flugsportvereine von den Erfolgen der kommerziellen Luftfahrt profitieren. Es ist wichtig zu verstehen, dass eine Just Culture nicht die Verantwortlichkeit für schwere Verstöße außer Kraft setzt, sondern darauf abzielt, eine Balance zwischen individueller Verantwortung und systembedingten Faktoren zu finden. Die Förderung einer Vertrauenskultur wird nicht nur die Sicherheit im Flugsport verbessern, sondern auch dazu beitragen, eine engere Gemeinschaft von Flugbegeisterten aufzubauen.

Interviews aus der Praxis zur Vertrauenskultur.

Die Flugplätze Schwarze Heide (EDLD) und Backnang-Heiningen (EDSH) haben Meldesysteme eingeführt und ich durfte im Rahmen des Arbeitskreises Flugsicherheit mit Thomas Kurz von der Schwarzen Heide und mit Alf Kohler aus Backnang Heiningen Interviews führen, wie die Einführung gelang und was zu beachten ist.

Einführung von Meldesystemen, Vertrauenspiloten und einer Vertrauenskultur am Flugplatz Schwarze Heide

In diesem ausführlichen Interview mit Thomas Kurz, einem erfahrenen Segelflieger von der Schwarzen Heide, werden verschiedene Aspekte der Flugsicherheit beleuchtet. Der Flugplatz Schwarze Heide ist als Verkehrslandeplatz im Schnittpunkt zwischen Niederrhein und südwestlichem Münsterland ein Zentrum vielfältiger Flugaktivitäten. Mit jährlich etwa 50 000 Flugbewegungen und zwei getrennten Platzrunden bietet der Flugplatz eine Heimat für verschiedene Luft-Sportarten wie Segelflug, Gleitschirmfliegen, Drachenfliegen, Motorflug, Helikopter, Gyrokopter und Ultraleichtflug. Diese Vielfalt stellt hohe Anforderungen an die Flugsicherheit, besonders bei gleichzeitig stattfindenden Flugbewegungen und Seitenwinden, die die Landesituation erschweren.

Um die Sicherheit zu erhöhen, hat der Flugplatz Schwarze Heide das Konzept der sicherheitsrelevanten Beobachtungen entwickelt. Ziel ist es, aus Fehlern zu lernen und Unfälle zu vermeiden. Kritische Situationen im Flugbetrieb werden gesammelt, analysiert und transparent gemacht, um allen Beteiligten Lernerfahrungen zu bieten. Zu diesem Zweck wurde ein digitales Meldesystem etabliert, das jedem ermöglicht, Beobachtungen strukturiert und anonym zu melden. Diese Berichte werden von einer Arbeitsgruppe ausgewertet und aufbereitet, um sicherheitsrelevante Erkenntnisse zu verbreiten.

Ein wichtiges Element ist die Rolle der Fluglehrer, die keine direkte Rolle im Meldeprozess spielen, aber die Informationen für ihre Briefings nutzen. Das fördert eine Kultur der offenen Kommunikation und des gegenseitigen Lernens, was Kurz als „Just Culture“ bezeichnet. Diese Kultur hilft dabei, Fehler ohne Schuldzuweisungen zu besprechen und konstruktiv daraus zu lernen. Thomas Kurz betont, dass die Einführung des Konzepts insgesamt positiv aufgenommen wurde, wobei anfängliche Schwächen wie die Papierbasierte Meldung schnell durch die Digitalisierung überwunden wurden. Er rät anderen Vereinen und Flugplätzen, die Einführung eines solchen Systems sorgfältig zu planen, indem sie eine kleine, vielseitige Gruppe bilden, die ein Konzept entwickelt und vorstellt.

Abschließend hebt Kurz hervor, dass das Hauptziel die Reduzierung von Unfällen im Segelflug ist. Er sieht die Notwendigkeit, Erfahrungen und Lernergebnisse innerhalb der Fliegergemeinschaft zu teilen, um effektivere Sicherheitsmaßnahmen zu entwickeln und umzusetzen.

Das Interview mit Thomas Kurz auf YouTube

Einführung eines Vertrauenspiloten beim Luftsportverein Backnang-Heiningen e.V.

Als Mitglied vom Arbeitskreis Flugsicherheit des BWLV hatte ich das Vergnügen, ein tiefgehendes Interview mit Alf Kohler, einem erfahrenen Piloten und Experten in Sachen Flugsicherheit, zu führen. Kohlers beeindruckende Laufbahn begann in der Segelfliegerei und führte ihn durch verschiedene Stationen in der Verkehrsfliegerei, einschließlich einer Rolle als Ausbildungskapitän und später in der Safety-Abteilung einer Airline, wo er sich auf Datenanalyse spezialisierte.

Ein Hauptthema unseres Gesprächs war die Just Culture in der Luftfahrt. Kohler erklärte ausführlich, dass Just Culture eine Kultur der Gerechtigkeit und Fairness fördert, wo Fehler und Sicherheitsrisiken offen diskutiert werden können, ohne Angst vor ungerechtfertigter Bestrafung. Besonders interessant fand ich seine Ausführungen zu einem anonymen Meldesystem, das es Piloten ermöglicht, ihre Erfahrungen und Beobachtungen sicher zu teilen, was für das Lernen aus Fehlern und die Verbesserung der Sicherheit entscheidend ist.

Kohler betonte, dass die gewerbliche Luftfahrt in puncto Sicherheit und Verfahren der privaten Fliegerei weit voraus ist. Er empfahl, dass private Flugvereine von diesen fortschrittlichen Systemen und Erfahrungen lernen sollten. Er teilte seine Erfahrungen bei der Einführung eines solchen Meldesystems in seinem Flugverein in Backnang, wobei er und andere Vertrauenspiloten eine zentrale Rolle spielten.

Das Interview schloss mit der Diskussion über die Bedeutung der Entwicklung eines Sicherheitsbewusstseins in Flugvereinen und die Anwendung von Lektionen aus der gewerblichen Luftfahrt. Kohler hob die Notwendigkeit hervor, Just Culture in der privaten Fliegerei umzusetzen, um die Sicherheit zu erhöhen und Unfälle zu verhindern.

Das Interview mit Alf Kohler auf YouTube

Matthias Jungkurth, Flugbetriebsreferent im LSV Backnang-Heiningen spricht sich ebenso für eine offene Fehlerkultur aus, welches aus seiner Erfahrung viel mit Vorbildfunktion der Ausbilder und Fluglehrer zu tun hat. Sie sollten mit gutem Beispiel vorangehen, um auch über Fehler und den Lerneffekten /Veränderungen daraus zu berichten. Dadurch werden andere Luftsportler ermutigt, Meldesystem zu nutzen, und offen über Fehler zu sprechen.[7]

Das Thema Vertrauen hat vor allem zwischenmenschliche Aspekte in Vereinen aber auch noch ein paar andere Facetten.

Die Facetten des Vertrauens

Vertrauen ist eine emotionale Verbindung, die auf Erfahrungen, Wissen und Überzeugungen aufbaut. In der Privatfliegerei manifestiert sich dieses Vertrauen in mehreren Dimensionen und hat jeweils eine immense Auswirkung auf die Flugsicherheit:

- **Selbstvertrauen:** Das Vertrauen in die eigenen Fähigkeiten ist der erste Schritt zur Sicherheit in der Luft. Die umfangreiche Ausbildung, das beharrliche Training und die kontinuierliche Weiterbildung formen das Selbstbewusstsein eines Piloten. Wenn ein Pilot sich in das Cockpit setzt, sollte er die Gewissheit haben, dass er den Herausforderungen gewachsen ist. Eine fundierte Ausbildung ist das Fundament jedes Piloten. Durch regelmäßiges Training werden Fähigkeiten geschärft und Unsicherheiten abgebaut. Je besser die Vorbereitung, desto gelassener kann ein Pilot auf unvorhergesehene Situationen reagieren. Erfahrungen im Cockpit sind wertvoll und formen das Vertrauen. Piloten sollten sich unterschiedlichen Flugbedingungen aussetzen, um ihre Fähigkeiten zu stärken und sich auf verschiedene Szenarien vorzubereiten.
- **Technikvertrauen:** Moderne Flugzeuge sind mit einer Vielzahl von fortschrittlichen Sicherheitssystemen ausgestattet. Angefangen von Avionik-Technologien bis hin zu Notfallausrüstungen – das Vertrauen in diese Technik ist unabdingbar. Verstehen Piloten, wie diese Systeme funktionieren und wie sie im Ernstfall reagieren, wächst das Vertrauen in die technische Seite der Fliegerei. Die Auseinandersetzung mit der Flugzeugtechnik schafft nicht nur Vertrauen in die Maschine, sondern verleiht auch das Verständnis für deren Leistungsgrenzen und Möglichkeiten. Workshops und Weiterbildungen vertiefen das Vertrauen in die Technologie. Gerade für nicht-technik-afine Pilotinnen und Piloten sind solche Technikworkshop essenziell, um mehr Technikverständnis zu erlangen. In diesen Workshops sollten aber auch sehr „banale Fragen" zugelassen und respektiert werden.
- **Vertrauen in Mitpiloten:** Die Flugplatzgemeinschaft teilt eine einzigartige Leidenschaft und ein gemeinsames Ziel – sicher zu fliegen. Das Vertrauen in andere Pilotinnen und Piloten beinhaltet das Wissen, dass sie Erfahrungen austauschen, Ratschläge geben und bei Bedarf zur Seite stehen. Dieses Netzwerk an Vertrauen ist wie ein Sicherheitsnetz, das die Flugplatzgemeinschaft stärkt. Grundlagen des Vertrauens: Vertrauen in zwischenmenschlichen Beziehungen basiert auf Ehrlichkeit, Zuverlässigkeit und Transparenz. Ein Beispiel hierfür ist ein Pilot, der offen über seine Erfahrungen und Schwierigkeiten spricht, wodurch ein Klima der Offenheit und Ehrlichkeit geschaffen wird. Um Ehrlichkeit und Zuverlässigkeit zu fördern, sollten Piloten stets ihre Versprechen halten und pünktlich sein. Zum Beispiel, wenn ein Pilot verspricht, ein Flugzeug bis zu einem bestimmten Zeitpunkt zu warten, sollte er dieses Versprechen einhalten. Transparenz kann erreicht werden, indem man regelmäßig Informationen austauscht und offene Diskussionen über Flugpläne und Sicherheitsbedenken führt. Gegenseitiger Respekt und Empathie sind entscheidend. Ein respektvoller Umgang, wie das Zuhören und Akzeptieren unterschiedlicher Meinungen, schafft

eine Atmosphäre des Vertrauens. Empathie zeigt sich, wenn ein Pilot Verständnis für die Ängste und Sorgen eines anderen zeigt, beispielsweise bei einem Flugschüler, der mit bestimmten Manövern kämpft. Piloten müssen sich aufeinander verlassen können, besonders in Notfällen. Ein Beispiel ist das Vertrauen, das entsteht, wenn Piloten in simulierten Notfallsituationen zusammenarbeiten und ihre Fähigkeit zur Teamarbeit unter Beweis stellen. Gemeinsame Trainingseinheiten, wie koordinierte Flugübungen, stärken das Vertrauen. Piloten lernen, wie ihre Kollegen unter Druck reagieren und wie sie effektiv kommunizieren können. Klare Verantwortlichkeiten sind entscheidend. Ein Flugleiter, der deutlich kommuniziert, wer für welche Aufgaben verantwortlich ist, schafft ein sicheres und vertrauensvolles Umfeld. Der Meinungs- und Erfahrungsaustausch innerhalb von Flugsportvereinen ist unbezahlbar. Regelmäßige Treffen, Sicherheitsseminare und Erfahrungsgespräche formen eine vertrauensvolle Atmosphäre.

- **Vertrauen in den Flugsportverein:** Flugsportvereine bieten nicht nur die Gelegenheit zum Fliegen, sondern auch eine Gemeinschaft von Gleichgesinnten. Das Vertrauen in den Verein bezieht sich auf dessen Ressourcen, Schulungsangebote und vor allem auf das Engagement für Flugsicherheit. Regelmäßige Treffen und gemeinsame Aktivitäten, wie Gruppenflüge oder soziale Veranstaltungen, fördern das Gemeinschaftsgefühl. Durch den Erfahrungsaustausch, etwa über erfolgreiche Flüge oder bewältigte Herausforderungen, entsteht ein

Vertrauen in sich und andere – hier schauen sich über 100 Jahre Flugerfahrung den Motor an – gemeinsam sieht man oft mehr. Friedhelm Christ und Ottmar Schmid beim Vorflugcheck.

tieferes Verständnis füreinander. Mentoren- oder Paten-Programme, bei denen erfahrene Piloten ihr Wissen an Neulinge weitergeben, stärken das Vertrauen und die Kompetenz innerhalb des Vereins. Ein erfahrener Pilot, der einen Neuling durch die ersten Solo-Flüge begleitet, ist ein gutes Beispiel. Transparenz und Kommunikation: Transparenz in der Vereinsführung ist essenziell. Wenn der Vorstand regelmäßig über finanzielle Angelegenheiten, geplante Veranstaltungen und Vereinsentscheidungen informiert, fühlen sich die Mitglieder wertgeschätzt und einbezogen. Schaffung einer inklusiven Vereinskultur: Der Vorstand sollte eine Kultur der Inklusivität und Offenheit fördern, indem er beispielsweise regelmäßige Feedback-Sitzungen anbietet, in denen Mitglieder ihre Ideen und Bedenken äußern können. Die Einbindung von Mitgliedern in Entscheidungsprozesse, etwa durch Abstimmungen oder Arbeitsgruppen zu spezifischen Projekten, stärkt das Gefühl der Zugehörigkeit und des Vertrauens.

Eine Kultur des Vertrauens im Verein:

Eine Vertrauenskultur im Verein ist der Schlüssel zu einem sicheren und unterstützenden Umfeld. Hier einige Ansätze:

- **Offene Kommunikation:** Die Möglichkeit, Erfahrungen, Bedenken und Erkenntnisse zu teilen, schafft Transparenz und ermöglicht den Mitgliedern, voneinander zu lernen. In einem Verein wurde ein Agendapunkt für den Clubabend aufgenommen: „Mein schönster Fehler – und was ich daraus gelernt habe…“ dieses Format ermöglicht es, über gemachte Fehler zu reden und voneinander zu lernen
- **Sicherheitsseminare:** Regelmäßige Schulungen zu Sicherheitsaspekten fördern das Bewusstsein und geben Piloten das Rüstzeug, um mit unerwarteten Situationen umzugehen.
- **Mentorensystem:** Erfahrene Piloten können ihre Kenntnisse an Neulinge weitergeben und somit das Vertrauen unter den Mitgliedern stärken. Mentoren können neuen Pilotinnen und Piloten auch Fragen beantworten, die sich erfahrene Piloten gar nicht mehr stellen, aber daher auch den neuen nicht erklärt werden Über Mentorenprogramme rauen sich neue Piloten eben eher auch banale Fragen zu stellen.
- **Verbindliche Protokolle:** Klare Richtlinien für Sicherheit und Verhalten schaffen Struktur und Orientierung. Klarscheit schafft immer auch eine emotionale und psychische Sicherheit, daher sollten Regel transparent sein – vor allem, wenn diese geändert werden.

Fliegen mit Vertrauen bildet die Grundlage für eine sichere und bereichernde Privatfliegerei. Das Vertrauen in die eigenen Fähigkeiten, die Technik, Mitpiloten und den Flugsportverein ist ineinander verwoben und schafft ein umfassendes Sicherheitsgefühl. Durch Ausbildung, Erfahrung, offene Kommunikation und eine unterstützende Gemeinschaft können Flugbegeisterte ein tiefes Vertrauen entwickeln, das ihnen erlaubt, den Himmel mit Zuversicht zu erobern und jedes Flugerlebnis in vollen Zügen zu genießen. In einer Kultur des Vertrauens gedeiht nicht nur die Sicherheit, sondern auch die Leidenschaft für die Fliegerei.

Wichtigkeit von Ereignismeldungen für Hobbypiloten

Was sind Meldungen, und welche Meldearten gibt es?

Ereignismeldungen in der Luftfahrt dienen dazu, Vorkommnisse zu dokumentieren, die potenziell die Sicherheit beeinträchtigen könnten. Diese Meldungen werden in zwei Hauptkategorien unterteilt:

- **Pflichtmeldungen:** Hierbei handelt es sich um Ereignisse, die gemäß gesetzlichen Vorschriften (in der Allgemeinen Luftfahrt wäre die Durchführungsverordnung DVO 2015/1018. Anhang V) gemeldet werden müssen! Beispiele hierfür sind unkontrollierte Fluglagen, technische Störungen oder Ausfall der Steuerung oder kritischer Leistungsverlust des Triebwerks (und auch jede Art von Unfall – allerdings mit einer Frist von 3 Tagen. Zusätzlich zur BFU-Meldung).
- **Freiwillige Meldungen:** Diese umfassen Ereignisse, die nicht gesetzlich vorgeschrieben sind, aber dennoch aus Sicherheitsgründen gemeldet werden sollten. Hierzu zählen beispielsweise nicht durchgeführte oder schlechte Flugplanung oder Meldungen von nicht meldepflichtigen Personen.

Beispiele für freiwillige Meldungen:

- Harte Landung ohne Schaden durch äußere oder fliegerische Einflüsse
- Bei Motorseglern mit Heimkehrhilfe ein nicht möglicher Start des Triebwerks IM FLUG
- Freiwillige Meldungen von Personen, die nicht an dem Flug oder an der Instanthaltung beteiligt war, z.B. ein Zeuge oder ein Fußgänger

Warum ist es wichtig und sinnvoll, diese Ereignisse zu melden?

Das Melden von Ereignissen ist essenziell, um die Flugsicherheit zu verbessern. Durch das Sammeln und Analysieren dieser Daten können Schwachstellen in der Luftfahrt identifiziert und korrigiert werden. Dies hilft, ähnliche Vorfälle in der Zukunft zu vermeiden und trägt somit maßgeblich zur Prävention von Unfällen bei.

Muss ein Pilot Sanktionen oder Strafen befürchten?

Nein, in der Regel nicht. Das Meldesystem ist darauf ausgelegt, die Sicherheit zu erhöhen, ohne die meldende Person zu bestrafen. Ganz im Sinne von „Just Culture“. Die Informationen werden anonymisiert behandelt und dienen nicht der

Strafverfolgung oder dem Einleiten von Bußgeldverfahren. Dies fördert eine offene Meldekultur, da Piloten keine negativen Konsequenzen für ihre Ehrlichkeit befürchten müssen.

Was machen die jeweils zuständigen Behörden mit diesen Meldungen?

Das Luftfahrt-Bundesamt (LBA), das BAF (Bundesaufsichtsamt für Flugsicherung) oder die APEG (Aircraft Proximity Evaluation Group) analysiert die eingehenden Meldungen, um Muster und Trends zu identifizieren, die auf potenzielle Risiken oder systemische Probleme hinweisen könnten. Jede dieser genannten Behörden und Organisationen teilen sich dabei unterschiedliche Zuständigkeit, abhängig vom jeweiligen Themengebiet der Ereignismeldung und der Expertise innerhalb der jeweiligen Behörde. Diese Erkenntnisse werden genutzt, um die Sicherheitsstandards zu verbessern und präventive Maßnahmen zu entwickeln. Ein wichtiger Schritt der Bearbeitung ist auch, dass die Meldungen, wenn notwendig, anonymisiert werden. Sämtliche Daten, die Rückschlüsse auf den Melder oder Beteiligte geben könnten (außer dem Kennzeichen des Luftfahrzeuges) werden entfernt. Werden im Rahmen der Ereignismeldungen Namen oder andere persönliche Daten genannt, bleiben diese bei Weitergabe nur der jeweiligen zuständigen Behörde ersichtlich und dienen ausschließlich für Rückfragen.

Welchen Beitrag liefern diese Meldungen für die Flugsicherheit?

Die systematische Erfassung und Analyse von Ereignismeldungen ermöglichen es, aus vergangenen Fehlern zu lernen und somit zukünftige Unfälle zu verhindern. Jede Meldung trägt dazu bei, ein detaillierteres Bild der aktuellen Sicherheitslage zu erstellen und somit proaktiv Maßnahmen zur Risikominimierung zu ergreifen.

Warum sollten sich alle daran beteiligen?

Eine Kultur der offenen Kommunikation und des Teilens von Informationen ist entscheidend für die fortlaufende Verbesserung der Flugsicherheit. Jeder Beitrag, sei er auch klein, kann wertvolle Einblicke bieten und somit das Fliegen für alle sicherer machen. Hobbypiloten spielen eine wichtige Rolle in diesem System, da ihre Erfahrungen und Beobachtungen dazu beitragen können, die Sicherheitsstandards in der gesamten Luftfahrt zu erhöhen. Das LBA hat ausführliche Rundschreiben und Dokumente auf der Homepage[8], die das Prozedere gut erklären.

Meldungen kann man über ein zentrales Portal abgeben:
https://e2.aviationreporting.eu/reporting

Blick in die Statistik der Meldungen

Die Zahl der Meldungen beim LBA[9] sind aus verschiedenen Gründen in den letzten Jahren tendenziell gestiegen. Diese umfassen aber nicht nur den privaten

Jahr	Störungs-meldungen insgesamt
2010	1497
2011	1568
2012	1886
2013	2079
2014	2483
2015	2211
2016	4073
2017	6767
2018	7135
2019	7697
2020	5136
2021	7336
2022	10023

Flugsport, sondern hauptsächlich die kommerzielle Luftfahrt. Die Meldungen aus der kommerziellen Luftfahrt umfassen schätzungsweise 85 % der Meldungen.

Die Meldebereitschaft aus der privaten Fliegerei steigt sehr langsam, obwohl über 70 % der zugelassenen Luftfahrzeuge beim LBA ein maximales Startgewicht von unter 2 t aufweisen – dabei sind ULs (die nicht nach der Verordnung meldepflichtig sind) hierbei nicht eingerechnet.

Bedeutung für die Flugsicherheit:

- **Identifikation von Risiken und Trends:** Durch die Sammlung und Analyse dieser Daten können Behörden potenzielle Risiken und gefährliche Trends erkennen. So lassen sich beispielsweise gehäufte Vorfälle in bestimmten Flugzeugtypen oder unter bestimmten Bedingungen identifizieren.
- **Grundlage für Sicherheitsmaßnahmen:** Diese Daten und Statistiken bilden die Basis für die Entwicklung von Sicherheitsmaßnahmen, Schulungsprogrammen und technischen Verbesserungen. Je größer die Datenbasis ist, desto besser sind die Ableitungen daraus für die Flugsicherheit.
- **Anpassung von Vorschriften und Richtlinien:** Erkenntnisse aus den Meldungen können dazu führen, dass Vorschriften und Richtlinien angepasst werden, um die Sicherheit in der Luftfahrt zu erhöhen.
- **Förderung einer Sicherheitskultur:** Das Wissen um die Wichtigkeit und den Einfluss von Meldungen kann eine Kultur der Sicherheit und des verantwortungsvollen Fliegens innerhalb der Fliegergemeinschaft stärken.

Die Rolle der Flugsportvereine zu Ereignismeldungen

Flugsportvereine spielen eine entscheidende Rolle bei der Förderung der Flugsicherheit. Durch aktive Beteiligung und gezielte Maßnahmen können sie die Nutzung offizieller Meldeportale effektiv unterstützen und damit die Sicherheit im Luftverkehr verbessern. Folgende Maßnahmen sollten von Flugsportvereinen in Betracht gezogen werden:

- **Aufklärung und Schulung:** Vereine sollten regelmäßige Schulungen und Informationsveranstaltungen durchführen, um ihre Mitglieder über die Bedeutung und den Prozess der Ereignismeldung zu informieren. Dies umfasst das Verständnis dafür, was gemeldet werden sollte und wie das Meldeportal genutzt wird.
- **Förderung einer offenen Sicherheitskultur:** Eine Kultur, in der Sicherheit als oberste Priorität gilt und Fehler offen diskutiert werden können, sollte geför-

dert werden. Mitglieder sollten ermutigt werden, ohne Angst vor Schuldzuweisungen oder Sanktionen sicherheitsrelevante Vorfälle zu melden.

- **Einführung interner Meldeverfahren:** Vereine können eigene interne Meldeverfahren einführen, die es Mitgliedern erleichtern, Vorfälle zu dokumentieren und zu melden. Diese internen Meldungen können dann gebündelt an offizielle Meldeportale weitergeleitet werden. Interne Meldeverfahren reduzieren aber nicht die Notwendigkeit der Meldungen an die Behörden nach VO(EU)376/2014 bei Pflichtmeldungen. Besonders bei technischen Meldungen ist es unabdingbar auch das LBA/BAF zu informieren. Dort liegt die Fachexpertise und es muss nicht der „politische Umweg" über Vereine gegangen werden.
- **Zusammenarbeit mit Behörden:** Enge Zusammenarbeit mit Luftfahrtbehörden wie dem LBA kann dazu beitragen, dass Vereine aktuelle Informationen und Richtlinien erhalten und diese an ihre Mitglieder weitergeben können. Der Austausch zwischen Vereinen und Behörden ist essenziell.
- **Regelmäßige Analyse von offiziellen Meldedaten:** Vereine sollten die Daten aus den Meldeportalen regelmäßig analysieren, um spezifische Risiken und Trends zu identifizieren. Auf Basis dieser Erkenntnisse können gezielte Sicherheitsmaßnahmen und Schulungen entwickelt werden.
- **Integration von Meldesystemen in die Vereinsroutine:** Die Nutzung der Meldeportale sollte in die tägliche Routine des Vereins integriert werden. Zum Beispiel könnte vor oder nach Flügen ein Check-in erfolgen, bei dem besprochen wird, ob es Vorkommnisse gab, die gemeldet werden sollten.
- **Anreize für die Meldung von Ereignissen schaffen:** Vereine können Anreize schaffen, um die Meldebereitschaft zu erhöhen. Dies könnte in Form von Anerkennungen oder Belohnungen für aktive Beteiligung an der Sicherheitskultur geschehen.
- **Kommunikation und Feedback:** Regelmäßige Kommunikation über die Bedeutung von Sicherheitsmeldungen und das Teilen von Erkenntnissen aus den Meldungen können das Bewusstsein und Engagement der Mitglieder stärken.
- **Einsatz von Sicherheitsbeauftragten:** Die Ernennung von Sicherheitsbeauftragten, die als Ansprechpartner für Fragen rund um das Meldewesen und die Flugsicherheit fungieren, kann hilfreich sein.
- **Veranstaltung von Workshops und Seminaren:** Die Organisation von Workshops und Seminaren, möglicherweise in Zusammenarbeit mit Experten oder Behörden, kann das Wissen und die Kompetenz der Mitglieder in Bezug auf Flugsicherheit und das Meldewesen vertiefen.

Durch diese Maßnahmen können Flugsportvereine aktiv zur Verbesserung der Flugsicherheit beitragen und gleichzeitig das Bewusstsein und die Verantwortung ihrer Mitglieder stärken.

Zusammengefasst liefern solche Statistiken (basierend auf den Meldungen) entscheidende Einblicke in die Sicherheitslage der Luftfahrt und ermöglichen es, präventive Maßnahmen zur Verhinderung von Unfällen und Zwischenfällen zu ergreifen. Sie sind ein wesentlicher Bestandteil des kontinuierlichen Verbesserungsprozesses in der Flugsicherheit. Je mehr Fliegende und Vereine sich daran beteiligen, desto besser wird die Datenbasis.

Mit der Bradley-Kurve zu mehr Flugsicherheit im Flugsport

Wie lässt sich die Flugsicherheit grundsätzlich an Flugplätzen oder in Vereinen erhöhen? Dazu ist wie so oft ein Blick in andere Themengebiete/Branchen hilfreich. In der Arbeitssicherheit wird seit jeher versucht, Unfälle in Unternehmen zu verhindern – über sehr unterschiedliche Ansätze und Verfahren. Dies ist wun-

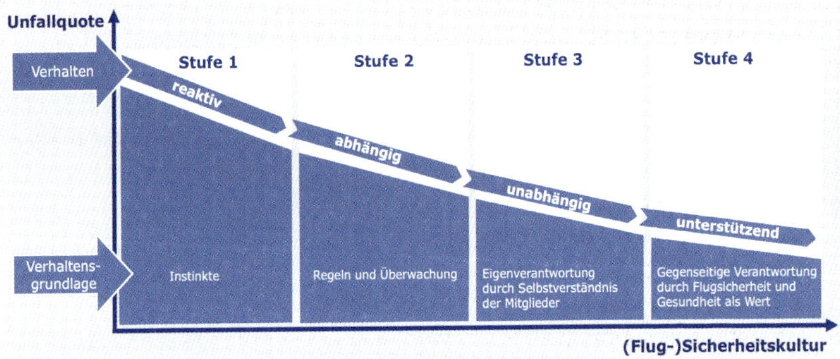

	Stufe 1	Stufe 2	Stufe 3	Stufe 4
Einstellung zu Unfällen	Unfälle sind normal	Null Unfälle sind unrealistisch	Null Unfälle sind möglich	Null Unfälle sind das Ziel
Motivation	Keine Motivation	Angst vor Bestrafung	Eigene Gesundheit und Achtsamkeit	Wir-Gefühl und gemeinsame Werte
Motto	Da kann man nichts machen!	Haltet Euch an die Regeln und Checklisten!	Achte auf Dich!	Wir brauchen einander, wir achten aufeinander, wir helfen einander!
Verantwortung	Verantwortung wird kaum/nicht wahrgenommen	Verantwortung liegt beim Vereinsvorstand	Eigenverantwortung jedes Einzelnen	Verantwortung für sich und andere
Aktivitäten/Maßnahmen	Keine/wenige (vor allem für den Flugzeugwarten)	Aktivitäten durch den Vorstand oder die Fluglehrer	Persönliche Aktivitäten	Team-Aktivitäten
Stimme des Volkes	Niemand will/braucht Flugsicherheit	Die da oben (Vorstand) wollen Flugsicherheit	Flugsicherheit ist für mich	Flugsicherheit ist für uns

Die Bradley-Kurve

derbar auf den Flugsport und Vereine oder Flugplätze zu übertragen. Hier hat sich das Modell der sogenannten Bradley-Kurve bewährt, welche 1995 beim Chemie-Unternehmen Dupont von Berlin Bradley beschrieben wurde.[10]

Arbeitssicherheit wird oft als Aufgabe des Managements oder der Führungskräfte beschrieben – ist aber faktisch im direkten Zusammenhang mit der Unternehmenskultur zu sehen. Übertragen auf die Flugsicherheit, ist eine dynamische Flugsicherheit immer ein Konstrukt und Ergebnis einer Kultur am Flugplatz oder in Flugsportvereinen. Je mehr eine Sicherheitskultur gelebt wird, desto geringer ist die Wahrscheinlichkeit, dass Unfälle passieren. Kulturprägend sind neben dem Verhalten der einzelnen Akteure und dem den verantwortlichen Amtsträgern wie Vorstandsmitglieder oder Fluglehrer natürlich auch die Routinetreffen, der Umgang mit und untereinander aber auch ein gewissen Regelwerk das explizit oder implizit gelebt wird.

Wie man den Reifegrad der eigenen Vereinskultur verbessern kann – dazu hilft die Bradley-Kurve. Berlin Bradley sammelte theoretische Erkenntnissein einer Matrix und fundierte dies wissenschaftlich. So war er in der Lage, den Zusammenhang zwischen Unfallgeschehen und Organisationskultur zu beweisen. Mit Hilfe der Kurve sollen Verantwortungsträger die Sicherheitskultur in der eigenen Organisation einschätzen können. Im Flugsport sind dies Vorstandsmitglieder, Fluglehrer oder Flugleiter und Sicherheitsbeauftragte.

Die Bradley-Kurve basiert auf der grundlegenden Theorie, dass die meisten (Arbeits-)Unfälle durch menschliches Verhalten geschehen, bzw. nicht verhindert werden. In der Arbeitssicherheit geht man davon aus, dass 85 % der Arbeitsunfälle durch persönliches (menschliches) Verhalten ausgelöst oder verursacht werden.[11] Ein Arbeitssicherheitbeauftragter sagte einmal zu mir „Es gibt keinen dokumentierten Arbeitsunfall im Treppenhaus, bei dem der Handlauf benutzt wurde". Aber wie viele Menschen nutzen ein Treppenhaus und benutzen nicht das Geländer, obwohl es sinnvoll ist. Ähnliches gilt für die Nutzung von Fahrradhelmen.

Um die Sicherheitskultur verändern und verbessern zu können ist der wichtigste Schritt zunächst die aktuelle Kultur im Verein zu erkennen und zu verstehen. Die Bradley-Kurve hat vier Stufen.

Flugsportvereine auf der ersten Stufe haben die meisten Unfälle und sicherheitskritische Vorkommnisse. Vereine auf Stufe vier haben keine oder kaum kritische/sicherheitsrelevante Situationen. Die Frage ist natürlich: worauf bauen Pilotinnen und Piloten, wenn es darum geht, Unfälle zu vermeiden. Sind es Instinkte, Regeln und Überwachungen, Eigen- und Gruppenverantwortungen?

Stufe 1: Reaktive Flugsicherheit auf Basis von Instinkten
Vereine oder Flugplätze auf dieser Stufe haben viele Unfälle. Mitglieder und Piloten sehen Unfälle als unvermeidbar an und es gehöre zum Risiko dazu. Sicherheit ist eher eine Frage des Zufalls. Vorschriften oder Regeln gibt es quasi keine. Dialoge über Sicherheitsthemen oder über die Prävention von Unfällen finden nicht statt. „no risk, no fun" lautet die Devise.

Stufe 2: Abhängige Flugsicherheit auf Basis von Überwachung und Regeln
Vorstände und Führungspersonal in Vereinen oder an Flugplätzen schreiben Regeln zur Flugsicherheit vor und überwachen diese. Pflichtveranstaltungen werden besucht und abgesessen, ohne inhaltlichen Mehrwert mitzunehmen oder beizutragen. Pilotinnen und Piloten befolgen diese Regeln (weil sie überwacht werden) und die Mandatsträger wie Vorstände erzeugen durch Druckausübung mit den Regeln eine Form der Flugsicherheit. Es gibt viele Checklisten – die aber ggf. nicht genutzt werden.

Stufe 3: Eigenverantwortliche Flugsicherheit durch Selbstverständnis der Pilotinnen und Piloten
Auf dieser Stufe haben Fliegerinnen und Flieger erkannt, dass Flugsicherheit vor allem der eigenen Gesundheit dient und langfristigen Spaß am Fliegen sicherstellt. Sie nehmen sich der Sache selbst an, sie übernehmen Verantwortung und entwickeln ein Verständnis für Maßnahmen zur Flugsicherheit. Sie halten sich von sich aus an Regeln, Vorschriften, nehmen Lufträume und Funken ernst und verstehen den Sinn von Regeln zur eigenen Sicherheit. Checklisten werden aus Eigeninteresse genutzt und auch hinterfragt. Im Idealfall kümmern sich die Individuen selbst um ein kontinuierliches Lernen und ein damit verbessertes fliegerisches Können. Fluglehrer werden als stetige Quelle der Verbesserung angesehen und ein Checkflug, um Vereinsflugzeuge fliegen zu dürfen, werden nicht nur der Pflicht halber durchgeführt, sondern als willkommene Chance angesehen, ein paar neue Dinge zu lernen, oder bekanntes zu verfestigen.

Stufe 4: Gegenseitige Verantwortung für Flugsicherheit und Gesundheit, und Sicherheit beim Fliegen als gemeinsamer Wert
Auf dieser vierten Stufe übernehmen die Mitglieder nicht nur für sich selbst Verantwortung, sondern auch für andere und nehmen diese auch in die Pflicht. Eine Null-Unfallquote wird gemeinsam angestrebt und als Teammoral verinnerlicht. Die Mitglieder in Vereinen geben sich wechselseitig Rückmeldungen und Feedback, weisen sich auf Fehler und Fehlverhalten hin, teilen Wissen proaktiv und achten auf ein gemeinsames sicheres Flugerlebnis am Flugplatz oder im Verein. Regelmäßiger Austausch und gemeinsame Wissensvermittlungen sind gut-

besucht und bereichern sich. Erfahrungen werden geteilt und ein gemeinsames Lernen findet statt – auch über die Flugdisziplinen hinweg.

Das Ziel eines jeden Flugsportvereins sollte es sein, die Stufe vier zu erreichen in der Bradley Kurve – dies ist kein leichtes aber ein sehr erstrebenswertes Ziel. Dieses Buch soll Ansatzpunkte, Inspirationen und konkrete Ideen dazu liefern.

Im Januar 2024 habe ich eine online Befragung über verschiedene Flieger-Plattformen und Foren durchgeführt, um eine Einschätzung der Flugsicherheitskultur in den Vereinen durch Pilotinnen und Piloten zu bekommen. Dabei interessierte mich auch die Unterscheidung, ob Funktionstagende Personen (Fluglehrer, Funktionäre, Vorstandsmitglieder) dies anders beurteilen als normale Mitglieder.

	Gesamt		Funktionsträger		Mitglieder	
	Absolut	Prozentual	Absolut	Prozentual	Absolut	Prozentual
Stufe 1 -	23	8,65 %	12	7,27 %	11	10,89 %
Zwischen Stufe 1 & Stufe 2	28	10,53 %	20	12,12 %	8	7,92 %
Stufe 2	29	10,90 %	19	11,52 %	10	9,90 %
Zwischen Stufe 2 & Stufe 3	45	16,92 %	30	18,18 %	15	14,85 %
Stufe 3	38	14,29 %	22	13,33 %	16	15,84 %
Zwischen Stufe 3 & Stufe 4	66	24,81 %	43	26,06 %	23	22,77 %
Stufe 4	37	13,91 %	19	11,52 %	18	17,82 %
Summe	266	100,00 %	165	100,00 %	101	100,00 %

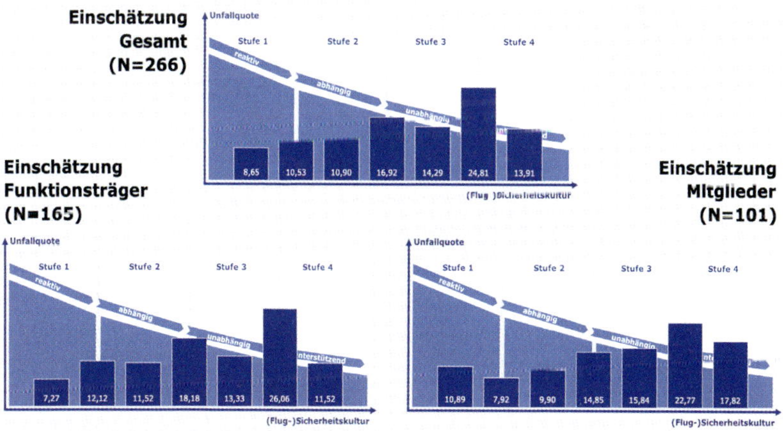

Umfrageergebnisse zur Bradley-Kurve

Um die Umfrageergebnisse zur Vereins- und Sicherheitskultur unter Privatpiloten in Flugsportvereinen zu analysieren, differenzieren wir zwischen den Antworten der Funktionsträger (Vorstände und Fluglehrer) und den normalen Mitgliedern. Insgesamt beteiligten sich 266 Personen, davon 165 Funktionsträger und 101 normale Mitglieder.

Die Analyse der Zahlen ist interessant und es wäre wichtig, diese im eigenen Verein oder im Wirkungskreis einer Flugschule zu analysieren.

Interpretation und Schlussfolgerungen

1. **Sicherheitskultur:** Sowohl Funktionsträger als auch normale Mitglieder zeigen eine signifikante Präsenz in den höheren Stufen der Bradley-Kurve. Dies deutet auf eine allgemein positive Sicherheitskultur hin. Wobei 30,08 % die Kultur als Stufe 2 und geringer einschätzen. Das sollte ein Warnsignal sein.
2. **Funktionsträger:** Sie tendieren dazu, sich in den höheren Stufen der Sicherheitskultur zu sehen, was auf ein starkes Sicherheitsbewusstsein und eine proaktive Haltung hindeutet.
3. **Normale Mitglieder:** Obwohl auch viele Mitglieder sich in den höheren Stufen sehen, gibt es hier einen etwas höheren Anteil in den niedrigeren Stufen. Dies könnte auf ein etwas geringeres Sicherheitsbewusstsein oder auf weniger Zugang zu sicherheitsrelevanten Ressourcen und Schulungen hinweisen.

Empfehlungen für Flugsportvereine

1. **Fokus auf untere Stufen:** Gezielte Maßnahmen, um Mitglieder in den unteren Stufen der Sicherheitskultur zu unterstützen, könnten hilfreich sein, z. B. durch zusätzliche Schulungen oder Mentoring.
2. **Stärkung der Kommunikation:** Förderung eines offenen Dialogs zwischen Funktionsträgern und Mitgliedern über Sicherheitspraktiken und -kultur. Das Thema Flugsicherheit muss mehr in den Austausch kommen.
3. **Individuelle Verantwortung fördern:** Programme, die auf die persönliche Verantwortung und das Engagement jedes Mitglieds abzielen, könnten die Sicherheitskultur weiter stärken. Positive Verstärkung von positivem individuellem Verhalten ist hier wichtig. Jede und Jeder kann hier einen positiven Unterscheid in Sachen Sicherheit machen.
4. **Regelmäßige Überprüfungen und Feedback:** Kontinuierliche Bewertung der Sicherheitskultur und Feedbackschleifen helfen, Bereiche für Verbesserungen zu identifizieren und die Entwicklung zu verfolgen.
5. **Vorbildfunktion der Funktionsträger:** Funktionsträger sollten weiterhin als Vorbilder für eine starke Sicherheitskultur fungieren und Best Practices mit den Mitgliedern teilen. Die Fluglehrer legen hier eine extrem wichtige Basis im Sicherheitsdenken der neuen Flugschülerinnen und Flugschüler.

Alleine durch den Austausch über Flugsicherheit kann der Schritt von der individuellen Selbstverantwortung aus Stufe 3 zu einer mehr gemeinschaftlichen Verantwortung zur Flugsicherheit angestoßen werden, um dann eine solche Kultur zu etablieren.

Die Unfallpyramiden als Ansatzpunkt

Die Unfallpyramide ist ebenso ein Konzept aus dem Bereich der Arbeitssicherheit und Unfallforschung, das dazu dient, das Verhältnis zwischen verschiedenen Arten von Unfällen und den dahinter liegenden Ursachen zu verdeutlichen. Dieses Konzept kann auch auf die dynamische Flugsicherheit angewendet werden, um Pilotinnen und Piloten in der Hobby-Fliegerei wichtige Lehren zu vermitteln.

Die Unfallpyramide ist eine grafische Darstellung, die verschiedene Stufen oder Ebenen von Unfällen und Zwischenfällen darstellt. Sie basiert auf der Idee, dass es eine Hierarchie von Unfällen gibt, wobei sich an der Spitze der Pyramide die schwersten Unfälle befinden und sich nach unten hin immer mehr Zwischenfälle und leichtere Unfälle ansammeln. Typischerweise sieht die Pyramide in etwa so aus:

- **Tödliche Unfälle:** An der Spitze der Pyramide befinden sich die tödlichen Unfälle, die am seltensten vorkommen, aber die schwerwiegendsten Konsequenzen haben.
- **Schwere Verletzungen:** Darunter folgen die Unfälle, die zu schweren Verletzungen führen, aber nicht unbedingt tödlich sind.
- **Leichte Verletzungen:** Auf der nächsten Ebene befinden sich Unfälle, die zu leichten Verletzungen führen, wie Prellungen oder Schnittwunden.
- **Beinaheunfälle (Near Misses):** Unter den leichten Verletzungen kommen die Beinaheunfälle, bei denen es zu gefährlichen Situationen kommt, aber keine Verletzungen auftreten.
- **Zwischenfälle (Incidents):** An der Basis der Pyramide befinden sich Zwischenfälle, die keine Verletzungen oder Schäden verursachen, aber dennoch potenzielle Risiken darstellen.

Historie und Verwendung in der Arbeitssicherheit:

Die Unfallpyramide diente ursprünglich dazu, das Verhältnis zwischen tödlichen Unfällen und weniger schwerwiegenden Zwischenfällen in Industrieunternehmen zu verdeutlichen. Bird argumentierte, dass für jeden tödlichen Unfall eine bestimmte Anzahl von Zwischenfällen und Beinaheunfällen auftritt, was auf gemeinsame Ursachen und Trends hinweist, die es zu identifizieren und zu be-

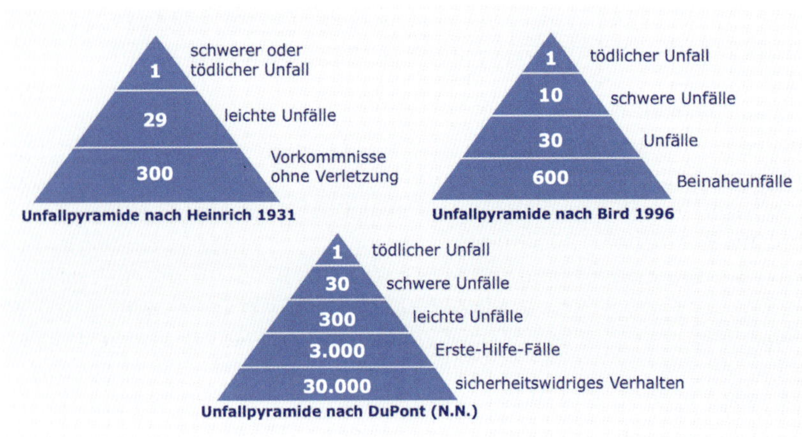

Unfallpyramiden im Vergleich

heben gilt. Dieses Konzept half Unternehmen, proaktive Maßnahmen zur Verbesserung der Sicherheit am Arbeitsplatz zu ergreifen. Wenn man die Anzahl schwerer und tödlicher Arbeitsunfälle reduzieren will, dann muss man am Fundament der Pyramide anfangen. Daher ist es wichtig, die vielen unsicheren Situationen, riskanten Verhaltensweisen oder eben Beinaheunfälle von Grund auf zu verhindern. Nur dann kann man Unfällen mit ernstem Ausgang vorbeugen und Pilotinnen und Piloten ein sicheres Hobbyumfeld gewährleisten. Je flacher die Unfallpyramide dabei ist, desto besser.

Nachfolgend stelle ich drei gängige Unfallpyramiden vor und zeigen Ihnen die wesentlichen Unterschiede auf.

Unfallpyramide nach Heinrich

Vorreiter der klassischen Unfallpyramide war Herbert William Heinrich. 1931 untersuchte er, welchen Einfluss die Sicherheitskultur eines Betriebs auf die Unfallzahlen hat. Anhand der Ergebnisse mehrerer tausend Arbeitsunfälle ermittelte er eine Pyramide, die sich aus der Unfallverteilung zusammensetzte. Die als „Heinrichs Dreieck" bekannte Sicherheitspyramide ergab eine Verteilung von 300 Vorkommnissen – also Unfällen ohne Verletzungsfolgen – sowie 29 leichten Unfällen bei nur einem tödlichen oder schweren Arbeitsunfall. Daher ist sie heute oftmals als „Heinrich's Triangle 300-29-1" geläufig.

Heinrich erkannte schließlich, dass jede Verringerung am Pyramidenboden automatisch positive Folgen für das Aufkommen von schwerwiegenden Unfällen hat. Eine Verhinderung von leichten Verletzungen sollte demnach ernste Vorfälle ausschließen. Was in Heinrichs Unfallmodell allerdings unberücksichtigt blieb, waren organisatorische sowie psychologische Aspekte der Arbeitsprozesse. Diese sind jedoch entscheidend für die Aufklärung von Arbeitsunfällen.

Unfallpyramide nach Bird

Auch der Arbeitssicherheitsexperte Frank E. Bird analysierte 1996 mehr als 1,7 Millionen Unfälle. Ähnlich wie Heinrich erkannte er, dass schwere Unfälle relativ selten auftreten. Die Einteilung seiner Unfallpyramide war dabei präziser: So unterteilte er in tödliche Unfälle und schwere Unfälle mit Arbeitszeitausfall, leichtere Unfälle sowie Beinaheunfälle. Birds Untersuchung ergab eine 1-10-30-600-Ratio. Das bedeutet: Auf einen tödlichen Unfall kommen zehn schwere Unfälle, 30 Unfälle, die einen medizinischen Einsatz erfordern sowie 600 Beinaheunfälle.

Unfallpyramide nach DuPont

Etwas weniger bekannt ist die Unfallpyramide nach DuPont. Als Modell mit den meisten Ebenen sind hier zudem Erste-Hilfe-Fälle ein Bestandteil. Weiterhin zählen Beinaheunfälle in die erweiterte Kategorie der sicherheitswidrigen Verhaltensweisen. Wenig überraschend ist dagegen, dass sich auch bei DuPont ein signifikanter Zusammenhang zwischen der Anzahl der unsicheren Handlungen und der Anzahl leichter, schwerer sowie tödlicher Unfälle zeigt.[12]

Egal welche Verteilung der Unfallpyramide betrachtet wird – die Grundaussage ist bei allen Formen gleich: Es ist für den Arbeitsschutz in Ihrem Unternehmen wichtig, bereits Konsequenzen aus einem Beinaheunfall zu ziehen, um schwerere Ausgänge zu verhindern. Einen großen Einfluss darauf hat die vereinsinterne Fehlerkultur.

Anwendung in der dynamischen Flugsicherheit und für Hobby-Piloten:

Die Unfallpyramide kann auch auf die dynamische Flugsicherheit angewendet werden, um Pilotinnen und Piloten in der Hobby-Fliegerei wichtige Lektionen zu vermitteln:

- **Sensibilisierung für Risiken:** Die Pyramide verdeutlicht, dass tödliche Unfälle in der Regel auf einer Kette von Ereignissen basieren, die mit Beinaheunfällen und Zwischenfällen beginnen. Hobby-Piloten sollten sich bewusst sein, dass scheinbar harmlose Situationen zu schweren Unfällen führen können, wenn nicht rechtzeitig Maßnahmen ergriffen werden.
- **Vorbeugung von Zwischenfällen:** Durch die Identifizierung und Beseitigung von Beinaheunfällen und Zwischenfällen können Piloten dazu beitragen, schwerwiegende Unfälle zu verhindern. Dies erfordert eine gründliche Schulung, Risikobewertung und sorgfältige Planung vor dem Flug, sowie eine gute Kommunikation zwischen Fliegenden am Boden und in der Luft. Am Boden

bedarf es einer guten Feedbackkultur, um wechselseitig die Sicherheit durch Rückmeldung zu erhöhen, in dem beispielsweise auf Fehler hingewiesen wird.
- **Sicherheitskultur:** Die Unfallpyramide betont die Bedeutung einer Sicherheitskultur, die sich auf Prävention und kontinuierliche Verbesserung konzentriert. Piloten sollten sich selbst und ihre Mitflieger dazu ermutigen, sicherheitsbewusst zu handeln und Vorsichtsmaßnahmen zu ergreifen.
- **Lernen aus Fehlern:** Wenn es zu Beinaheunfällen oder Zwischenfällen kommt, sollten Piloten diese als Gelegenheit zum Lernen nutzen. Eine gründliche Untersuchung der Ursachen kann dazu beitragen, ähnliche Situationen in der Zukunft zu vermeiden.

Insgesamt kann die Unfallpyramide dazu beitragen, das Bewusstsein für Sicherheitsrisiken zu schärfen und dazu beitragen, dass Hobby-Piloten sicherere Entscheidungen treffen und sicherer fliegen. Es ist wichtig zu beachten, dass die Fliegerei eine hochregulierte und anspruchsvolle Tätigkeit ist, bei der die Einhaltung von Sicherheitsvorschriften und bewährten Verfahren von entscheidender Bedeutung ist. Und vor allem auch die Vermeidung von Beinahe-Unfällen eine extrem hohe Bedeutung hat – denn statistisch und faktisch reduziert man damit das Risiko von schweren Unfällen.

Reflexion:
- Wie viele Unfälle der verschiedenen Ebenen der Unfallpyramiden gab es in den letzten Jahren in Deinem Verein?
- Wie viele Unfälle der verschiedenen Ebenen der Unfallpyramiden gab es in den letzten Jahren bei Deinen eigenen Flügen?
- Wie lassen sich diese reduzieren?

Risikomanagement in der Hobbyfliegerei

Das Risikomanagement ist ein Konzept, das in verschiedenen Bereichen angewendet wird, um potenzielle Risiken zu identifizieren, zu bewerten, zu steuern und zu minimieren, um negative Auswirkungen auf ein Unternehmen, eine Organisation oder eine Tätigkeit zu verhindern oder zu reduzieren. Hier ist eine allgemeine Definition und ein Überblick über seine Anwendung in verschiedenen Kontexten:

Definition des Risikomanagements:

Das Risikomanagement ist ein systematischer Prozess zur Identifizierung, Bewertung, Steuerung und Überwachung von Risiken, um sicherzustellen, dass sie auf ein akzeptables Maß reduziert werden. Es zielt darauf ab, die Wahrscheinlichkeit und die Auswirkungen von potenziellen unerwünschten Ereignissen zu minimieren und gleichzeitig die Chancen zu nutzen, die sich ergeben können.

Ursprung des Risikomanagements:

Die etymologische Wurzel des Begriffs „Risiko" im Zusammenhang mit Risikomanagement ist tatsächlich faszinierend und eng mit der Seefahrt verbunden. Das Wort „Risiko" leitet sich vom altitalienischen Wort „risco" oder „rischio" ab, was wörtlich „Klippe" bedeutet. In der Seefahrt des Mittelalters war dies ein sehr passendes Bild, da die Navigation um Klippen und Felsen eine der größten Herausforderungen und Gefahren für Seefahrer darstellte.

Die metaphorische Übertragung dieses Begriffs auf finanzielle und andere Arten von Risiken in der Geschäftswelt ist bemerkenswert. Die Seefahrer mussten ständig die Gefahr abschätzen, die von Klippen ausging, und Entscheidungen treffen, um diese Risiken zu minimieren. Dieses Konzept der Risikobewertung und -steuerung wurde später auf andere Bereiche übertragen und bildete die Grundlage des modernen Risikomanagements.

In diesem Sinne symbolisiert das Wort „Risiko" ursprünglich die potenzielle Gefahr oder den Schaden, der aus einer unsicheren und herausfordernden Situation entstehen kann – wie die Klippen für die mittelalterlichen Seefahrer. Diese Bedeutung hat sich im Laufe der Zeit erweitert, um verschiedene Arten von Unsicherheiten in verschiedenen Kontexten, einschließlich Finanzen, Geschäft und Versicherungswesen, zu umfassen.

Anwendung in der Arbeitssicherheit:

In der Arbeitssicherheit ist das Risikomanagement von entscheidender Bedeutung, um die Sicherheit der Arbeitnehmer zu gewährleisten und Arbeitsunfälle zu vermeiden. Dies umfasst die Identifizierung potenzieller Gefahren am Arbeitsplatz, die Bewertung ihrer Wahrscheinlichkeit und ihrer möglichen Auswirkungen sowie die Implementierung von Maßnahmen zur Risikoreduzierung. Dies kann die Entwicklung von Sicherheitsrichtlinien, Schulungen für Mitarbeiter, regelmäßige Inspektionen und die Überwachung von Sicherheitsmaßnahmen umfassen.

Bedeutung für den privaten Flugsport:

Im privaten Flugsport spielt das Risikomanagement eine entscheidende Rolle, da das Fliegen intrinsisch mit Risiken verbunden ist. Privatpiloten müssen sorgfältig Risiken bewerten und Maßnahmen ergreifen, um ihre Sicherheit zu gewährleisten. Dies kann die Überprüfung von Wetterbedingungen, Flugzeugwartung, persönlicher Gesundheit und Fitness zum Fliegen, die Einhaltung von

Luftverkehrsvorschriften und die kontinuierliche Schulung und Weiterbildung umfassen.

Darüber hinaus können private Piloten von bewährten Praktiken des Risikomanagements profitieren, um sicherzustellen, dass sie fundierte Entscheidungen treffen, um Risiken zu minimieren und sich und ihre Passagiere zu schützen. Ebenso kann auch die Fähigkeit zur Identifizierung und Bewältigung von unerwarteten Situationen während des Fluges einschließen.

Insgesamt trägt das Risikomanagement dazu bei, die Sicherheit und Zuverlässigkeit von Aktivitäten wie dem privaten Flugsport zu verbessern und die Risiken auf ein akzeptables Maß zu reduzieren, um Unfälle und negative Folgen zu verhindern.

Die grundlegende Formel im Risikomanagement ist folgende:

Risiko = Eintrittswahrscheinlichkeit × Schadensausmaß

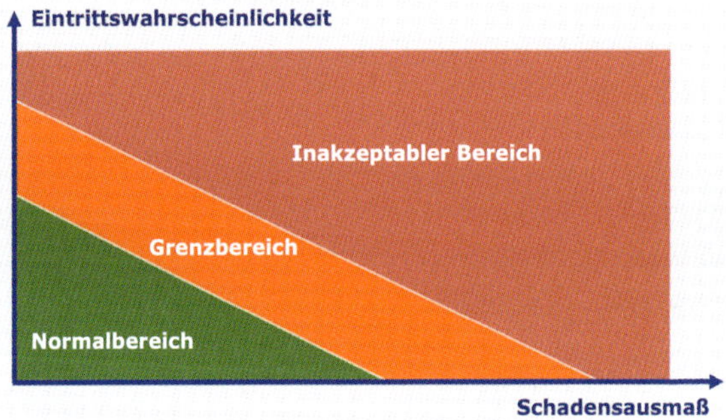

Risikomanagment

Die Gleichung „Risiko gleich Eintrittswahrscheinlichkeit mal Schadensausmaß" ist eine vereinfachte Darstellung des Risikos in Bezug auf ein bestimmtes Ereignis oder eine bestimmte Situation. Diese Gleichung wird oft im Risikomanagement verwendet, um das Risiko quantitativ zu bewerten. Lassen Sie mich die beiden Hauptkomponenten erläutern:

- **Eintrittswahrscheinlichkeit:** Dieser Teil der Gleichung bezieht sich auf die Wahrscheinlichkeit, dass ein bestimmtes unerwünschtes Ereignis oder ein Risiko tatsächlich eintritt. Sie wird oft auf einer Skala von 0 bis 10 oder von 0 % bis 100 % ausgedrückt, wobei 0 oder 0 % bedeutet, dass das Ereignis sehr unwahrscheinlich ist, und 10 oder 100 % bedeutet, dass es sehr wahrscheinlich ist.
- **Schadensausmaß:** Dieser Teil der Gleichung bezieht sich auf die potenziellen Auswirkungen oder den Schaden, der entstehen könnte, wenn das un-

erwünschte Ereignis tatsächlich eintritt. Das Schadensausmaß wird oft in monetären Einheiten oder auf einer Skala von geringfügig bis katastrophal ausgedrückt. Aber natürlich auch das gesundheitliche Ausmaß an Verletzungen und eben bis hin zu Todesfällen.

Eine Segelfliegerin berichtete mir, dass in ihrem Verein drei schwere Unfälle mit einem Sachschaden von ingesamt 75 000,– Euro passierten. Dankenswerter Weise ohne Personenschäden, aber auch der Sachschaden kann immens groß sein – und die Auswirkungen auf einen Verein sind vielschichtig, mit Folgeschäden wie Image, negative Öffentlichkeitsarbeit, mentale Verunsicherung von Fliegenden, etc.

Für einen Hobbyflieger bedeutet diese Gleichung, dass er oder sie die Risiken des Fliegens bewerten kann, indem er die Wahrscheinlichkeit eines Vorfalls (z. B. eines Unfalls oder eines technischen Problems) und das mögliche Schadensausmaß (z. B. Verletzungen, Todesfälle, Schäden am Flugzeug) berücksichtigt. Hier sind einige Beispiele:

- Wenn die Eintrittswahrscheinlichkeit eines schwerwiegenden technischen Problems während eines Fluges sehr niedrig ist (z. B. aufgrund regelmäßiger Wartung und sorgfältiger Vorbereitung) und das Schadensausmaß bei einem solchen Problem mittel wäre, könnte das Risiko als gering eingestuft werden.
- Wenn jedoch die Eintrittswahrscheinlichkeit eines technischen Problems hoch ist (z. B. aufgrund von Vernachlässigung der Wartung) und das Schadensausmaß ebenfalls hoch ist, könnte das Risiko als erheblich eingestuft werden.

Die Gleichung dient als Werkzeug, um Risiken zu quantifizieren und die Entscheidungsfindung zu unterstützen. Hobbyflieger sollten immer bestrebt sein, die Eintrittswahrscheinlichkeit zu minimieren (z. B. durch sorgfältige Wartung und Schulung) und das Schadensausmaß zu minimieren (z. B. durch Verwendung von Sicherheitsausrüstung), um das Gesamtrisiko auf akzeptable Ebenen zu reduzieren und sicher zu fliegen. Schon alleine die Auseinandersetzung mit der Grafik ist hilfreich, um sich als Hobbypilot Gedanken zu machen, was überhaupt passieren könnte, wie groß die Wahrscheinlichkeit ist und was im Fall der Fälle das Schadensausmaß wäre.

Risiko in der Analytik

In der Analytik im Flugsport gibt es verschiedene Risiken, die bei der Durchführung von Flugoperationen oder bei der Auswertung von Daten auftreten können. Hier sind einige der Hauptrisiken:

1. **Wetterbedingungen:** Die Wetterbedingungen sind ein wesentlicher Faktor im Flugsport. Unzureichende Wetteranalysen oder das Ignorieren von Wetterwar-

nungen können zu gefährlichen Situationen führen. Das Risiko besteht darin, dass Piloten in ungünstige Wetterbedingungen geraten, die die Flugsicherheit beeinträchtigen.

2. **Technische Probleme:** Flugzeuge sind komplexe Maschinen, und technische Probleme können auftreten. Unzureichende Vorflugkontrollen oder mangelnde Wartung können das Risiko von Ausfällen erhöhen, die zu Notlandungen oder Unfällen führen.
3. **Fehleinschätzungen und menschliches Versagen:** Fehleinschätzungen der eigenen Fähigkeiten, mangelnde Aufmerksamkeit und menschliches Versagen können zu Risiken führen. Dies kann insbesondere bei unerfahrenen Piloten oder bei Druck, pünktlich anzukommen, auftreten.
4. **Navigation und Flugplanung:** Fehler bei der Navigation und Flugplanung können dazu führen, dass Flugzeuge in unerwünschte Gebiete geraten oder Treibstoffprobleme auftreten. Eine ungenaue Planung oder fehlerhafte Berechnungen können zu Risiken führen.
5. **Mangelnde Einhaltung von Vorschriften:** Die Nichteinhaltung von Luftverkehrsvorschriften und Best Practices kann das Risiko erhöhen. Wie beispielsweise das Fehlen von Luftraumgenehmigungen oder das Überschreiten von Höhenbeschränkungen.
6. **Kommunikationsprobleme:** Kommunikationsprobleme zwischen Piloten und Fluglotsen oder zwischen Mitgliedern der Flugcrew können zu Missverständnissen und Unsicherheiten führen.

Klare und sicherheitsbewusste Treibstoffplanung sind ein wichtiger Grundbestandteil einer Flugplanung. Ein Fliegerfreund meinte einmal lapidar: „Nur ein voller Tank ist ein guter Tank". Da ist was dran.

7. **Gesundheitliche Probleme:** Wenn Piloten gesundheitliche Probleme haben oder unter Einfluss von Medikamenten oder Alkohol stehen, kann dies die Flugsicherheit gefährden.

Um diese Risiken zu minimieren, ist es entscheidend, dass Hobbyflieger eine gründliche Ausbildung absolvieren, sich an alle Sicherheitsvorschriften halten, sorgfältige Flugplanung durchführen, regelmäßige Wartung durchführen lassen, aktuelle Wetterinformationen berücksichtigen und ständig ihre Fähigkeiten und Kenntnisse aktualisieren. Zudem sollten sie situatives Bewusstsein entwickeln und auf mögliche Risiken während des Fluges achten. Ein achtsames und verantwortungsbewusstes Verhalten ist entscheidend, um das Risiko im Flugsport zu minimieren.

Risiko der Konsequenzanalyse

Die Konsequenzanalyse im Flugsport bezieht sich in der Regel auf die Untersuchung der potenziellen Konsequenzen oder Auswirkungen eines Ereignisses oder Vorfalls, die während eines Fluges auftreten kann. Das Hauptziel dieser Analyse ist es, die möglichen Ergebnisse eines bestimmten Szenarios zu verstehen und zu bewerten, damit angemessene Maßnahmen ergriffen werden können, um Risiken zu minimieren und die Sicherheit zu erhöhen.

Das Risiko der Konsequenzanalyse im Flugsport besteht darin, dass es zu unerwünschten Ereignissen kommen kann, die schwerwiegende Folgen haben. Hier sind einige Beispiele für solche Konsequenzen:

1. **Unfall oder Absturz:** Die schwerwiegendste Konsequenz im Flugsport ist ein Unfall oder Absturz, bei dem Personen verletzt oder getötet werden können und erheblicher Schaden an Flugzeugen oder Eigentum entstehen kann.
2. **Notlandung:** Wenn ein Pilot aufgrund von technischen Problemen, Treibstoffmangel oder anderen Gründen eine Notlandung durchführen muss, kann dies zu Sachschäden und möglicherweise Verletzungen führen.
3. **Verletzungen und Gesundheitsprobleme:** Konsequenzen können auch in Form von Verletzungen oder gesundheitlichen Problemen auftreten, sei es aufgrund von Turbulenzen, unerwarteten Ereignissen an Bord oder gesundheitlichen Problemen des Piloten oder der Passagiere.
4. **Sicherheitsverletzungen:** Ein weiteres Risiko der Konsequenzanalyse besteht darin, dass Sicherheitsvorschriften und -protokolle verletzt werden, was zu rechtlichen Konsequenzen oder der Aussetzung von Fluglizenzen führen kann.

Um diese Risiken zu minimieren, müssen Piloten und Flugzeugbetreiber gründliche Risikoanalysen durchführen, um potenzielle Konsequenzen zu identifizieren und geeignete Maßnahmen zur Risikominderung zu ergreifen. Dies kann die Schulung von Piloten, die Wartung von Flugzeugen, die Einhaltung von Sicherheitsvorschriften, die sorgfältige Flugplanung und die kontinuierliche Überwachung von Flügen umfassen. Das Hauptziel ist es, sicherzustellen, dass die Wahrscheinlichkeit schwerwiegender Konsequenzen minimiert wird und dass im Falle eines Vorfalls geeignete Notfallmaßnahmen ergriffen werden können, um die Auswirkungen zu begrenzen.

Risiko in Verbindung mit dem Faktor Mensch

Der Faktor Mensch spielt im Flugsport eine entscheidende Rolle und ist sowohl in Bezug auf die Sicherheit als auch auf das Risiko von großer Bedeutung. Die Risiken, die mit dem menschlichen Faktor im Flugsport verbunden sind, werden oft als „Human Factors" bezeichnet und umfassen eine Vielzahl von Aspekten. In der Flugausbildung ist das Fach „Menschliches Leistungsvermögen" extrem wichtig, wird aber oft unterschätzt.

Hier sind einige der wichtigsten Risiken:

1. **Fehleinschätzungen und Entscheidungsfindung:** Piloten müssen ständig Entscheidungen treffen, angefangen bei der Flugplanung bis hin zu In-Flight-Entscheidungen. Fehleinschätzungen, unzureichende Informationsverarbeitung oder fehlerhafte Entscheidungsfindung können zu Risiken führen. Dies kann z. B. dazu führen, dass ein Pilot die Wetterbedingungen falsch einschätzt oder unangemessen auf Notsituationen reagiert.
2. **Mangelnde Situationsbewusstsein:** Mangelndes Situationsbewusstsein, d.h. das Verständnis der aktuellen Flugsituation und der relevanten Faktoren, kann zu gefährlichen Situationen führen. Dies kann auftreten, wenn ein Pilot den Überblick über die Navigation verliert oder nicht erkennt, dass sich das Flugzeug in einer kritischen Lage befindet.
3. **Kommunikation und Teamarbeit:** In Mehrpersonen-Cockpits ist die Kommunikation und Teamarbeit entscheidend. Mangelnde Kommunikation oder schlechte Teamarbeit zwischen Piloten oder zwischen Piloten und Fluglotsen kann zu Missverständnissen und Fehlern führen.
4. **Ermüdung und Stress:** Lange Flugzeiten, Zeitumstellungen und unregelmäßige Arbeitszeiten können zu Ermüdung und Stress bei Piloten führen, was ihre kognitiven und physischen Fähigkeiten beeinträchtigen kann.
5. **Gesundheitszustand:** Der Gesundheitszustand der Piloten ist von entscheidender Bedeutung. Medizinische Probleme, die während des Fluges auftreten, können zu Risiken führen. Daher müssen Piloten regelmäßig medizinische Untersuchungen bestehen und sicherstellen, dass sie in guter körperlicher und geistiger Verfassung sind.
6. **Ablenkungen:** Ablenkungen im Cockpit, sei es durch elektronische Geräte, Ge-

sprāche oder andere Faktoren, können die Aufmerksamkeit der Piloten von wichtigen Aufgaben ablenken und zu gefährlichen Situationen führen.
7. **Fehler bei der Einhaltung von Vorschriften:** Die Nichteinhaltung von Luftverkehrsvorschriften und Sicherheitsprotokollen kann zu rechtlichen Konsequenzen und Sicherheitsrisiken führen.

Um die mit dem menschlichen Faktor verbundenen Risiken im Flugsport zu minimieren, werden umfangreiche Schulung und Fortbildung für Piloten sowie die Entwicklung von Sicherheitsprotokollen und Verfahren zur Verbesserung des Situationsbewusstseins und der Entscheidungsfindung empfohlen. Es ist auch wichtig, den Gesundheitszustand der Piloten zu überwachen und sicherzustellen, dass sie ausreichend ausgeruht und in der Lage sind, sicher zu fliegen. Die Förderung einer sicherheitsbewussten Kultur und die ständige Verbesserung von Prozessen sind ebenfalls wichtige Schritte zur Risikominimierung im Zusammenhang mit dem menschlichen Faktor im Flugsport.

Fazit: Unser Verhalten ist grundlegend für unser Risiko und unsere Sicherheit entscheidend.

Interview: Risikooptimierung statt Risikominimierung in der Luftfahrt – ein Blick durch die Alpinistenbrille

Von Lernprozessen aus dem Alpinismus, bewusster Risikobewertung und der Gefahr der Überfokussierung. Ich führte dazu ein Interview mit Peter von Känel durch. Peter von Känel (Jg. 1973) ist Bergführer, Extremkletterer, Luftfahrtingenieur, Gleitschirmpilot und zweifacher Familienvater. Als Vortragsredner und Sachbuchautor gibt er seine Erfahrung rund ums extreme Bergsteigen und Gleitschirmfliegen weiter. Ein Gespräch über Risiko, Motivation und Fehlerkultur.

RK: Du hast angedeutet, dass das Bedürfnis nach Risiko und Herausforderung universell ist. Wie zeigt sich das beim Fliegen?

PvK: Als Pilot suche ich Herausforderungen wie das Meistern schwieriger Flugbedingungen oder anspruchsvoller Flugaufgaben. Im Grenzbereich des Beherrschbaren lernt man viel über sich selbst. Es ist daher sinnvoll, immer mal wieder bewusst an die eigenen Grenzen und darüber hinaus zu gehen. Um das Risiko in einem vertretbaren Rahmen zu halten, sollte dies jedoch nur in einem sicheren und kontrollierten Umfeld geschehen. Wenn ich beispielsweise mit dem Gleitschirm das Starten bei grenzwertig starkem Seitenwind übe, mache ich das an einem Übungshang in sanftem Gelände. An einem ausgesetzten

Startplatz im Hochgebirge bewege ich mich dann strikte innerhalb der vorher ausgetesteten Grenzen.

RK: Worin unterscheidet sich das Risikomanagement im Alpinismus vom Risikomanagement in der Luftfahrt?

PvK: Im Alpinismus sind viele Gefahren greifbar und konkret, z.B.: Wenn ich hier stürze, verletze ich mich wahrscheinlich. In der Fliegerei ist das Risiko manchmal weniger greifbar und abstrakter, aber die Konsequenzen können weitreichender sein. Das Prinzip bleibt jedoch dasselbe: Es geht darum, die Risiken bewusst und systematisch wahrzunehmen und sie bezüglich Schadenpotential und Eintretenswahrscheinlichkeit einzuschätzen. Zu große Risiken verringere ich durch eine Anpassung meines Verhaltens.

RK: Wie wichtig ist Erfahrung im Risikomanagement und wie kann sie effektiv genutzt werden?

PvK: Erfahrung ist die Summe der reflektierten Ereignisse. Zum Reflektieren eignen sich nicht nur eigene, sondern auch fremde Ereignisse. Ich beobachte oft, dass sich Leute nicht auf Ereignisse Anderer einlassen, weil sie denken, ein so dummer Fehler könne ihnen niemals passieren. Mir sind schon einige unfassbar dumme Fehler unterlaufen und nur dank Glück und der Tatsache, dass ich jeweils etwas Fehlertoleranz einbaue, haben diese noch nie zu einem Unfall geführt. Je mehr Erfahrung man hat, desto grösser ist der Anteil der vorhandenen Risiken, die man bewusst wahrnehmen und einschätzen, und dadurch aktiv beeinflussen kann. Die Reflexion nach dem Flug und das Durchspielen von ‚Was-wäre-wenn'-Szenarien sind hilfreich für die Entwicklung einer guten Risikobeurteilung.

RK: Welche spezifischen Techniken aus dem Alpinismus können beim Fliegen angewendet werden?

PvK: Eine Technik ist die „3 × 3"-Entscheidungsstrategie, die ich beim Bergsteigen verwende. Sie bewertet die Bedingungen, das Gelände und den Menschen in verschiedenen Phasen, nämlich am Vortag, vor der Tour und periodisch während der Tour. Beim Fliegen können wir diese Technik anwenden, indem wir die Wetterbedingungen, die Flugaufgabe und den Menschen (Erfahrung, Fluggerät etc.) bewerten. Mindestens zwei der drei Faktoren sollten jeweils „Grün" sein. Insbesondere während dem Fliegen hilft mir diese Technik, meinen oft engen Fokus zu öffnen und die gesamte Situation zu erfassen. Ich schaue mir somit im übertragenen Sinne selbst über die Schulter. Weiter finde ich eine gesunde Portion Zweifel hilfreich, denn der Zweifel ist der Hüter des Erfolgs.

RK: Wie gehst du mit der Notwendigkeit um, ständig auf dem neuesten Stand der Technik und Praxis zu sein?

PvK: Sowohl im Alpinismus als auch in der Luftfahrt treibe ich einiges an Aufwand, um mich auf dem neusten Stand und körperlich fit zu halten. Ich finde den Prozess des lebenslangen Lernens und des gegenseitigen Austausches spannend und bereichernd. Regelmäßiges Training ist unerlässlich, um Kompetenz und Sicherheitsbewusstsein aufrechtzuerhalten.

RK: Wie findet man die Balance zwischen Risikobereitschaft und Sicherheit?

PvK: Jeder Mensch hat ein für sich ideales Risikoniveau, das je nach Lebensbereich, Lebensphase oder auch Tagesform unterschiedlich sein kann. Wenn man alle Risiken meidet, kann das zu Langeweile führen, unzufrieden oder gar krank machen. Lebt man hingegen oft zu riskant, wird man vielleicht nicht alt. Es geht also um das optimale Maß, nicht um das Minimum. Wichtig ist auch der Kontext. Wenn ich, was häufig vorkommt, als Bergführer oder Gleitschirm-Tandempilot mit Gästen unterwegs bin, wähle ich stets eine hohe Sicherheitsmarge. Bei seltenen Gelegenheiten, wenn ich mir mit einer extremen Tour einen Lebenstraum erfüllen kann, reduziere ich die Sicherheitsmarge punktuell, wobei ich mit mir selbst und meinem Kletterpartner schon vor der Tour abmache, wie viel Risiko wir bereit bin einzugehen. Während der Tour halten wir uns dann strikte an diese selbst auferlegte Limite. Die tiefe Zufriedenheit nach einer extremen Tour stellt sich nicht nur ein, wenn wir die Tour schaffen, sondern auch, wenn wir die Tour aufgrund zu hoher Risiken abbrechen. Diese Selbstbestimmtheit und Eigenverantwortung geben mir ein Gefühl von Kontrolle, für mich eines der besten Gefühle überhaupt.

Exkurs: Wie sieht dynamische Sicherheit in anderen Sportarten aus?

Die Übertragung der modernen Lawinenkunde auf den Flugsport:

Der Flugsport ist eine faszinierende Aktivität, die jedoch auch eine Vielzahl von Herausforderungen und Risiken mit sich bringt. Um die Flugsicherheit zu gewährleisten, ist es unerlässlich, bewährte Methoden und Kenntnisse aus anderen Bereichen der Sicherheit zu übernehmen. Die moderne Lawinenkunde hat in den letzten Jahrzehnten enorme Fortschritte gemacht und kann wertvolle Lehren für den Flugsport, insbesondere für den privaten Flugsport, wie PPL, Ultraleicht- und Segelfliegern, bieten. In diesem Abschnitt wird untersucht, welche Methoden sich in der Lawinensicherheit etabliert haben und wie sie auf die Flugsicherheit übertragen werden können, insbesondere in den Bereichen Planung im Vorfeld, am Tag und Entscheidungen vor Ort.

I. Planung im Vorfeld:

Die pflichtbewusste Planung vor dem Flug ist von entscheidender Bedeutung, um Risiken zu minimieren und die Sicherheit zu gewährleisten. Wie viele Pilotinnen und Piloten werden mit zunehmender Flugerfahrung schlampiger in der Planung. Ob dies der Wettercheck ist, das Abrufen der NOTAMS oder die Analyse der aktuellen AIPs. Ähnlich wie bei der Lawinensicherheit kann die Analyse von Wetterbedingungen und Geländeinformatio-

Den Gipfel vor Augen – trotzdem könnten die Wächten ein hohes Risiko bergen.

nen eine wichtige Rolle spielen. Flugsportler können von den folgenden Methoden der Lawinensicherheit profitieren:

Geländebeurteilung: Flugrouten sollten sorgfältig geplant werden, wobei potenzielle Gefahren wie hohe Gebirgsketten, Kontrollzonen oder starke Winde berücksichtigt werden. Die Lawinensicherheit bietet bewährte Techniken zur Beurteilung des Geländes, wie beispielsweise die Identifizierung von potenziell instabilen Hängen, hierzu wurden unzählige Lawinenabgänge analysiert und die meisten Lawinenabgänge passieren bei Hangneigungen über 30° Grad Hangneigung. Diese Methode kann auf den Flugsport übertragen werden, um gefährliche Flugrouten zu vermeiden. Welche Skitour in welchem Gelände passt auch zu meinem konditionellen und skifahrerischen Können? Welche Erfahrungsbericht gibt es von anderen Tourengänger zu dieser Skitour? Ein Blick in die Webcams und Landkarten (analog wie digital) ist Pflicht.

Wetterbeobachtung und Lawinenlagebericht: Die Überwachung der aktuellen Wetterbedingungen und die Prognose sind für Piloten von großer Bedeutung. Die Lawinensicherheit hat fortschrittliche Technologien und Analysemethoden entwickelt, um Wetteränderungen zu erkennen und daraus Schlüsse auf die Lawinengefahr zu ziehen. Sicherheitsbewusste Skitourengänger analysieren nicht nur am Tag vor einer Skitour den Lawinenlagebericht, sondern sie haben die Wetterentwicklung, den Schneedeckenaufbau und den Lawinenlagebericht die gesamte Saison im Blick. Flieger sollten daher auch nicht nur am Tag des geplanten (oder gar spontanen) Fluges das lokale und überregionale Wetter analysieren, sondern stets die Wetterlage im Blick haben, um korrekte Entscheidungen treffen zu können. Piloten können ähnliche Ansätze nutzen, um ihre Flugpläne entsprechend anzupassen und Risiken zu minimieren.

II. Planung am Tag:

Sobald der Flugtag angebrochen ist, können Lawinensicherheitsmethoden auch auf die Flugsicherheit angewendet werden, um eine sichere Durchführung des Fluges zu gewährleisten.

Risikomanagement: Die Lawinensicherheit hat bewährte Methoden entwickelt, um das Risiko einer Lawinenauslösung zu bewerten und zu minimieren, diese werden jeden Tag neu bewertet. Wie hat sich das Flugwetter verändert im Vergleich zur Vorhersage? Piloten können ähnliche Konzepte des Risikomanagements anwenden, um potenzielle Gefahren während des Fluges zu identifizieren und zu minimieren, sei es in Bezug auf Wetterbedingungen, Flugzeugzustand, zu erwartender Luftverkehr oder individuelle Fähigkeiten.

Kommunikation: In der Lawinensicherheit ist eine effektive Kommunikation zwischen den Mitgliedern einer Gruppe von größter Bedeutung. Dieser Aspekt kann auch auf den Flugsport übertragen werden. Beispielsweise können sich Piloten vor dem Start mit anderen Piloten, Flugleitern oder Flugvereinen austauschen, um wichtige Informationen über aktuelle Bedingungen, mögliche Gefahren oder empfohlene Flugrouten zu erhalten. Eine offene und ehrliche Kommunikation trägt dazu bei, das Risiko von unvorhergesehenen Ereignissen während des Fluges zu minimieren.

Ausrüstung und Notfallplanung: Die Lawinensicherheit legt großen Wert auf die richtige Ausrüstung und die Notfallplanung. Flieger können von dieser Herangehensweise profitieren, indem sie sicherstellen, dass sie über die erforderliche Flugausrüstung verfügen, die zuverlässig und gut gewartet ist. Zudem sollten sie einen Notfallplan erstellen, der Maßnahmen für verschiedene Szenarien, wie etwa eine unvorhergesehene Wetterverschlechterung oder technische Probleme, umfasst. Ein technisch einwandfreies und gechecktes Fluggerät sollte Standard sein – ist es aber leider in der Praxis oft nicht wirklich. Nahezu jeder Pilot kennt Geschichten, in denen z. B. Piloten mit nicht funktionierenden Instrumenten geflogen sind. Eine gründliche Vorbereitung und das Mitführen geeigneter Notfallausrüstung können im Ernstfall Leben retten. Oder auch das Mitführen von redundanten Materialien, wie der analogen Karte neben dem Tablet oder das zweite Funkgerät.

III. Entscheidungen vor Ort:
Während des Fluges können Piloten von den Methoden der Lawinensicherheit profitieren, um fundierte Entscheidungen vor Ort zu treffen.

Beobachtung und Einschätzung: In der Lawinensicherheit werden das Beobachten von Gelände und Schnee sowie die Einschätzung der aktuellen Bedingungen geschult. Während einer Skitour wird jeder einzelne Hang nochmals vor Ort analysiert und bewertet –

© Rainer Krumm

Bei der Routenplanung macht es Sinn, alle Meinungen aller Tourenmitglieder einzubeziehen.

und ggf. die Route situativ umgeplant. Piloten können diese Fähigkeiten nutzen, um während des Fluges die Umgebung und mögliche Gefahren zu beobachten und einzuschätzen. Hierbei sollten sie auf unvorhergesehene Wetteränderungen, plötzliche Windstöße oder andere Anzeichen für potenzielle Risiken achten. Eine proaktive und aufmerksame Haltung ermöglicht es den Piloten, rechtzeitig angemessene Entscheidungen zu treffen.

Anpassungsfähigkeit und Flexibilität: Die Lawinensicherheit lehrt die Bedeutung von Anpassungsfähigkeit und Flexibilität an die jeweiligen Bedingungen. Piloten sollten bereit sein, ihre Flugpläne anzupassen oder im Zweifelsfall auf einen Flug zu verzichten, wenn die Sicherheit gefährdet ist. Diese Fähigkeit zur flexiblen Entscheidungsfindung ist essentiell, um Risiken zu minimieren und die Flugsicherheit zu gewährleisten. „Urlaub ist kein Grund sich umzubringen“ ist ein Spruch aus der Gleitschirmszene, der besagt, dass leider immer wieder Piloten starten, nur weil sie an dem Tag Urlaub haben und Zeit haben – das Wetter aber eigentlich kein Flug zulässt. In Vereinen werden oft Flugzeuge reserviert – was der eine oder andere dann als Zugzwang empfindet. Hier braucht es die Größe auch mal Nein zu sagen. Beim Gleitschirmfliegen ist es dann die Talfahrt mit der Gondel – auch wenn ggf. andere Piloten in der Luft sind.

Viele dieser Methoden können auch auf den Flugsport übertragen werden, insbesondere auf den privaten Flugsport. Durch eine sorgfältige Planung im Vorfeld, eine angepasste Vorgehensweise am Flugtag und fundierte Entscheidungen vor Ort können Piloten die Flugsicherheit erhöhen und Risiken minimieren. Die Übernahme von bewährten Praktiken aus anderen sicherheitsrelevanten Bereichen ist ein Schritt in Richtung eines sicheren und verantwortungsvollen Flugsports.

Der Peltzman-Effekt

Der Peltzman-Effekt, benannt nach Sam Peltzman, der im Jahr 1975 eine Studie veröffentlichte, besagt, dass gesetzliche Vorschriften zur Verbesserung der Verkehrssicherheit möglicherweise nicht signifikant zur Reduzierung von Unfallopfern beitragen. Dies liegt daran, dass Maßnahmen zur Steigerung der Verkehrssicherheit oder Arbeitssicherheit dazu führen können, dass sich die Verkehrsteilnehmer oder Arbeitnehmer sicherer fühlen. Infolgedessen könnten sie riskanteres Verhalten an den Tag legen oder einem höheren Risiko ausgesetzt sein, da sie die Wahrscheinlichkeit oder Schwere eines Unfalls oder Arbeitsunfalls als geringer einschätzen. Diese psychologischen Reaktionen erfolgen oft unbewusst. Peltzman argumentierte, dass Sicherheitsvorrichtungen in Fahrzeugen, wie zum Beispiel ABS und Sicherheitsgurte, die Zahl der Todesfälle und Verletzungen bei Insassen reduzieren können, aber gleichzeitig das Unfallrisiko für Fußgänger erhöhen. Dies wird als Bestätigung für seine Theorie der Risikokompensation angesehen, die auch als Risiko-Homöostase bezeichnet wird. Allerdings passen sich Fußgänger oft an dieses erhöhte Risiko an, sodass insgesamt eine niedrigere Unfallrate für alle Verkehrsteilnehmer resultieren könnte. Dies kann als moralisches Risiko (englisch „moral hazard") interpretiert werden.

Risikokompensation wurde auch in Sportarten mit hohem Verletzungsrisiko, wie Extremsportarten und Risikosportarten, sowie im alltäglichen Verhalten beobachtet. Bergwachtorganisationen müssen vermehrt Bergsportler aus kritischen Situationen retten, die diese eingegangen sind mit der Idee, dass zur Not die Bergwacht über das Mobiltelefon alarmiert werden kann.

Übertragen auf den Flugsport bedeutet dies, dass es wichtig ist, dass sich alle Beteiligte nicht auf Sicherheitstechniken verlassen, sondern trotzdem viel Verantwortung für das eigene Handeln und Fliegen übernehmen. Ein Flarm-Kollisionswarner darf nicht den Blick aus dem Cockpit und eine aktive Luftraumbeobachtung ersetzen. Der Rettungsfallschirm im Ultraleichtflugzeug darf keine Freigabe sein, um über unlandbares Gebiet zu fliegen.

Vier Dimensionen der dynamischen Flugsicherheit

Aus meiner Erfahrung heraus ist dieses komplexe Thema Flugsicherheit und was alles dazugehört und die Anleihen aus der professionellen Luftfahrt für viele Hobbypilotinnen und Hobbypiloten schwer greifbar. Daher unterscheide ich gerne in den vier Dimensionen der dynamischen Flugsicherheit, um das Thema zu unterteilen und greifbar zu machen. In diesem Abschnitt werden wir kurz die vier verschiedenen Dimensionen beleuchten: der intrapersonellen, interpersonellen, gruppeninternen und organisationalen Dimension.

Jede dieser Dimensionen bietet einzigartige Einsichten und Ansätze, um die Sicherheit im privaten Flugsport zu erhöhen, sie bilden die vier weiteren Kapitel dieses Buches. Alle vier Dimensionen sind Teil des systemischen Ansatzes der dynamischen Flugsicherheit. Ein systemischer Blick ermöglicht es, die Wechselwirkungen zwischen diesen verschiedenen Elementen zu erkennen und zu verstehen, wie sie gemeinsam die Gesamtsicherheit beeinflussen.

1. Intrapersonelle Dimension

Die intrapersonelle Dimension konzentriert sich auf den Piloten als Individuum. Hier geht es darum, wie der Pilot mit Stress, Emotionen und kognitiven Faktoren umgeht. Um die dynamische Flugsicherheit zu erhöhen, sollte jeder Pilot Folgendes beachten:

- **Mentale Vorbereitung:** Sich mental auf den Flug vorzubereiten ist entscheidend. Dies beinhaltet die Überprüfung der Wetterbedingungen, der Flugroute und das Erstellen eines Notfallplans.

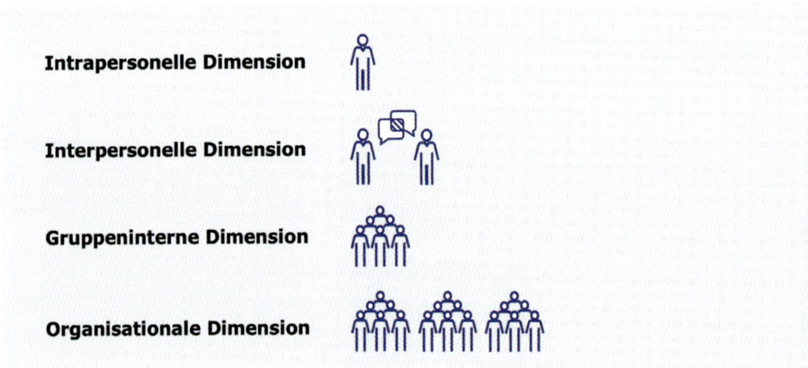

4 Dimensionen der dynamischen Flugsicherheit

- **Emotionskontrolle:** Emotionen wie Angst oder Übermut können die Entscheidungsfindung beeinflussen. Piloten sollten sich bewusst sein, wie ihre Emotionen ihre Flugleistung beeinflussen können.
- **Selbstkritik:** Die Bereitschaft, eigene Fehler zu erkennen und zu korrigieren, ist ein Zeichen von Reife und wichtig in der Luftfahrt.

2. Interpersonelle Dimension

Die interpersonelle Dimension befasst sich mit der Kommunikation und Interaktion zwischen Piloten und anderen Stakeholdern, wie Fluglotsen oder Passagieren. Hier sind einige Schlüsselaspekte:

- **Klare Kommunikation:** Verständliche Kommunikation ist entscheidend. Klare Anweisungen und das Verstehen von Anweisungen von anderen sind unerlässlich.
- **Teamarbeit:** Wenn man in einem Team fliegt, ist eine effektive Teamarbeit unabdingbar. Offene und verbindliche Kommunikation ist die Basis für das Miteinander – geprägt von Vertrauen, das wiederum entstehen muss durch Erfahrungswerte und klare Kommunikation.

3. Gruppeninterne Dimension

Die gruppeninterne Dimension betrachtet die Interaktion innerhalb von Fliegervereinen oder Flugschulen. Hier ist Zusammenarbeit und Verständnis entscheidend:

- **Sicherheitskultur:** Eine starke Sicherheitskultur innerhalb einer Fluggruppe fördert sicheres Verhalten und offenen Austausch von Erfahrungen.
- **Erfahrungsaustausch:** Das Teilen von Erfahrungen und Lektionen aus Vorfällen oder Beinahe-Unfällen kann allen Piloten helfen, aus Fehlern zu lernen.

Im Kontext des Flugsports können die Konzepte von Primärgruppe, Sekundärgruppe und formeller Gruppe wie folgt betrachtet werden:

1. **Primärgruppe im Flugsport:** Diese Art von Gruppe könnte aus einer kleinen Gruppe von eng befreundeten Piloten bestehen, die regelmäßig zusammen fliegen. Die Mitglieder dieser Gruppe haben eine starke emotionale Bindung zueinander, teilen die Leidenschaft für das Fliegen und haben oft eine lange gemeinsame Geschichte. Die Interaktionen in dieser Gruppe basieren auf Freundschaft, gegenseitigem Vertrauen und gemeinsamen Interessen am Flugsport. Ihre Handlungen sind weniger durch strikte Regeln oder Ziele bestimmt, sondern vielmehr durch das gemeinsame Erlebnis und den Spaß am Fliegen.
2. **Sekundärgruppe im Flugsport:** Dies könnte eine Gruppe von Piloten in einem Fliegerclub oder einer Flugschule sein, die sich regelmäßig treffen, um spezifische Ziele zu erreichen, wie z.B. die Verbesserung der Flugfähigkeiten, das Erreichen von Lizenzen oder das Bestehen von Prüfungen. Die Beziehungen in dieser Gruppe sind weniger persönlich und mehr auf die Erreichung dieser spezifischen Ziele ausgerichtet. Die Handlungsmöglichkeiten dieser Mitglieder sind auf die Erreichung der Ziele beschränkt, und die Interaktionen sind oft formeller und strukturierter als in einer Primärgruppe.
3. **Formelle Gruppe im Flugsport:** Diese Gruppe könnte eine professionelle Fluggesellschaft, eine Flugkontrollbehörde oder eine andere offizielle Organisation im Bereich des Flugsports darstellen. Oder auch schlicht weg ein Verein mit Satzung und Geschäftsordnung, sowie einer Flugplatzbetriebsordnung. In dieser Gruppe sind die Ziele und Vorschriften klar definiert und von außen vorgegeben. Die Organisation hat eine definierte Struktur, und die Mitglieder haben spezifische Rollen und Verantwortlichkeiten. Die Interaktionen und Handlungen innerhalb dieser Gruppe sind stark durch formelle Vorschriften, Verfahren und berufliche Standards geleitet.

In jedem dieser Fälle spielen Gruppendynamiken eine wichtige Rolle, wobei sich die Art der Interaktionen und Beziehungen je nach Gruppenart stark unterscheiden kann.

4. Organisationale Dimension

Die organisationale Dimension bezieht sich auf die Verantwortung der Flugschulen und Vereine, um die Sicherheit der Piloten zu gewährleisten:

- **Ausbildung:** Die Qualität der Ausbildung und Schulungen ist entscheidend. Flugschulen sollten sicherstellen, dass ihre Instruktoren hochqualifiziert sind.
- **Wartung:** Die regelmäßige Wartung und Inspektion der Flugzeuge ist unabdingbar, um Unfälle durch technische Probleme zu vermeiden.

- **Sicherheitsrichtlinien:** Die Implementierung und Einhaltung von klaren Sicherheitsrichtlinien und -verfahren sind in jeder Flugorganisation unerlässlich.
- **Organisationskultur:** Die Kultur in Vereinen wird über gelebte Werte und Verhaltensweisen geprägt, aber auch durch Rahmenbedingungen die später im Buch als das 7S-Modell vorgestellt werden

Eine ganzheitliche Betrachtung ist das Fundament

Die erfolgreiche dynamische Flugsicherheit in der Privatfliegerei kann nur durch eine ganzheitliche Betrachtung erreicht werden. Piloten sollten sich ihrer eigenen Fähigkeiten bewusst sein, effektiv kommunizieren und in einer starken Sicherheitskultur innerhalb ihrer Fluggruppen arbeiten. Flugschulen und Vereine wiederum sollten die Ausbildung und Wartung auf höchstem Niveau gewährleisten und klare Sicherheitsrichtlinien etablieren. Nur durch diese breite Perspektive und Zusammenarbeit können wir die Sicherheit im Privatflugwesen weiter verbessern. Denke immer daran: Sicherheit hat oberste Priorität in der Luftfahrt. Die Faszination und die Schönheit des Flugsports brauchen die Grundlage der Flugsicherheit.

In den folgenden Kapiteln wird nun genauer auf die vier Dimensionen eingegangen. Auch hier ist der systemische Ansatz relevant. Die vier Dimensionen beeinflussen sich in Wechselwirkungen, aber auch die einzelnen Aspekte jeder Dimension beeinflussen sich innerhalb wechselseitig und können nie isoliert betrachtet werden. Nur bei der ganzheitlichen Betrachtung puzzelt sich das Bild zusammen.

© Joachim Schreiber

Kapitel 2

Intrapersonelle Dimension der dynamischen Flugsicherheit

In diesem Buchabschnitt werden die individuellen und persönlichen Aspekte der Flugsicherheit im Flugsport beleuchtet – dies sind oft mentale Prozesse oder auch einfach die grundlegende Einhaltung von Routinen und Ähnlichem.

An dieser Stelle sei explizit auf mein Buch „Mentales Training für Piloten“ hingewiesen, in dem diese Dimension sehr ausführlich und vielschichtig beleuchtet und erarbeitet wird – mit zahlreichen Tipps und Übungen.

Einen guten Überblick zum Mentalen Training gibt es in der Podcast-Folge Nr. 56 in der Privatpilotenlounge. Fritz von Westernhagen und Johann Anders haben mich rund um das Mentale Training interviewt.

Der Podcast ist auf allen üblichen Podcast-Providern verfügbar – hier der Link zu Spotify

Verantwortungsübernahme als Basis

Jeder einzelne Pilot oder jede einzelne Pilotin trägt die Hauptverantwortung für ein sicheres (und schönes) Flugerlebnis. Nur wenn jemand dies akzeptiert, wird und kann ein Flug sicher stattfinden. Verantwortungsübernahme ist der Schlüssel zum Erfolg in der intrapersonellen Dimension der dynamischen Flugsicherheit. Nur wenn die handelnde Person diese Verantwortung erkennt, akzeptiert und übernimmt, sind wir handlungsfähig.

Viele Flieger haben den ersten Alleinflug in bleibender Erinnerung. Warum? Ganz einfach – man ist sich im Klaren, dass man nun alleinige Verantwortung hat. Beim allerersten Flug in einer Flugschule ist man sich im Klaren – man ist zwar Flugschüler, aber der Fluglehrer hat beim ersten Flug die Verantwortung und dies verschiebt sich langsam und oft unmerklich zum Flugschüler im Laufe der Ausbildung. Richtig klar ist es vielen erst, wenn der Fluglehrer nicht mehr im Cockpit sitzt. Ebenso spannend ist die Rolle des Flugleiters an unkontrollierten Flugplätzen, was bei den meisten Vereinsplätzen ja der Fall ist. Der Flugleiter hat eigentlich nur eine vermittelnde und koordinierende Funktion. Die Verantwortung des Fliegens ist und bleibt beim „Pilot in Command".

© Rainer Krumm

Good Airmanship

„Good Airmanship" ist ein Begriff, der aus der allgemeinen Luftfahrt stammt und sich auf das richtige Verhalten und die professionelle Haltung von Piloten in allen Flugphasen bezieht. Es beinhaltet eine

Sicherheitskultur ist das richtige zu tun, auch wenn keiner zuschaut. Pflichtbewusstes und verantwortungsvolles Handeln, hier beim Vorflugcheck, sind die Basis der Flugsicherheit.

Reihe von Prinzipien und Verhaltensweisen, die dazu beitragen sollen, die Sicherheit und Effizienz des Fliegens zu gewährleisten. Good Airmanship ist von entscheidender Bedeutung, um Unfälle zu vermeiden und die Flugsicherheit zu erhöhen.

Die wichtigsten Elemente von Good Airmanship sind:

- **Situational Awareness:** Der Begriff „Situational Awareness“ könnte man auf Deutsch als „situative Wahrnehmung“ oder „Situationsbewusstsein“ übersetzt werden. Es bezieht sich auf das Bewusstsein und Verständnis eines Piloten für alle Umgebungsfaktoren und dynamischen Bedingungen, die während des Fluges auf ihn und sein Flugzeug einwirken, um so eine sichere und effiziente Flugdurchführung zu gewährleisten. Ein Pilot sollte immer über die aktuelle Lage und die relevanten Informationen im Cockpit und in der Umgebung informiert sein. Dies beinhaltet das Verfolgen von Wetterbedingungen, Funkkommunikation, Flugzeugsystemen und anderen Flugverkehrsteilnehmern.
- **Entscheidungsfindung:** Ein Pilot muss in der Lage sein, schnelle und fundierte Entscheidungen zu treffen, insbesondere in Notfällen oder unerwarteten Situationen. Dies erfordert die Fähigkeit, Informationen zu bewerten und die beste Handlungsweise auszuwählen.
- **Kommunikation:** Effektive Kommunikation ist entscheidend, um sicherzustellen, dass alle relevanten Informationen zwischen Piloten, Fluglotsen und anderen Flugzeugen ausgetauscht werden. Dies trägt zur Vermeidung von Kollisionen und Konflikten bei.

Das Fliegen von tollen Oldtimerflugzeugen bedarf besonderen Sicherheitsvorkehrungen.

- **Flugzeugbeherrschung:** Ein Pilot sollte sein Flugzeug sicher und präzise steuern können, sowohl während normaler Flugphasen als auch in schwierigen Situationen.
- **Navigation:** Die korrekte Navigation und die Einhaltung von Flugplänen sind entscheidend, um sicherzustellen, dass das Flugzeug seinen Kurs genau verfolgt und geplante Ziele erreicht.

Für private Hobbyfliegerinnen und Flieger können diese Prinzipien von Good Airmanship auf ähnliche Weise angewendet werden, um die Sicherheit und Effizienz ihres Flugs zu verbessern. Hier sind einige Beispiele und Übungen:

1. **Flugvorbereitung:** Vor jedem Flug sollten Hobbyflieger eine gründliche Flugvorbereitung durchführen, einschließlich der Überprüfung von Wetterberichten, Flugzeugwartung und Flugplänen.
2. **Situationsbewusstsein:** Während des Fluges sollten Hobbyfliegerinnen und Flieger ständig ihre Umgebung beobachten, um andere Flugzeuge, Wetteränderungen oder potenzielle Gefahren rechtzeitig zu erkennen.
3. **Kommunikation:** Klare, wertschätzende und prägnante Kommunikation über Funk und im normalen Dialog. Im Funk klar und auf den Punkt, so dass alle anderen Beteiligten wissen was gemeint ist. Ein Flugfunklehrer sagte prägnant: „Erst denken, dann Sprechfunktaste drücken". Da ist was dran.
4. **Flugzeugbeherrschung:** Übe regelmäßig das Fliegen Deines Flugzeugs in verschiedenen Flugzuständen, um Deine Fähigkeiten zu verbessern und in Notsituationen ruhig zu bleiben.
5. **Entscheidungsfindung:** Treffe überlegte Entscheidungen, basierend auf verfügbaren Informationen und Risikoeinschätzungen. Lerne, alternative Handlungsweisen zu planen.

Im Umkehrschluss kann schlechtes, oder Bad Airmanship zu unsicheren Flugbedingungen und potenziell gefährlichen Situationen führen. Beispiele für schlechtes Airmanship sind:

- Vernachlässigen der Flugvorbereitung und Sicherheitsprüfungen.
- Ignorieren von Flugregeln und Vorschriften.
- Unzureichende Kommunikation mit anderen Flugzeugen oder Fluglotsen.
- Nachlässiges oder unangemessenes Verhalten im Cockpit.
- Mangelnde Aufmerksamkeit auf Situational Awareness und Entscheidungsfindung.

Good Airmanship trägt erheblich zur dynamischen Flugsicherheit bei, indem es dazu beiträgt, Unfälle und Zwischenfälle zu verhindern. Wenn Piloten die Prinzipien von Good Airmanship befolgen, können sie sicherstellen, dass sie in der Lage sind, auf unerwartete Ereignisse zu reagieren und sicher zu fliegen. Dies trägt dazu bei, die Gesamtsicherheit des Luftverkehrs zu erhöhen und das Risiko von Unfällen zu minimieren. Es ist daher von größter Bedeutung, dass Hobbyfliegerinnen und Flieger diese Prinzipien verstehen und in ihrer Flugpraxis umsetzen.

Wie wichtig eine gute Grundeinstellung im Sinne eines Good Airmanship ist zeigt ein fatales Beispiel, das glimpflich ausgegangen ist. Am 30.12.2022 startete ein Pilot mit dem zweimotorigen Kleinflugzeug des Typs Diamond DA42 NG von Friedrichshafen. In einer Höhe von 3500 Fuß verliert er die sieben Kilogramm schwere Tür. Sie fällt in den Garten eines Spielplatzes neben eine Schaukel in Liebenau. Normalerweise halten sich dort Kinder auf – aufgrund der Weihnachtszeit, war der Kindergarten aber geschlossen. Der 45-jährige Pilot hatte nach Polizeiangaben weder auf die optischen, noch auf die akustischen Warnsignale bei einer offenen Tür reagiert. Die Polizei geht von einem Pilotenfehler aus, nicht von einem technischen Defekt.[13]

Gefährliche Grundeinstellungen

Im privaten Flugsport sind bestimmte Grundeinstellungen besonders gefährlich, da sie das Risiko von Unfällen und Fehlentscheidungen erhöhen können. Hier sind die fünf gefährlichen Grundeinstellungen, die Sie genannt haben, mit Erklärungen und Beispielen:

- **Disziplinlosigkeit:** Disziplin ist im Flugsport essentiell. Disziplinlose Pilotinnen und Piloten neigen dazu, Checklisten zu ignorieren, Sicherheitsprotokolle zu missachten und sich nicht an Flugpläne zu halten. Ein Beispiel hierfür wäre das Überfliegen von Wetterwarnungen oder das Missachten von Ruhezeiten, was zu Ermüdung und verminderter Reaktionsfähigkeit führen kann.
- **Unüberlegtheit:** Impulsive Entscheidungen ohne gründliche Überlegung können im Flugbetrieb fatale Folgen haben. Piloten, die vorschnell und ohne gründliche Analyse der Situation entscheiden, könnten sich beispielsweise für einen Flug unter gefährlichen Wetterbedingungen entscheiden, weil sie sich unter Druck gesetzt fühlen, pünktlich anzukommen.
- **Arroganz und Unangreifbarkeit:** Eine Haltung der Arroganz und des Gefühls der Unangreifbarkeit führt oft dazu, dass Piloten konstruktive Kritik und Ratschläge von Kollegen oder Fluglotsen ignorieren. Ein Pilot, der glaubt, er sei unfehlbar, könnte wichtige Sicherheitshinweise überhören oder absichtlich riskante Manöver durchführen, um seine Fähigkeiten zu beweisen.
- **Selbstüberschätzung und Imponiergehabe:** Selbstüberschätzung kann zu riskantem Verhalten führen, wie dem Fliegen in schwierigen Wetterbedingungen oder dem Ausführen komplexer Manöver ohne ausreichende Erfahrung oder

Training. Piloten, die versuchen, andere zu beeindrucken, könnten unnötige Risiken eingehen, um als mutig oder geschickt angesehen zu werden.

- **Nicht-Übernahme von Verantwortung:** Das Ablehnen von Verantwortung für eigene Handlungen kann eine Sicherheitskultur untergraben. Wenn Piloten Fehler nicht anerkennen oder aus ihnen lernen, wiederholen sich diese Fehler möglicherweise. Ein Beispiel wäre ein Pilot, der einen Beinahe-Unfall nicht meldet, um keinen Ärger zu bekommen. Es würde dadurch die Möglichkeit verpasst, daraus zu lernen und zukünftige Vorfälle zu verhindern.

Jede dieser Einstellungen kann einzeln oder in Kombination mit anderen das Risiko von Unfällen oder Zwischenfällen im privaten Flugsport erhöhen. Es ist wichtig, dass Piloten ein hohes Maß an Selbstbewusstsein und Selbstkritik entwickeln, um diese gefährlichen Tendenzen zu erkennen und zu vermeiden.

Zu den gefährlichen Grundeinstellungen gibt es auch auf meinem Flugsicherheitskanal ein Video

Demut als Sicherheitsfaktor

Demut ist für Flugsportlerinnen und Flugsportler in Bezug auf die Flugsicherheit aus mehreren Gründen von entscheidender Bedeutung:

- **Anerkennung der eigenen Grenzen:** Demut ermöglicht es Pilotinnen und Piloten, ihre eigenen Fähigkeiten realistisch einzuschätzen. Dies bedeutet, dass sie weniger wahrscheinlich riskante Manöver durchführen oder sich in Situationen begeben, die ihre Fähigkeiten übersteigen.
- **Offenheit für Lernen und Verbesserung:** Demutige Piloten sind eher bereit, aus Fehlern zu lernen und sich kontinuierlich weiterzubilden. Dies beinhaltet das Annehmen von Feedback und Ratschlägen Anderer, was zur Verbesserung der eigenen Fähigkeiten und zur Erhöhung der Sicherheit beiträgt.
- **Kooperation und Kommunikation:** Demut fördert eine effektive Kommunikation und Zusammenarbeit mit anderen, wie Fluglotsen, Bodenpersonal und Mitpiloten. Dies ist entscheidend für die Sicherheit, da die Luftfahrt auf präziser und klarer Kommunikation beruht.
- **Risikobewusstsein:** Demutige Piloten sind sich der inhärenten Risiken des Fliegens bewusster und neigen dazu, vorsichtiger und risikobewusster zu sein. Sie sind weniger geneigt, unnötige Risiken einzugehen oder Sicherheitsprotokolle zu ignorieren.

- **Verantwortungsbewusstsein:** Demut führt zu einem stärkeren Bewusstsein für die Verantwortung gegenüber Passagieren, Crewmitgliedern und der Allgemeinheit. Piloten, die diese Verantwortung ernst nehmen, sind eher geneigt, sicherheitsorientierte Entscheidungen zu treffen.
- **Respekt vor Regeln und Vorschriften:** Ein demütiger Ansatz im Flugsport beinhaltet auch den Respekt vor den Regeln und Vorschriften, die zur Sicherheit im Luftverkehr beitragen. Dies schließt die Einhaltung von Flugvorschriften, Wartungsanforderungen und Sicherheitsprozeduren ein.

Insgesamt trägt Demut wesentlich dazu bei, dass Piloten sich auf Sicherheit konzentrieren, kontinuierlich lernen und sich an die besten Praktiken halten, was die Wahrscheinlichkeit von Fehlern und Unfällen verringert. Wie lautet das schöne Sprichwort: „Hochmut kommt vor dem Fall!“ eine demütige Grundhaltung ist eine Voraussetzung, um langfristig sicher fliegen zu können.

Urlaub ist kein Grund sich umzubringen: Mentale Stärke am Startplatz

Gerade im Gleitschirmsport erlebt man in viel frequentierten Fluggebieten am Startplatz häufig Pilotinnen und Piloten, die sich wie die Lemminge verhalten und der Masse der Piloten folgen. Starten alle – starten sie auch. Warten noch

Zu tiefe Wolkenbasis, um einen sicheren Start zu garantieren, trotzdem starteten etliche Piloten.

Einige Piloten nutzen den sehr starken Wind zum Groundhandling, während andere waghalsige Starts wagten.

alle, warten sie auch. Fahren alle runter, fahren sie auch runter. In vielen Fällen ist das nicht die schlechteste Aktion, aber leider geschieht sie oft unreflektiert oder auch ohne den Dialog mit den anderen Piloten, um deren Entscheidungsprozess nachvollziehen zu können. Nur dadurch kann aber ein Lernprozess entstehen. Warum machen die anderen dies und nicht das? Warum warten sie noch, warum fahren sie runter? Worauf basiert diese Entscheidung. Aber es ist eben auch ganz wichtig, dass die Verantwortung, was man selbst tut nicht delegierbar ist – die bleibt beim Piloten selbst.

Im August 2020 wurde ich am Startplatz der Gerlitzen am Ossiacher See Zeuge von zwei speziellen Situationen, bei denen mehr Reflexion und Selbstverantwortung sicher hilfreich gewesen wäre. Gott sei Dank ist an den beiden Tagen nichts passiert.

Der eine Tag war recht bewölkt und die Wolkenbasis war sehr tief, so dass der Startplatz quasi immer in Wolken war und es definitiv keine Bodensicht in Richtung Landeplatz gab. Es gab wenig Hoffnung, dass die Basis ansteigt oder es Wolkenlücken gab, durch die man sicher durchstarten könnte. Ich selbst wartete (etwas genervt) 2 Stunden und danach war es fliegbarer und vor allem mit Sicht fliegbar. Aber was in diesen 2 Stunden zu erleben und zu sehen war, war unverantwortlich und mehr als grenzwertig. Professionelle Tandempiloten mit Fußgängern und Hobbypiloten hauten sich in die Wolken rein, legten unmittelbar nach dem Start die Ohren an, um nicht in die Wolke gänzlich gesaugt zu werden. Die Masse der Piloten wartete oder fuhr mit der Bahn nach unten.

Der Andere Tag war mit blauem Himmel beglückt, aber mit starkem und böigen Wind versehen. „Lieber feig als tot!" sollte ein Merksatz sein, den man sich zur Hilfe nehmen kann, um eine Entscheidung herbeizuführen. Etliche Piloten warteten, andere nutzen den großen Startplatz zum Groundhandling. Aber ein paar wenige versuchten mit Ach und Krach zu starten. Keiner der Starts sah auch nur halbwegs souverän und kontrolliert aus – Tandempiloten eingeschlossen. Man merkte immer wieder, wie die wartende Masse bei jedem Piloten, der dann „irgendwie" doch in die Luft kam anfing zu überlegen, ob es nicht doch ginge.

Die Verantwortung was jede Pilotin und jeder Pilot macht, ist zu 100% bei ihr oder ihm. Ob man startet oder nicht, muss jede Person selbst entscheiden.

Verantwortung übernehmen

Wenn es um die eigene Weiterentwicklung geht, ist es für Piloten unerlässlich, sich im Rahmen des Self-Coachings mit dem Thema VERANTWORTUNG auseinandersetzen.

Neben den Bereichen Bewusstsein und Selbstmotivation kommt der Verantwortung eine tragende Rolle im mentalen Training im Flugsport zu. Nur wenn man akzeptiert, die volle Verantwortung zu tragen, wird man sich weiterentwickeln und fliegerische Ziele und Erfolge erreichen können. Dies gilt sowohl für Hobbyflieger als auch für Wettkampfpiloten und Berufspiloten.

Die Ziele können dabei ganz unterschiedlicher Natur sein, egal ob Startplatzüberhöhung, Vereinsmeister oder schöner Flug am Übungshang. Wichtig für die Erreichung des Zieles ist die Übernahme der persönlichen Verantwortung für dieses Ziel und die Akzeptanz dieser Verantwortung.

Verantwortung übernehmen und akzeptieren

Success is a mind game. Wenn ein Pilot im Kopf allein die externen Faktoren für seinen Erfolg oder Misserfolg verantwortlich macht, wird er sein Ziel nicht erreichen. Es gilt diese externen Faktoren, die man nicht bzw. nur schwer beeinflussen kann, zu akzeptieren. Externe Faktoren sind bspw. Wettersituation, Geländeformation, Frequenz im Luftraum, usw. Die Verantwortung, was man aus den gegebenen Rahmenbedingungen macht, liegt an jedem Piloten selbst. Man macht es sich zu leicht, wenn man die Verfehlung des Zieles auf externe Faktoren schiebt.

Wenn das Ziel ein Streckenflug war, kann man sich nicht damit herausreden, dass „es plötzlich abgeschattet hätte“. Jeder Pilot trägt selbst die Verantwortung, d. h. hier war das Ziel für den heutigen Tag falsch oder zu groß gewählt. Vielleicht hat er nicht genügend Informationen aus den Wetterdiensten gesammelt oder auch nur die falsche Route gewählt.

Speziell in den ersten Flügen nach der Prüfung ist es für Piloten wichtig, die Verantwortung aktiv zu übernehmen. Bisher wurde diese Verantwortung aus Bequemlichkeit beim Fluglehrer geparkt. Dieser teilt dem Flugschüler über Funk mit, was zu tun ist. Je unabhängiger und selbständiger der Pilot am Ende der Schulung ist, desto leichter fällt dieser Schritt der Verantwortungsakzeptanz. Beim ersten Flug nach der Prüfung steht der Pilot allein am Start und entscheidet selbst über die Wahl des Gerätes, ob das Wetter einen Flug erlaubt und ob das Gelände ihm und seinem Können entspricht. Zwar kann man jede Menge Informationen einholen, viele Einheimische fragen - die Verantwortung für sein Vorhaben aber trägt der Pilot selbst. Nur so kann man sich selbst weiterentwickeln.

Dieser Schritt zur eigenen „fliegerischen Verantwortung“ sollte ein wichtiger Bestandteil der Flugschulung sein. In den meisten Flugschulen ist dies auch gängige Praxis. Fluglehrer berichteten mir, dass sie bei geführten Flugreisen oft Piloten haben, die die Startverantwortung gerne an den Fluglehrer abgeben wollen, so aber immer unmündiger (im fliegerischen Sinne) werden. Die Verantwortung für sein eigenes Handeln kann einem keiner abnehmen – und ist auch nicht delegierbar.

I’M SAFE – die Selbst-Checkliste

Die „I‘M SAFE“-Checkliste hat ihren Ursprung in der Luftfahrtindustrie und wird hauptsächlich als ein Selbstbewertungswerkzeug für Piloten verwendet. Es wurde entwickelt, um Piloten dabei zu helfen, ihre eigene Gesundheit und Fitness vor dem Flug zu beurteilen. Obwohl die genaue Herkunft der Liste schwer zu bestimmen ist, wird sie seit Jahrzehnten in der Ausbildung und im täglichen Betrieb von Piloten, einschließlich Berufspiloten und Hobbyfliegern, eingesetzt.

Jeder Buchstabe in „I’M SAFE“ steht für einen wichtigen Faktor, den es zu berücksichtigen gilt:

✓ **I – Illness: Krankheit.** Fragt, ob der Pilot krank ist, was seine Fähigkeit, das Flugzeug sicher zu fliegen, beeinträchtigen könnte.

✓ **M – Medication: Medikamente.** Überprüft, ob der Pilot Medikamente einge-

nommen hat, die seine Urteilsfähigkeit, Bewusstsein, Reaktionszeit und fliegerische Fähigkeiten beeinträchtigen könnten.
✓ **S – Stress: Stress.** Berücksichtigt den geistigen Zustand des Piloten und ob Stressfaktoren seine Leistung beeinträchtigen könnten.
✓ **A – Alcohol: Alkohol.** Stellt sicher, dass der Pilot keinen Alkohol konsumiert hat und nicht unter dessen Einfluss steht.
✓ **F – Fatigue: Müdigkeit.** Überprüft, ob der Pilot ausreichend ausgeruht ist, um sicher zu fliegen.
✓ **E – Eating: Essen und Trinken.** Stellt sicher, dass der Pilot gut ernährt und hydratisiert ist.

Diese Checkliste hilft dabei, die Sicherheit in der Luftfahrt zu gewährleisten, indem sie sicherstellt, dass Piloten in einem guten körperlichen und geistigen Zustand sind, bevor sie ein Flugzeug steuern. Für Hobbyflieger ist die „I'M SAFE"-Checkliste besonders nützlich, da sie ein einfaches und effektives Mittel bietet, um Selbstbewertung durchzuführen. Hier sind einige Tipps, wie Hobbyflieger diese Checkliste nutzen können, um die Sicherheit zu erhöhen:
✓ **Regelmäßige Anwendung:** Mache es Dir zur Gewohnheit, die „I'M SAFE"-Checkliste vor jedem Flug durchzugehen. Dies hilft dabei, Konsistenz in der Routine und Sicherheitsbewusstsein zu fördern.
✓ **Ehrliche Selbstbewertung:** Sei ehrlich bei der Bewertung deines Zustands. Wenn Du Dich nicht 100 % fit fühlst, verschiebe den Flug.
✓ **Erkennen von Warnzeichen:** Achte auf Anzeichen von Krankheit, Müdigkeit oder Stress. Selbst geringfügige Symptome können Deine Fähigkeit zum sicheren Fliegen beeinträchtigen.
✓ **Medikamenteneinnahme:** Sei Dir der Nebenwirkungen aller Medikamente bewusst, die Du einnimmst. Konsultiere ggf. einen Arzt oder Apotheker.
✓ **Alkohol- und Drogenrichtlinien:** Befolge strikt die Vorschriften bezüglich Alkohol- und Drogenkonsum. Selbst geringe Mengen können gefährlich und tödlich sein.
✓ **Ausreichende Ernährung und Hydratation:** Stelle sicher, dass Du gut ernährt und hydriert bist. Dies hilft, Müdigkeit und Konzentrationsschwäche zu vermeiden.
✓ **Stressmanagement:** Entwickle Strategien zur Stressbewältigung und vermeide Fliegen unter emotionalem Stress.
✓ **Weiterbildung und Bewusstsein:** Bleibe über die besten Praktiken in der Luftfahrt informiert und sei dir der Risiken und Verantwortlichkeiten als Pilot bewusst.

Indem Hobbyflieger diese Checkliste regelmäßig und gewissenhaft nutzen, können sie dazu beitragen, ihre Sicherheit und die ihrer Passagiere zu erhöhen.

Fit für die Saison?

In unseren Breitengraden mit vier Jahreszeiten haben viele Pilotinnen und Piloten eine Winterpause – entweder weil der Platz voller Schnee ist, einigen ist es schlicht zu kalt, anderen fehlt die Thermik, die Gründe sind vielfältig. Vielflieger genießen gewisse Vorteile, während es für Winterpausierende anspruchsvoller ist. Personen, die unvorbereitet im Frühjahr in thermische Bedingungen eintauchen, können schnell an ihre eigenen Grenzen stoßen und sich häufig überfordert fühlen. Wenn die eigenen Fähigkeiten nach dem Winter eingerostet sind, können sich in anspruchsvollen Bedingungen ernsthafte Probleme ergeben, und der Spaß bleibt auf der Strecke. Daher ist ein schrittweises Steigern und Training notwendig. Eine realistische Selbsteinschätzung ist dabei unerlässlich. Personen, die eine längere Flugpause eingelegt haben, sollten unbedingt einen Wiedereinstieg unter Anleitung erfahrener Fluglehrer in Erwägung ziehen.

In dieser Grafik erkennt man einen typischen Thermikverlauf, der im Frühjahr klassischerweise zur Hochform aufläuft und immer stärker wird. Hat ein Pilot nun im Winter pausiert, entwickelt sich oft der Trainingsstand – und damit auch das sicherheitsrelevante Können langsamer als die Thermik, was zu diesem Gefahrenbereich führt. Sich

Dazu gibt es in meinem YouTube Kanal ein Video

Gerade bei Flügen in den Alpen ist die Frühjahrs-Thermik oft extrem. Hier der Flugplatz Zell am Zee.

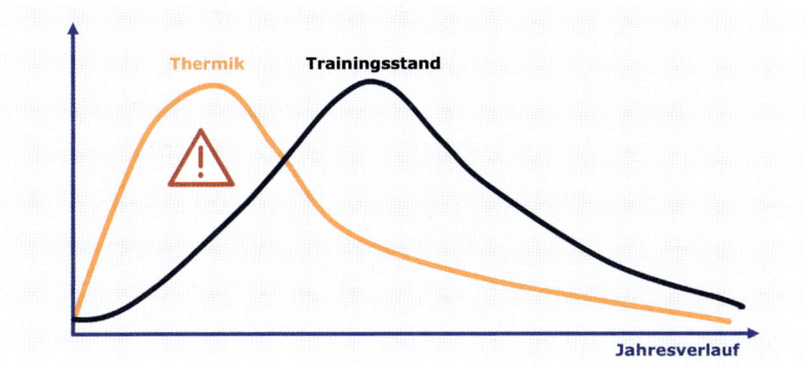

Fit für die Saison

seiner eigenen Erfahrung und Kenntnisse bewusst zu sein und diese in Relation mit den Flugbedingungen zu setzen ist ein elementarer Schlüssel zur Flugsicherheit.

Der Dunning-Kruger-Effekt als Gefahr in der Fliegerei

Der Dunning-Kruger-Effekt ist ein psychologisches Phänomen, das das mangelnde Bewusstsein von Menschen für ihre eigenen Fähigkeiten oder Inkompetenzen beschreibt. Es wurde erstmals von den Psychologen David Dunning und Justin Kruger in einer Studie aus dem Jahr 1999 beschrieben. Der Effekt kann in verschiedenen Bereichen des Lebens auftreten und betrifft nicht nur Piloten, sondern Menschen in vielen verschiedenen Tätigkeitsbereichen.

Zunächst aber ist es wichtig zu wissen, dass es vier Kompetenz-Entwicklungsstufen gibt. Diese durchlaufen die meisten Menschen bei jeder Art von neuen Dingen die sie lernen oder machen. Die unbewusste Inkompetenz wird jedoch oft direkt übersprungen, wenn es klar ist. Will jemand beispielsweise Chinesisch lernen, so ist es recht klar, dass man keine Ahnung davon hat, also bewusste Inkompetenz vorliegt.

1. **Unbewusste Inkompetenz:** In dieser Phase sind Menschen inkompetent, haben aber keine Ahnung von ihrer Inkompetenz. Sie überschätzen oft ihre Fähigkeiten, da sie nicht über das Wissen oder die Erfahrung verfügen, um ihre eigenen Defizite zu erkennen. Dies kann dazu führen, dass sie risikoreiche Entscheidungen treffen oder Aufgaben nicht angemessen bewältigen. Im Bereich

des Autofahrens sind hier oft Fahranfänger zu beobachten, die sich massiv überschätzen. Im Flugsport ist das oft eine Phase, wenn Flugschüler die ersten Erfolge haben, die ersten Alleinflüge haben oder den Flugschein frisch bestanden haben.

2. **Bewusste Inkompetenz:** In dieser Phase beginnen Menschen zu erkennen, dass sie in einem bestimmten Bereich inkompetent sind. Sie sind jedoch immer noch unsicher über ihr tatsächliches Maß an Inkompetenz und können möglicherweise unterdurchschnittliche Leistungen erbringen. Auf dieser Stufe ist die Motivation oft gedämpft, da man quasi die Türe der Erkenntnis aufgestoßen hat und erschrickt, wie umfangreich das Thema ist oder wie viel Übung es noch erfordert.
3. **Bewusste Kompetenz:** In dieser Phase haben Menschen gelernt, ihre Inkompetenz zu erkennen und arbeiten aktiv daran, ihre Fähigkeiten zu verbessern. Sie können ihre Aufgaben besser bewältigen, sind aber immer noch nicht so kompetent wie Experten. Im Autofahrbeispiel ist das der neue Führerscheinbesitzer. Man darf fahren, aber so richtig souverän ist das eben noch nicht. Routinemäßige Abläufe sind noch nicht verinnerlicht. In der Flugsicherheit sind aber unterbewusste Handlungen oft wichtig, dass diese schnell abrufbar sind und keine aktive Gehirnkapazität blockieren. Dies ist dann auf Stufe 4 der Fall.
4. **Unbewusste Kompetenz:** In dieser abschließenden Phase haben Menschen ihre Fähigkeiten so weit entwickelt, dass sie Aufgaben fast mühelos bewältigen, ohne darüber nachzudenken. Sie sind sich ihrer Kompetenz möglicherweise nicht mehr bewusst, da sie die Aufgaben routinemäßig erledigen. Hier ist es wichtig, immer wieder Wissen und Kenntnisse aufzufrischen, zu erneuern. Im Auto-Beispiel ist dies ein regelmäßiges Sicherheitstraining. So, dass man eben nie in einen Modus kommt, der nur rein automatisiert abläuft, sondern immer wieder Themen auffrischt, erneuert und erweitert.

Der Gipfel der Dummheit

Beim Dunning-Kruger-Effekt wird zur Kompetenzentwicklung das Selbstvertrauen in Relation gesetzt. Das Besondere ist, dass oft bei einem kleinen Wissensstand oder kleinen Erfahrungswerten das eigene Können und die Erfahrung extrem überschätzt wird und das in Kombination mit hohem Selbstvertrauen. Zuschauer bei Casting- oder Talentshows kennen das Phänomen, wenn Teilnehmende sich bis auf die Knochen blamieren, aber das vernichtende Urteil der Profi-Jury ablehnen und meinen, dass diese eben keine Ahnung habe und man der tollste Sänger der Republik sei. Bei Verschwörungstheoretikern ist oft auch ein ähnliches Phänomen zu beobachten – weitere Erkenntnisse oder wissenschaftliche Beweisfüh-

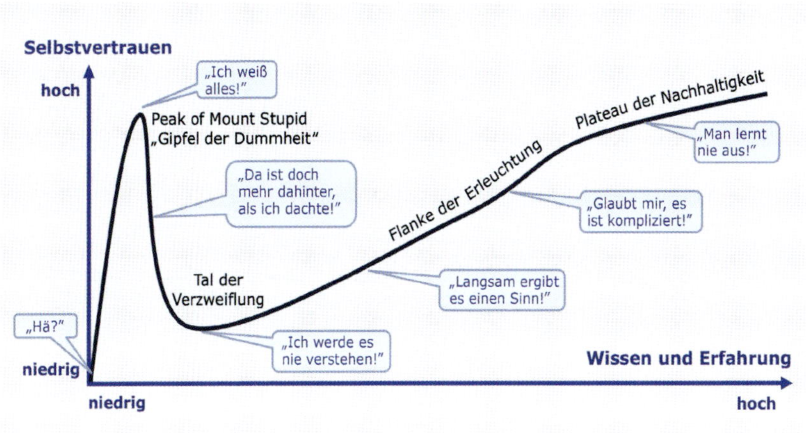

Gipfel der Dummheit

rungen werden auch konsequent abgelehnt. Die Kernaussage des Dunning Kruger Effekt ist es, dass die kognitive Verzerrung im Selbstverständnis inkompetenter Menschen, das eigene Wissen und Können zu überschätzen. Diese Neigung beruht auf der Unfähigkeit, sich selbst mittels Metakognition objektiv zu beurteilen. Diese Metakognition ist die Kompetenz, sich selbst zu reflektieren und das Denken zu reflektieren. Die Wissenschaftler Dunning und Kruger sahen, dass die Einschätzung der eigenen Leistung und der tatsächlichen Leistung oft weit auseinandergeht. Das Selbstvertrauen aber grundsätzlich langfristig steigt. In vielen Veröffentlichungen wird der Dunning-Kruger-Effekt oft falsch dargestellt, in der eben das Selbstvertrauen mit zunehmendem Wissen erst einmal wieder abnimmt. Dies ist jedoch ein anderer Effekt, der aber für die Lernkurve in der Fliegerei sehr spannend ist.

Verweilt man nun auf dem „Gipfel der Dummheit" ist dies natürlich auch bequem und lässig, denn aus der eigenen Perspektive weiß man ja alles und die anderen haben keine Ahnung. Fliegerisch ist dies aber eine fatale Konstellation, zumal man nicht offen ist für weitere Erkenntnisse oder neue Erfahrungen. Um die eigene Inkompetenz zu erkennen, bedarf es aus psychologischer Sicht die sogenannte Metakognition, also die Fähigkeit sich seiner eigenen Denkweisen und Ansichten zu reflektieren und kritisch zu hinterfragen. Oft rutscht das Selbstvertrauen in Bezug auf die eigene Kompetenz aber dann ins Tal der Verzweiflung, nun gilt es sich weiterzubilden und Erfahrungen und Wissen zu sammeln, um das Selbstvertrauen wieder aufzubauen und zu erweitern.

Schon Sokrates stellt in seiner Apologie mit den Worten „Ich weiß, dass ich nichts weiß" klar, dass wahre Weisheit in dem Bewusstsein über das eigene Nichtwissen liegt.

In Bezug auf Piloten im privaten Flugsport kann der Gipfel-der-Dummheit-Effekt verschiedene Auswirkungen haben. Neue Piloten könnten sich in der Anfangsphase der unbewussten Inkompetenz befinden und möglicherweise übermäßiges Selbstvertrauen in ihre fliegerischen Fähigkeiten haben, obwohl sie noch wenig Erfahrung haben. Dies kann zu riskantem Verhalten und unangemessenen Entscheidungen führen, die die Flugsicherheit gefährden könnten. Es werden Flugstrecken geplant oder einfach durchgeführt, die nicht zur Erfahrung oder zum Kenntnis-/Leistungsstand passen – was dann eben schnell zu kritischen Situationen oder Unfällen führen kann.

Ein trauriges Beispiel[14] der vielleicht zu schnellen Selbstüberschätzung ist der Absturz eines Fluganfängers, der beim ersten Soloflug im neuen Flieger abstürzt. Gerade einmal fünf Tage zuvor hatte der 61-jährige seine Ultraleicht-Flugausbildung abgeschlossen (auf einer C42) und er wollte sich gleich ein eigenes Flugzeug kaufen – aber ein anderes Modell. Die Einweisung war eher kurz und knapp. Als nach einem 15-minütigen Einweisungsflug der frisch brevetierte Pilot alleine fliegt, kommt es zu einem Defekt an den Dämpfern der Querruder und der Pilot ist leider überfordert, bekommt das Fluggerät nicht unter Kontrolle und stürzt ab, das Flugzeug geht in Flammen auf. Der Pilot hatte nur 45 Stunden Flugerfahrung – und auf einem anderen Muster. Vermutlich überschätzte er sich selbst und keiner hinderte ihn an der Selbstüberschätzung.

Es ist wichtig, dass Piloten und Flugschulen sich dieser potenziellen Herausforderung bewusst sind und Schulungsprogramme entwickeln, die darauf abzielen, Piloten durch die verschiedenen Stufen des Kompetenzbewusstseins zu führen. Was dazu beiträgt, dass Piloten besser vorbereitet sind und sich ihrer eigenen Fähigkeiten und Grenzen bewusst werden, was die intrapersonelle dynamische Flugsicherheit im privaten Flugsport verbessert. Dies beinhaltet auch kontinuierliche Schulung und Überprüfung, um sicherzustellen, dass Piloten ihre Fähigkeiten aufrechterhalten und weiterentwickeln.

Begegnet man nun Pilotinnen und Piloten, die sich überschätzen, so ist es wichtig, nicht auf die persönliche Schiene ins kritische Feedback zu gehen. Vielmehr sollte man Personen, die sich selbst überschätzen, immer wieder wertschätzend Erkenntnisse, Erfahrungen oder Wissen zuteil kommen lassen, so dass diese ggf. selbst feststellen, dass es gar nicht möglich sein kann, alles zu wissen.

Wer als Pilot zum ersten Mal entscheiden hat, ins fremdsprachige Ausland zu fliegen und gar über die Alpen nach Italien und dies gewissenhaft macht, wird schnell zu Erkenntnis kommen, dass man nie alles wissen kann und das Vorhaben machbar, aber sehr komplex ist. Ein Austausch mit erfahrenen Piloten ist hier Goldwert. Auch für die erfahrenen Piloten ist dies hilfreich, um ihr Wissen auf den Prüfstand zu stellen. So lässt sich das Tal der Verzweiflung auch schnell durchschreiten zu Flanke der Erleuchtung.

Wenn man für sich das Mindset hat, dass es immer etwas zu lernen gibt und das Motto „never stop learning" gilt, läuft man wenig Gefahr, auf dem Gipfel der Dummheit zu verweilen.

In der Psychologie[15] nennt man diese Art der Denkschwäche „Illusion of Explanatory Depth". Zu deutsch: Oberflächenwissen. Gemeint ist hier: je eher wir glauben etwas zu verstehen, desto größer ist die Gefahr, dass wir es eben nicht tun/verstehen. Und leider werden daher im falschen Glauben um den eigenen Durchblick und Sachverstand die dümmsten Entscheidungen getroffen – auch in der Fliegerei. Was hier hilft ist der wechselseitige Wunsch nach einer Erklärung, warum dies so sei. Man sollte sich dazu zwingen bei komplexen Themenstellungen, nicht Stellung zu beziehen, sondern die Position zu erklären, statt zu begründen. Denn ohne gute Erklärungen kommen wir zu keinen guten Entscheidungen. Unser energiesparendes Gehirn hat aber auch hier wieder eine Falle eingebaut – je einfacher und kürzer die Erklärung ausfällt, desto weniger Energie braucht das Gehirn. Die Philosophie nennt das Parsimonie. Das heißt, wir lieben Erklärungen, die mit wenig Grundannahmen auskommen. Sicherlich bekannt von Stammtisch-Diskussionen. Doch die (Flieger-)Welt ist nicht einfach. Das beste Gegenmittel, um nicht auf dieses Vereinfachungsdenken hereinzufallen, ist übrigens – ganz simpel –, sich ein bisschen damit zu beschäftigen.

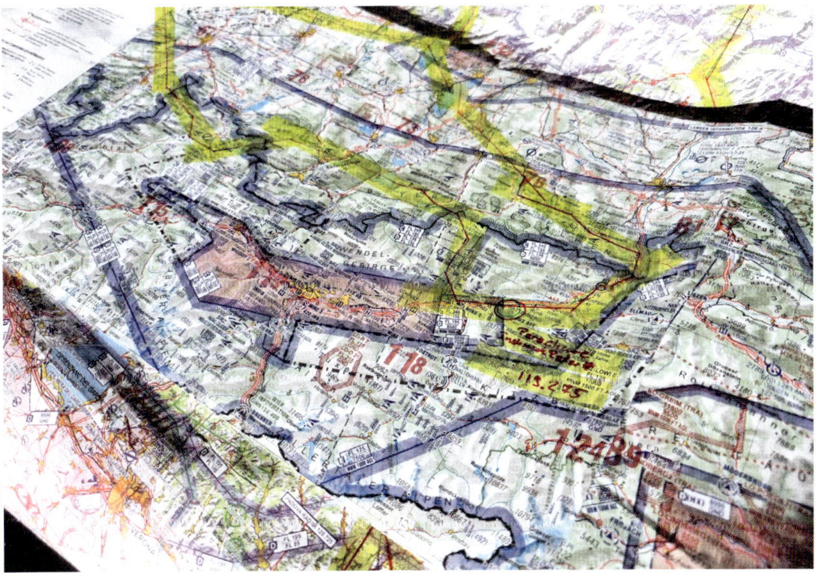

Flüge ins Ausland und in die Alpen benötigen besonders gute Vorbereitung und erweitern die Lernzone.

Semmelweis-Reflex überwinden: Flugsicherheit durch Innovation und Anpassung

Die Fliegerei ist eine faszinierende Welt, die von Traditionen und bewährten Verfahren geprägt ist. Für Segelflieger und Hobby-Piloten, die in Fliegervereinen aktiv sind, ist das Streben nach Sicherheit und Effizienz von entscheidender Bedeutung. Doch manchmal können etablierte Denkmuster und Gewohnheiten den Fortschritt behindern. In diesem Abschnitt werden wir den Semmelweis-Reflex genauer unter die Lupe nehmen und herausfinden, wie das Bewusstsein für diesen Effekt die Flugsicherheit erhöhen und die Zukunft der privaten Fliegerei gestalten kann.

Die Historie des Semmelweis-Reflexes und Ignaz Semmelweis

Bevor wir in die Details eintauchen, werfen wir einen Blick auf die Geschichte dieses Reflexes. Der Semmelweis-Reflex ist nach Ignaz Semmelweis benannt, einem ungarischen Arzt des 19. Jahrhunderts. Semmelweis arbeitete in einer Wiener Geburtsklinik und machte eine bahnbrechende Entdeckung. Er erkannte, dass die Händehygiene bei medizinischem Personal entscheidend zur Verhinderung von Krankenhausinfektionen beiträgt. In einer Zeit, als die medizinische Gemeinschaft die Theorie der Miasmen (luftübertragene Krankheitserreger) bevorzugte, führte Semmelweis das Konzept der Handhygiene ein. Er bemerkte, dass die Sterblichkeitsrate bei Frauen, die von Ärzten betreut wurden, höher war als bei jenen, die von Hebammen betreut wurden. Diese Erkenntnis führte ihn zu der Schlussfolgerung, dass Ärzte Krankheitserreger durch ihre Hände übertrugen. Als er die Einführung der Händedesinfektion für medizinisches Personal empfahl, sank die Sterblichkeitsrate dramatisch.

Unglücklicherweise wurden Semmelweis' Erkenntnisse zunächst von der medizinischen Gemeinschaft abgelehnt und er selbst in die Irrenanstalt eingewiesen. Es dauerte Jahre, bis seine Arbeit anerkannt wurde. Dieses tragische Beispiel zeigt, wie der Semmelweis-Reflex Menschen dazu bringen kann, neue Ideen und Informationen abzulehnen, selbst wenn sie lebensrettend sein können.

Der Semmelweis-Reflex heute bezieht sich auf die Abwehrreaktion gegenüber neuen Informationen oder Ideen, die im Widerspruch zu etablierten Ansichten stehen. Heute wird dieser Begriff verwendet, um zu beschreiben, wie Menschen oft widerwillig auf Veränderungen reagieren, selbst wenn diese Veränderungen positiv sind. Dieser Effekt ist nicht auf die Medizin beschränkt, sondern findet sich in vielen Bereichen des Lebens, einschließlich der Fliegerei.

In der Welt der privaten Fliegerei sind Traditionen und bewährte Verfahren stark verwurzelt. Piloten in Fliegervereinen sind oft mit bestimmten Abläufen und Vorgehensweisen vertraut, die über Jahre hinweg entwickelt wurden. Diese Traditionen können eine wichtige Rolle spielen, um die Sicherheit und Effizienz des Fliegens zu gewährleisten. Allerdings kann der Semmelweis-Reflex dazu führen, dass Piloten widerstrebend auf neue Sicherheitspraktiken oder Technologien reagieren, selbst wenn diese Verbesserungen mit sich bringen könnten.

Der Beitrag des Semmelweis-Effekts zur Flugsicherheit

Wie kann das Bewusstsein für den Semmelweis-Reflex die Flugsicherheit in der privaten Fliegerei erhöhen? Hier sind einige Überlegungen:

- **Bildung und Sensibilisierung:** Eine der ersten Maßnahmen besteht darin, Piloten darüber zu informieren, warum bestimmte Änderungen oder Sicherheitspraktiken notwendig sind. Dies kann helfen, Vorurteile und Widerstand zu reduzieren. Zum Beispiel, wenn neue Technologien eingeführt werden, um die Kommunikation und Navigation zu verbessern, sollten die Gründe und Vorteile klar vermittelt werden.
- **Schulungen und Schulungsmaterialien:** Fliegervereine können Schulungen und Schulungsmaterialien bereitstellen, um Piloten bei der Anpassung an neue Verfahren oder Technologien zu unterstützen. Dies könnte Online-Kurse, Seminare oder praktische Übungen umfassen.
- **Kommunikation und Feedback:** Offene Kommunikation und die Einbindung der Pilotengemeinschaft in Entscheidungsprozesse sind entscheidend. Piloten sollten die Möglichkeit haben, Bedenken zu äußern und Vorschläge zu machen. Ihr Feedback kann dazu beitragen, Lösungen zu entwickeln, die von der gesamten Gemeinschaft akzeptiert werden.
- **Betonung der Sicherheit:** Die Sicherheit sollte immer oberste Priorität haben. Piloten sollten verstehen, dass Veränderungen oder neue Praktiken eingeführt werden, um die Sicherheit zu erhöhen und Unfälle zu vermeiden. Dieses Bewusstsein kann dazu beitragen, Widerstand gegenüber neuen Sicherheitsrichtlinien zu reduzieren.

Ein Beispiel aus der Praxis: Avionik-Integration

Um diese Konzepte in die Praxis umzusetzen, werfen wir einen Blick auf ein konkretes Beispiel: die Integration moderner Avioniksysteme in ältere Flugzeuge. Diese Technologien können die Navigation, Kommunikation und Sicherheit erheblich verbessern. Sie ermöglichen Echtzeitwetterinformationen, präzise Flugbahnverfolgung und vieles mehr. Jedoch könnten einige erfahrene Piloten, die mit älteren Flugzeugmodellen vertraut sind, zögern, solche Systeme zu akzeptieren. Sie könnten denken, dass sie ihre bewährten Methoden bereits beherrschen und keine neuen Technologien benötigen. Hier kommt der Semmelweis-Reflex ins Spiel.

Um diesen Widerstand zu überwinden, ist es wichtig, die Vorteile der Avionikintegration zu verdeutlichen. Dies könnte die Verbesserung der Situational Awareness, die Erhöhung der Flugsicherheit und die Vereinfachung komplexer Aufgaben umfassen. Schulungen und Schulungsmaterialien können Piloten dabei unterstützen, diese neuen Systeme effektiv zu nutzen.

Die Fliegergemeinschaft sollte auch Möglichkeiten schaffen, um Erfahrungen auszutauschen und Feedback zu sammeln. Wenn Piloten positive Ergebnisse mit den neuen Technologien erzielen, werden sie eher dazu neigen, sie zu akzeptieren. Der Semmelweis-Reflex, der uns daran erinnert, wie Menschen auf Veränderungen reagieren können, ist auch in der privaten Fliegerei relevant. Das Bewusstsein für diesen Effekt kann dazu beitragen, die Flugsicherheit zu erhöhen, indem es Piloten ermutigt, neue Ideen und Technologien zu akzeptieren, die dazu beitragen, Unfälle zu verhindern und das Flugerlebnis zu verbessern.

Fliegervereine und Piloten sollten sich aktiv für Bildung, Schulung, offene Kommunikation und die Betonung der Sicherheit einsetzen, um den Semmelweis-Reflex zu überwinden. Indem wir auf die Lehren aus der Geschichte zurückblicken und offen für Innovationen sind, können wir die Zukunft der privaten Fliegerei sicherer und aufregender gestalten.

Um sich selbst persönlich und fliegerisch weiterzuentwickeln ist es wichtig, die eigene Komfortzone zu verlassen.

Reflexion:

- Wie hältst Du Deinen Wissensstand auf dem Laufenden?
- Welche Zeitschriften, Bücher, Videos oder Podcasts hast Du im vergangenen Jahr zur Weiterbildung genutzt?
- Wie gehst Du mit neuen Erkenntnissen oder neuen Technologien um? Wie offen oder verschlossen bist du in diesem Bezug auf Neuerungen?
- Wie wird Weiterbildung in Eurem Verein gelebt? Was könnte hier verbessert werden?

Die Wichtigkeit des Verlassens der Komfortzone

In der Welt des privaten Flugsports ist die Sicherheit oberstes Gebot. Doch um langfristig sicher und erfolgreich zu fliegen, ist es nicht nur entscheidend, die verschiedensten Aspekte des Fliegens zu beherrschen. Auch die persönliche Weiterentwicklung eines Piloten oder einer Pilotin spielt eine wesentliche Rolle. In diesem Abschnitt werden wir uns damit beschäftigen, warum es für die eigene Weiterentwicklung als Pilot, aber auch für die dynamische Flugsicherheit, von entscheidender Bedeutung ist, die eigene Komfortzone zu verlassen.

Das Modell der Komfortzone, Angstzone, Lernzone und Wachstumszone

Um zu verstehen, warum das Verlassen der Komfortzone so wichtig ist, betrachten wir das Modell der Komfortzone, Angstzone, Lernzone und Wachstumszone. Dieses Modell beschreibt verschiedene Bereiche, in denen sich ein Pilot oder eine Pilotin während ihres Flugtrainings und ihrer fliegerischen Entwicklung bewegen kann.

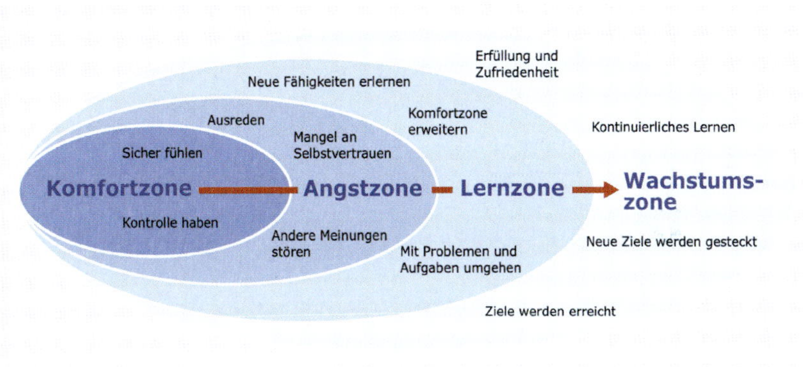

Raus aus der Komfortzone

Die Komfortzone: Dies ist der Bereich, in dem sich ein Pilot am wohlsten fühlt. Hier sind die Aufgaben und Herausforderungen gut bekannt und vertraut. Es gibt wenig Stress und wenig Anspannung. Allerdings ist die Komfortzone auch der Ort, an dem keine signifikante Weiterentwicklung stattfindet. So bleibt beispielsweise ein Pilot immer im Bereich des Flugplatzes, absolviert nur lokale Rundflüge und landet immer wieder auf dem gleichen heimischen Flugplatz – das ist bequem.

Die Angstzone: Die Angstzone ist der Bereich, in dem sich ein Pilot auch mal unwohl fühlt. Hier sind die Herausforderungen groß und die Fähigkeiten reichen aus, um sie zu bewältigen. Hier kommt Stress auf – der aber positiv sein kann. Dies kann zu Angst, Unsicherheit und Stress führen. Diese Angstzone darf dabei nicht zum Risiko werden. Aber was spricht dagegen, bei gutem Wetter einen anderen Flugplatz anzufliegen, als den heimischen? Vielleicht auch erst Plätze, die man schon aus der Ausbildung kennt. Eine gute Flugvorbereitung ist Grundvoraussetzung.

Die Lernzone: Die Lernzone liegt zwischen der Komfortzone und der Angstzone. Hier werden neue Fähigkeiten und Kenntnisse erworben, während gleichzeitig ein gewisser Grad an Unsicherheit und Herausforderung vorhanden ist.

Die neuen Fähigkeiten und Handlungsabläufe sind noch nicht perfekt und routiniert. Die Lernzone ist der Ort, an dem das eigentliche Wachstum und die Entwicklung stattfindet. Erfolgserlebnisse stellen sich ein. Die Lernzone kann durch bewusste Reflexion intensiviert und die Lernkurve gesteigert werden.

Die Wachstumszone: Die Wachstumszone ist der Bereich, in dem ein Pilot seine Fähigkeiten auf das nächste Level hebt. Hier werden die in der Lernzone erworbenen Fähigkeiten gefestigt und weiterentwickelt. Neue Ziele werden gesetzt, auch im Zusammenspiel mit anderen Pilotinnen und Piloten werden neue Ziele gesetzt und erreicht, wie beispielsweise die erste Reise mit dem Ultraleicht ins Ausland. Es ist ein Ort, an dem ein Pilot über sich selbst hinauswachsen kann.

Wie ein Pilot die Zonen verlassen kann und was sie davon haben: Um als Pilot die Komfortzone zu verlassen und in die Lernzone einzutreten, müssen mutige Schritte unternommen werden. Hier sind einige Möglichkeiten, wie ein Pilot dies erreichen kann:

- **Neue Flugmanöver und Techniken erlernen:** Indem ein Pilot neue Flugmanöver und Techniken erlernt, kann er sich in die Lernzone begeben. Dies kann beispielsweise das Erlernen von Kunstflugmanövern oder das Fliegen in anspruchsvolleren Wetterbedingungen umfassen.
- **Flugerfahrungen diversifizieren:** Die Erweiterung des Horizonts durch das Fliegen an verschiedenen Orten und in verschiedenen Flugzeugtypen kann dazu beitragen, die Lernzone zu betreten. Dadurch werden verschiedene Flugbedingungen und Herausforderungen bewältigt.
- **Zusätzliche Qualifikationen erwerben:** Das Erlangen von zusätzlichen Qualifikationen wie Instrumentenflugberechtigungen oder Fluglehrerlizenzen erweitert die Fähigkeiten eines Piloten und führt ihn in die Lernzone.
- **Mitfliegen bei Wettbewerben und Meisterschaften:** Im Flugsport gibt es unzählige Möglichkeiten an Wettbewerben teilzunehmen – wenn man will. Dabei geht es nicht darum, die vordersten Plätze zu ergattern, sondern vielmehr mit und von den anderen Piloten zu lernen und sich auf Aufgaben/Tasks einzulassen, die der Veranstalter ausgegeben hat.

Die Vorteile des Verlassens der Komfortzone für einen Piloten oder eine Pilotin sind vielfältig:

- **Steigerung des Selbstvertrauens:** Das Bewältigen neuer Herausforderungen in der Lernzone führt zu einem gesteigerten Selbstvertrauen und einem Gefühl der Kompetenz.
- **Erhöhte Sicherheit:** Die Entwicklung neuer Fähigkeiten und die Fähigkeit, in unterschiedlichen Situationen zu agieren, erhöhen die Sicherheit während des Fliegens.

- **Persönliche Entwicklung:** Das Verlassen der Komfortzone fördert die persönliche Entwicklung und das Wachstum, nicht nur als Pilot, sondern auch als Mensch.
- **Mehr Spaß und Abwechslung:** Das Fliegen wird interessanter und abwechslungsreicher, wenn ein Pilot sich neuen Herausforderungen stellt und seine Fähigkeiten erweitert.

Zahlreiche Veranstaltungen ermöglichen auch ein gemeinsames Verlassen der Komfortzone und bieten betreutes Lernen und gemeinsames Üben an. Die schweizerische Precision Flying Association (PFA) bietete zum Saisonstart im deutschen Mengen-Hohentengen (EDMT) im Mai 2023 einen Kurs zum Navigationsflug an. Gemeinsame Planung, Durchführung und auch die Nachbesprechungen runden das gemeinsame Lernen – und wachsen ab.[16]

Zur Vorbereitung auf die Deutsche Meisterschaft im Motorschirmfliegen trainierte ich das präzisere Fliegen und das Fliegen von vorgegebenen Formen und Figuren. Mein Ziel bei der Motorschirm Meisterschaft war vor allem viel zu lernen – was gelungen ist.

Insgesamt ist es also von entscheidender Bedeutung für die eigene Weiterentwicklung und die dynamische Flugsicherheit, die Komfortzone zu verlassen und in die Lern- und Wachstumszonen einzutreten. Mutige Schritte und die Bereitschaft, sich neuen Herausforderungen zu stellen, werden nicht nur die fliegerischen Fähigkeiten verbessern, sondern auch die persönliche Entwicklung fördern und die Freude am Fliegen steigern.

Der Boiling-Frog Effekt und die Komfortzone

Der Boiling-Frog-Effekt ist eine metaphorische Erzählung, die besagt, dass ein Frosch, der in einen Topf mit kaltem Wasser gesetzt wird, das langsam erhitzt wird, nicht wahrnimmt, wie die Temperatur ansteigt und schließlich im Wasser kocht, ohne zu versuchen, zu entkommen. Obwohl dies biologisch nicht korrekt ist, dient die Metapher dazu, zu illustrieren, wie Menschen (oder Organisationen) oft schrittweise Veränderungen in ihrer Umgebung nicht wahrnehmen, bis es zu spät ist.

Angewendet auf die Privatfliegerei bedeutet dies, dass Piloten allmählich riskantere Flugsituationen akzeptieren könnten, ohne die zunehmende Gefahr zu erkennen. Daher ist es entscheidend, die eigene Komfortzone bewusst zu verlassen und sich kontinuierlich neuen Herausforderungen zu stellen. Dies hilft, ein gesundes Bewusstsein für Risiken zu bewahren und die Fähigkeit zu verbessern, auf unerwartete Situationen zu reagieren, was wiederum die dynamische Flugsicherheit erhöht. Indem Piloten sich regelmäßig neuen Herausforderungen stellen und ihre Fähigkeiten testen und erweitern, können sie verhindern, dass sie Opfer des Boiling-Frog-Effekts werden und sicherstellen, dass sie auf Veränderungen in ihrer Flugumgebung adäquat reagieren können.

Reflexion:

- In welcher der Zonen bist Du aktuell fliegerisch?
- Welche Themen wären für Dich wichtig oder interessant zu lernen?
- Wie könntest Du Deine Komfortzone verlassen und dein Wissen und Deine Fertigkeiten steigern?
- Welche Unterstützung ist dazu vom wem, wann, wo und in welcher Form notwendig?

Wie wichtig Fortbildung ist und warum Pilotinnen und Piloten bewusst die FIS Dienstleistungen nutzen sollten, beleuchtet Herwart Goldbach im folgenden Gastartikel. Er war viele Jahre Leiter FIS Langen bei der DFS Deutsche Flugsicherung.

Gastartikel von Herwart Goldbach: Die Bedeutung von Fortbildung und die Nutzung von FIS

Eine Forderung nach ständiger Fortbildung von Piloten, egal ob sie privat oder gewerblich fliegen, stößt sicher nicht auf Unverständnis. Bei diesem Thema müssen wir jedoch zwei Ansätze unterscheiden:

- Dient die Fortbildung dazu vorhandenes Wissen zu erweitern, also fliegerische Berechtigungen bezogen auf Luftfahrzeugmuster zu erwerben, oder gar selbst eine wie auch immer eingestufte Ausbilderberechtigung, oder
- ist jedoch der Sinn der Fortbildung verlorenes Wissen wieder auf einen aktuel-

len Stand zu bringen, so ist dieser Ansatz, auch aus Ausbildersicht, problematischer.

Diese beiden Ansätze erzeugen möglicherweise eine stark unterschiedliche Bereitschaft sich dem Lernen hinzugeben. Lernen bedeutet Kraft-, Zeit und Geldaufwand. Jeder ist bereit zu lernen, wenn er seine Qualifikationen erhöhen und somit sein fliegerisches Ansehen verbessern kann. Es ist aber auch menschlich verständlich, dass niemand gern zugibt gravierende Defizite zu haben, die eine Nachschulung erfordern, doch ist dies jedem schon einmal passiert.

Ein auf fast jeden Leser passendes Beispiel wäre der neue Prüfungskatalog zum Erwerb eine PKW-Führerscheines. Von 1973 bis heute hat sich einiges geändert. Ob ich hier wohl auf Anhieb allen Anforderungen genügen würde?

Wir leben mit dem Gewohnten und lernen teilweise bewusst neue Dinge bzw. frischen andere Dinge auf. Das Wort „Auffrischen“ ist angenehmer zu ertragen als vom Aufarbeiten von Defiziten zu reden. Dies erwähne ich, damit wir merken, dass allein einfache Worte unsere Lernbereitschaft steuern können, wir menscheln halt. Fakt ist aber, dass wir Menschen Dinge vergessen oder erworbene Fähigkeiten verlieren wenn wir mit ihnen nicht arbeiten.

Was sagen uns diese Zeilen? Wir müssen uns Fort- und Weiterbilden, wenn wir es richtig angehen, erhalten wir unsere Freude am Fliegen. Und dies dient maßgeblich der Flugsicherheit.

Unterstützung durch Flugsicherungsdienste

Dieses Thema hat eine endlose Vorgeschichte mit glücklichem und auch unglücklichem Ausgang. Basis eines jeden Fluges sollte eine ausreichende Flugvorbereitung sein, die möglicherweise länger dauert als der Flug selbst.

Bedeutet die Anforderung von Unterstützung doch möglicherweise, dass Unklarheiten oder gar Überraschungen aufkommen, also für den Piloten unerwartetes während der Flugdurchführung auftritt.

Wir Menschen, Piloten sind dies auch, neigen dazu manche Dinge lästig zu finden und sie dann schnell, schnell abzuarbeiten. Geht der Flug aber schief, wird genau auf die vorbereitete Flugvorbereitung geschaut. Wir kommen nicht umhin uns hier die Zeit und Muße zu nehmen, diese Arbeiten sorgfältig und ausreichend durchzuführen. Gewissenhaftigkeit ist das Schlagwort dazu – im ureigenen Interesse.

Die Flugsicherungsdienste sollen während des Fluges nur unterstützen und nicht schlechte Vorbereitung nacharbeiten. Kurzgefasst, im Bereich des Informationsupdates nutzen wir den Flug-Informationsdienst zur Aktualisierung von bereits eingeholten Informationen, da unter Tage sich Dinge verändern können. Beispiel sind hier Wetterinformationen, die in Rohform übermittelt werden, Luftraumaktivierungen und Sondersituationen im Luftraum.

Weitere Unterstützung können wir von FIS bei der Flugplanaufgabe im Fluge, der Flugplanaktivierung und Flugplanschließung erhalten.

Verkehrsinformationen, die Piloten gern anfordern, können von FIS nur in überschaubaren Verkehrssituationen gegeben werden. FIS muss die Situation erkennen und bewerten können. Wir Piloten sollten immer mit einem aktivierten Transponder fliegen, um den Flugsicherungsdiensten uns zu erkennen zu geben. Wir sollten so fliegen, dass wir nicht auf Verkehrsinformationen angewiesen sind.

Die Nutzung/Aktivierung/Abstrahlung von ADSB und Flarm-Signalen dient der Verkehrserkennung von Cockpit zu Cockpit. Hier ist es erforderlich, dass der Pilot diese Informationen im Cockpit darstellen und deuten kann. Dies muss auch trainiert werden.

Die Problematik von navigatorischen Problemen und Luftnotfällen möchte ich hier ebenfalls kurz ansprechen. Nicht immer sind sie durch den Piloten allein beherrschbar und nicht immer ist jeder Pilot ausreichend trainiert bzw. mental in der Lage, jede Situation zu bestehen.

Bei Einflug in schlechtes Wetter sollte umgehend Radar oder FIS informiert und um Unterstützung gebeten werden. Wetter ist nicht zu 100 % planbar und Lösungen lassen sich in Zusammenarbeit mit den Flugsicherungsdiensten schnell finden.

Ich möchte jetzt nicht über den Ablauf eines beispielhaften Fluges reden, aber bei allen erlebten Situationen hat die rechtzeitige Kommunikation eine schnelle Lösung ermöglicht. Banal gesagt, bevor es noch schlechter wird und das wird es, sollte man bereit sein zu handeln und eine Lösung zu finden. Die Fluglotsen und FIS-Spezialisten sind darauf trainiert hier Hilfestellungen zu leisten und die Situation zu entschärfen. Die Flugsicherungsdienste sind Dienstleister, nehmen diese Aufgabe ernst und unterstützen uns gern.

Herwart Goldbach

Herwart Goldbach war von 1971 bis 2014 operativ aktiv bei der BFS/DFS, von 2014 bis 2023 im Auftrag der DFS und DFS-Group eingesetzt mit dem Schwerpunkt Fort- und Weiterbildung von Fluglehrern und Piloten. Ab 06/2023 selbständig und weiterhin in Fort- und Weiterbildung tätig.

Aus Fehlern lernen

„Es ist kaum zu glauben, wie wenig manche Menschen selbst aus den härtesten Erfahrungen lernen.“ *Albert Einstein*

Eine der wichtigsten Möglichkeiten, sich weiterzuentwickeln, ist es aus Fehlern zu lernen – das klingt logisch und einfach – ist aber komplexer als man denkt.

Folgenfreie Fehler – ein echtes Problem

Der „Folgenloser Fehler Effekt“ bezieht sich auf die Tendenz von Menschen, nachdem sie eine Handlung begangen haben, bei der es zu keinen offensichtlichen negativen Konsequenzen kam, zu dem Schluss zu kommen, dass ihre Handlung sicher oder akzeptabel ist, selbst wenn sie tatsächlich riskant oder problematisch ist. D. h. sie merken den Fehler nicht und gehen deshalb davon aus, dass alles gut war. Dieses Verhalten beruht oft auf der Annahme, dass, da in der Vergangenheit nichts Schlimmes passiert ist, auch in der Zukunft nichts Schlimmes passieren wird. D. h., konkret, dass die Menschen sich gar nicht bewusst sind, dass sie einen Fehler gemacht haben. Um von Fehlern zu lernen, muss der Fehler erst in das Bewusstsein kommen. Gleitschirmfluglehrer Théo de Blic formuliert das in Kombination mit wenig Erfahrung/Routine zum Saisonstart so: „Die meisten Piloten bekommen gar nicht mit, wie knapp sie an einem Unglücksfall vorbeischrammen, jedes Mal, wenn sie mit ihrem Gleitschirm starten. Was in den übrigen Monaten und mit entsprechender Übung gut geht, kann durch eine kleine Unregelmäßigkeit oder Unachtsamkeit zu einem Problem werden. Den Piloten fehlen neben den Groundhandling Fähigkeiten und die notwendigen Reflexe, um den Schirm richtig zu manövrieren. Sie machen überzogene und unnötige Bewegungen in Situationen, wo das gar nicht erforderlich ist.“ [17]

Bei den Unfallpyramiden, die im Einleitungskapitel besprochen wurden, sind diese folgenlosen Fehler auch als beinahe Unfälle zu verbuchen. Je mehr beinahe Unfälle vermieden werden können, desto weniger folgenschwere Unfälle werden passieren. Umso wichtiger ist es, dass die folgenlosen Fehler ins Bewusstsein der Pilotinnen und Piloten kommen.

„Aus Fehlern lernen“ – Eine häufig gebrauchte Formel, die bei den meisten Piloten schon im Ansatz nicht genutzt wird. Aus Fehlern lernen setzt zunächst voraus, dass ein Pilot seinen Fehler bemerkt. Bei signifikanten Fehlern wird kaum ein Pilot diesen ignorieren. Doch häufig gehen kleinere Fehler glimpflich aus, oder der Pilot hat eine Armada von Schutzengeln, die ihn begleiten. Gerade diese Fehler, die sich nicht unmittelbar im Flugverhalten auswirken, verpuffen und führen so nicht zu einer Erweiterung des Wissen und Könnens.

Kaum ein Pilot begeht absichtlich Fehler, dazu ist der Flugsport zu dreidimensional und im schlimmsten Fall mit gravierenden Konsequenzen verbunden. Es wird zwischen Fehlern unterschieden, die sich in unserem Bewusstsein abzeichnen, und Fehlern, die unser Bewusstsein nicht erfasst, den unbewussten Fehlern. Vorsätzlich gemachte Fehler sind hier nicht berücksichtigt. Aus großen Untersuchungen über Piloten wissen wir, dass wir bei (längeren) Flügen im Durchschnitt mindestens drei Fehler machen. Leider werden wir nach einer erfolgreichen Landung fast alle dieser Fehler bereits vergessen haben.

Bewusste Fehler

Die bewussten Fehler führen im Regelfall zu einer Stressreaktion, deren Ausmaß mit den Auswirkungen des Fehlers zusammenhängen. Ist der Fehler beispielsweise das Einfliegen in eine Lee-Turbulenz und der Pilot wird samt Fluggerät ordentlich durchgeschüttelt, aber entkommt der Situation mit einem Schrecken, so verbuchen zu viele Piloten diesen Fehler unter der Rubrik „Noch einmal Glück gehabt", ziehen daraus aber keine Erkenntnisse. Spätestens nach der Landung sollte der Pilot sich die Zeit nehmen, um zu reflektieren, wie es zu dieser Situation kam. Dazu gehört vor allem, wie er diese Situation im Speziellen hätte vermeiden können und wie er solche Situationen im Allgemeinen und zukünftig vermeiden wird. Dazu muss er möglichst viele Variablen hinzuziehen, die den Flugzustand beeinflusst haben. Kaum ein Sport ist so komplex wie der Flugsport. Neben bewussten und unbewussten Entscheidungen und Handlungen des Piloten sind sichtbare und unsichtbare Wetterelemente, Flugeigenschaften des Fluggerätes ausschlaggebend für solche Flugsituationen, um nur einige Elemente zu nennen.

Unbewusste Fehler

Bedeutend schwieriger ist es aus Fehlern zu lernen, deren man sich nicht bewusst ist. Es ist quasi unmöglich. Häufig bemerken andere Piloten gefährliche Situationen eines Piloten und sprechen diese dann nach der Landung auf die Gefahrensituation an. Die Betroffenen sind meist überrascht, denn sie haben die Situation entweder anders eingeschätzt oder die Gefahrensituation gar nicht wahrgenommen. Auch hier wird deutlich, wie wichtig der Austausch von Flugerlebnissen ist, um erfolgreicher und sicherer Fliegen zu können. Die Außenperspektive können gerade befreundete Piloten einnehmen, um die Flugerlebnisse erfolgreich reflektieren und verarbeiten zu können.

Wir sollten uns angewöhnen, nach jedem längeren Flug aktiv auf die Suche nach diesen Fehlern zu gehen. Eine gute Methode hierzu ist, sich nach jedem Flug sich zu fragen, welche drei Fehler man bei diesem Flug gemacht hat. Diese Fehler bespricht man am besten mit einem Vertrauten. Taucher nennen diesen „Safety Buddy". Auch hier wird deutlich, wie wichtig der Austausch von Flugerlebnissen ist, um erfolgreicher und sicherer Fliegen zu können. Die Außenperspektive können gerade befreundete Piloten einnehmen, um die Flugerlebnisse erfolgreich reflektieren und verarbeiten zu können. Ein Fehler ist erfolgreich bearbeitet, wenn eine konkrete Handlung (Maßnahme) vorgenommen wird, damit entweder die Wahrscheinlichkeit des Fehlers verringert wird (z. B. durch eine Checkliste) oder die Auswirkungen des Fehlers (z. B. durch technische Maßnahmen) abgemildert wird.

Aber auch ohne den Hinweis anderer Piloten lassen sich unbewusste Situationen mental rekonstruieren und erneut nachvollziehen. Dazu geht man den Flug nochmals durch, fügt alle verfügbaren Erkenntnisse wie Wetterveränderungen, Flugverkehr etc. hinzu. Ist ein Pilot nach einem ruhigen Flug sicher gelandet und bemerkt nach wenigen Minuten, dass eine stürmische Kaltfront über den Landeplatz fegt, so sollte er sich spätestens jetzt bewusst sein, dass er zuvor einen Fehler gemacht hat. Warum hat er von der Kaltfront nichts gewusst? Oder wenn er von der Kaltfront gewusst hat, warum ist er erst so spät gelandet? Welche Kriterien haben ihn dazu geleitet erst so spät zu landen oder ggf. überhaupt zu starten?

Nur eine nach dem Flug vollzogene Reflexion des kompletten Fluges kann gewährleisten, dass aus möglichst allen nicht optimalen Entscheidungen gelernt wird.

Piloten wie Ernst Lehmann reflektieren ganz aktiv und bewusst ihre Fehler und Entscheidungen: „Jede Außenlandung gibt einem besondere Möglichkeiten und vor allem die Zeit (bis der Rückholer da ist), den Flug zu reflektieren und den entscheidenden Flugfehler zu analysieren. Der häufigste Fehler und Absauf-Grund ist, sich nicht mit seinen Entscheidungsfehlern auseinanderzusetzen und die Fehler deshalb zu wiederholen.“

Lernen bei Wettbewerben

In Wettkämpfen werden heute die GPS Tracks ausgewertet und verglichen. Diese neue Technologie ermöglicht es ambitionierten Piloten, taktische Flugentscheidungen zu vergleichen, zu reflektieren und zu überlegen, wieso andere Piloten diese oder jene Route gewählt haben, und welche Entscheidungen man auf Basis dieser neuen Erkenntnisse treffen würde, wenn man nochmals am Start wäre. Nicht nur die Routen der Erstplatzierten sind interessant, auch die einzelnen Teilabschnitte und Teillösungen von allen Piloten sind interessant. Vielleicht haben schlechter platzierte Piloten einzelne Flugabschnitte noch besser gelöst und bei nochmaliger Wahl der Flugroute könnte das Mosaik dieser Teilabschnitte vielleicht zum Erfolg führen. Ebenso gilt es zu prüfen, welche Abschnitte zu welchem Flugverhalten passen, zu welchen Fluggeräten und zu welchem Risikoverhalten der Piloten. So muss jeder Pilot für sich definieren, was die für ihn passende Route wäre.

Der amerikanische Nachwuchspilot im Drachenfliegerlager Paris Williams sieht den engen Zusammenhang zwischen Fehlern und Lerneffekten: „Du musst Dinge ausprobieren und darfst dabei nicht ängstlich sein, Fehler zu machen. Der einzige Weg, im Wettkampf (oder jedem anderen Bereich des Fliegens) gut zu werden, ist, Erfahrung aufzubauen. Der einzige Weg, Erfahrungen aufzubauen ist etwas auszuprobieren. Piloten, die am langsamsten lernen, sind diejenigen, die am konservativsten sind, oder die ängstlich sind, neue Dinge auszuprobieren.“

Lernen während der Wettbewerbe ist sehr wichtig, birgt jedoch für Piloten mit geringer emotionalen Stabilität die Gefahr der „Negativ-Spirale“. So kann es pas-

Benedikt Bös, einer der besten deutschen Motorschirmpiloten teilt sein Wissen sehr gerne auf Motorschirm-Events und Wettbewerben und ermutigt Piloten an Wettbewerben mitzufliegen.

sieren, dass sich Piloten vielleicht schon nach dem etwas verpatzen Start selbst negativ beeinflussen und so alle weiteren Entscheidungen auf eingeschränktem Selbstvertrauen basieren. Dies muss jeder Pilot für sich selbst beobachten, um dann zu entscheiden, ob er die Reflexion der Entscheidungen erst nach dem Flug durchführen will, oder ob er in der Lage ist, freie Gehirnkapazitäten während des Fluges zur Reflexion zu nutzen.

Kein Sportler oder Pilot ist frei von Fehlern oder frei von Niederlagen im Wettkampf. Er sollte jedoch in der Lage sein, aus Fehlern/Niederlagen Gewinn zu schöpfen durch die Erkenntnis und persönlicher Weiterentwicklung. „Verlieren lernen" heißt es häufig in diesem Zusammenhang – eigentlich müsste es heißen „aus Verlieren lernen".

Lernen aus Erfahrungen anderer Piloten

Unabhängig von der Flugsportdisziplin kann jeder Pilot auch von anderen Disziplinen profitieren. Gerade aus Artikeln oder Büchern von erfolgreichen Piloten oder von Unfallberichten kann jeder viel lernen – vorausgesetzt, es wird reflektiert, wie es zu dem Erfolg / Misserfolg kam und was der Pilot ggf. hätte anders machen können oder müssen. Drachenflugweltmeister Tomas Suchanek, der auch erfolgreich Segelflug bestreitet, ist sich sicher, dass man schließlich nicht alle Erfahrungen selbst machen kann und empfiehlt daher das Studium von Büchern und Artikeln, um das Lernen zu beschleunigen. Gerade das Thermikfliegen ist ein Bereich, der regelrecht unsichtbar ist, und sich somit umso mehr eignet, aus Büchern zu lernen. Dazu sind stellvertretend die Thermik-Bücher von Manfred Kreipl und Burkhard Martens genannt, die ein Füllhorn von Erfahrungen und Tipps und Tricks bieten. Mit Hilfe von anschaulichen Graphiken werden dort Thermikbärte dargestellt und visualisiert. Auch die klassischen Lehrbücher können selbst alten Hasen immer wieder wertvolle Hinweise geben und das Wissen wiederauffrischen. Oder auch das Buch von Robert Sentef „Alpenflug“ ist ein Füllhorn von Beispielen und Erfahrungen, die viele Alpenflüge sicherer machen werden.

Insbesondere der Streckenflug, d.h. das Fliegen außerhalb der Landeplatzdistanz, ist ein Spielfeld, auf dem man sich möglichst viele Erfahrungen anderer Piloten aneignen sollte. So sind klassische Erfahrungen hilfreich, wie z. B. dass es bei Außenlandungen auf Kartoffeläckern sinnvoll ist, mit Segelflugzeugen parallel zu den Ackerfurchen zu landen – wenn der Wind es zulässt. Dieses kleine Beispiel zeigt, wie wichtig es ist, andere Erfahrungen in das eigene Erfahrungsrepertoire aufzunehmen, um in der entsprechenden Situation souverän und sicher handeln zu können.

Vorsatzbildung zur Umsetzung der Erfahrungen

Die Vorsatzbildung ist der Schlüssel, um aus Fehlern oder aus Erfolgen zu lernen und so die Erfahrung in Handlungen in die Zukunft zu transferieren. Wird ein Fehler festgestellt – egal ob man ihn selbst festgestellt hat oder ob man dar-

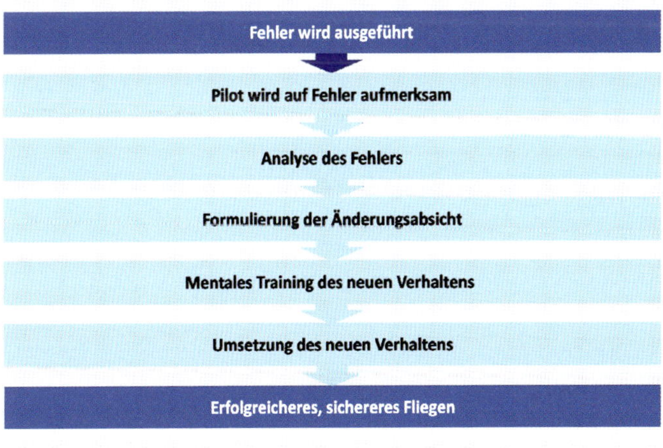

Lernen aus Fehlern

auf hingewiesen wird – sollte unbedingt eine Änderungsabsicht erfolgen. Ohne diese Änderungsabsicht wird sich kein Lernerfolg einstellen. Je bewusster diese Änderungsabsicht erfolgt, desto nachhaltiger ist die Umsetzung in der nächsten gleich gelagerten Situation. So bietet sich beispielsweise an, mit Fliegerkollegen über Fehler zu sprechen. Wie man sie hätte vermeiden können und wie man sich in dieser Situation hätte verhalten sollen. Daraufhin stellt man sich genau diese Situation wieder vor, geht mit allen Sinnen in diese Situation hinein und verändert die Handlungsweise mental. D.h. die Situation wird nur gedanklich nochmals durchlebt, aber mit veränderter Verhaltensweise. Dieses mentale Trainieren durchläuft man mehrfach – dadurch geht die neue Verhaltensweise oder Reaktion in das Unterbewusstsein über und ermöglicht dem Piloten eine bessere Reaktion in der nächsten ähnlichen Situation.

Lernen aus Fehlern als Erklärvideo

Reflexion:

- Wie bewusst bist Du Dir Deiner Fehler?
- Mit wem tauschst Du Dich über Deine, dessen oder andere Fehler aus? Mit wem könntest Du Dich noch intensiver und häufiger austauschen?
- Wie schaffst Du es aus diesen Fehlern zu lernen?
- Wie sicherst Du eine konsequente Umsetzung des Gelernten?
- Wie vermeidest Du ähnlich gelagerte Fehler?

Exkurs: Risikofaktor Männer und Testosteron

Männlichkeit als Risikofaktor im Flugsport

Neben technischen Herausforderungen und Umweltfaktoren spielt auch die menschliche Dimension eine entscheidende Rolle in Bezug auf die Sicherheit im Flugsport. Hier werden wir uns auf das Phänomen der Männlichkeit als potenziellen Risikofaktor im Flugsport konzentrieren. Wir werden untersuchen, wie bestimmte Aspekte der Männlichkeit, wie Testosteron und andere Faktoren, die dynamische Flugsicherheit beeinflussen können, und wie sich dies in Männergruppen und gemischten Gruppen ausdrücken kann. Schließlich werden wir Möglichkeiten zur Reduzierung dieses Gefahrenpunkts betrachten.

Männlichkeit und Testosteron: Einfluss auf die Risikobereitschaft
Männlichkeit wird oft mit Eigenschaften wie Dominanz, Risikobereitschaft und Wagemut in Verbindung gebracht. Testosteron, das männliche Sexualhormon, spielt eine wichtige Rolle bei der Entwicklung dieser Eigenschaften. Studien haben gezeigt, dass erhöhte Testosteronspiegel mit einem gesteigerten Risikoverhalten in verschiedenen Lebensbereichen in Verbindung gebracht werden können, einschließlich Sportaktivitäten. Im Flugsport könnte dieser Einfluss dazu führen, dass männliche Piloten möglicherweise eher bereit sind, riskante Manöver durchzuführen oder sich in gefährliche Situationen zu begeben.

Testosteron ist ein Hormon, das bei Männern und auch bei Frauen, allerdings in geringeren Mengen, vorkommt. Es wird oft als das „männliche" Sexualhormon bezeichnet, da es eine Schlüsselrolle bei der Entwicklung und Aufrechterhaltung männlicher Merkmale wie Bartwuchs, Muskelmasse und tiefe Stimme spielt. Testosteron hat auch Einfluss auf das Verhalten und kann das Risikoverhalten von Männern beeinflussen. Hier sind einige Aspekte, wie Testosteron das Risikoverhalten beeinflusst:

- **Risikobereitschaft:** Studien haben gezeigt, dass höhere Testosteronspiegel mit einer gesteigerten Risikobereitschaft in verschiedenen Lebensbereichen in Verbindung gebracht werden können. Dies kann dazu führen, dass Männer eher bereit sind, risikoreiche Entscheidungen zu treffen oder sich in gefährliche Situationen zu begeben.
- **Wettbewerbsverhalten:** Testosteron kann auch das Wettbewerbsverhalten beeinflussen. Männer mit erhöhten Testosteronspiegeln könnten sich stärker in Wettbewerben engagieren und größeren Druck verspüren, um erfolgreich zu sein. Dies kann dazu führen, dass sie riskantere Strategien verfolgen, um ihre Konkurrenz zu übertrumpfen.
- **Impulsivität:** Testosteron kann die Impulsivität steigern, was dazu führen kann, dass Männer weniger Zeit für die Abwägung von Risiken und Konsequenzen aufwenden. Dies kann zu unüberlegten Entscheidungen führen, die in gefährlichen Situationen resultieren.

Es ist wichtig zu betonen, dass die Beziehung zwischen Testosteron und Risikoverhalten komplex ist und von vielen Faktoren beeinflusst wird, einschließlich genetischer Veranlagung, Umweltfaktoren und sozialer Einflüsse. Nicht alle Männer mit hohen Testosteronspiegeln werden zwangsläufig risikobereit sein, und nicht alle risikofreudigen Entscheidungen sind auf Testosteron zurückzuführen.

Darüber hinaus ist Risikoverhalten nicht zwangsläufig negativ. In bestimmten Situationen kann eine gewisse Risikobereitschaft, wie sie im Sport oder in beruflichen Bereichen erforderlich ist, durchaus positiv sein. Es ist jedoch wichtig, dass Menschen in der Lage sind, Risiken zu erkennen, zu bewerten und verantwortungsbewusst damit umzugehen, um ihre Sicherheit und die Anderer zu gewährleisten.

Bei einer Untersuchung[18] von über 1000 Probanden zur Geschlechtsrollenorientierung und Wagnisbereitschaft im Verhalten in Risikosituationen erbrachte spannende Erkenntnisse. Menschen, die sich eindeutig an der stereotypen männlichen Geschlechtsrolle orientieren, sind im Risikosport dabei besonders gefährdet. Zwar weisen nur 30 % aller befragten Risikosportler eine stereotype männliche Geschlechtsrollenorientierung auf, allerdings trifft auf diese Gruppe am häufigsten zu, dass sie in Risikosituationen mehr riskieren, als sie sich eigentlich selber zutrauen, auch und vor allem um die Erwartungen anderer nicht zu enttäuschen. Zusammenfassend heißt dies: Die Studie bestätigt, dass nicht ausschließlich das biologische, sondern vielmehr das soziale Geschlecht maßgeblich für das Risikoverhalten verantwortlich ist. Die in vielen Bereichen der Gesellschaft immer noch vorherrschenden traditionellen Vorstellungen von Geschlechtsrollen bestimmen demnach auch in sportlichen Risikosituationen unser Verhalten. Aus der sozialen Zuschreibung von Attributen und Merkmalen von Geschlechtlichkeit erwachsen demnach implizite und explizite Erwartungen, die auch unseren Entscheidungsprozess im Risikomanagement beeinflussen. Eine stereotype männliche Geschlechtsrollenorientierung stellt daher einen negativen Gegenpol zum Risikomanagement dar.

Dynamische Flugsicherheit und männliches Verhalten

Die dynamische Flugsicherheit hängt stark von der Fähigkeit des Piloten ab, in verschiedenen Situationen angemessen zu reagieren. Übermäßige Risikobereitschaft oder eine Tendenz zu impulsivem Verhalten kann die Fähigkeit eines Piloten beeinträchtigen, sich an veränderte Umstände anzupassen oder auf unerwartete Herausforderungen zu reagieren. Dies kann zu gefährlichen Situationen und Unfällen führen.

In Männergruppen und gemischten Gruppen

In Männergruppen im Flugsport kann der Druck, maskuline Stereotypen zu erfüllen und sich vor anderen zu beweisen, zu riskanterem Verhalten führen. Dies kann zu Wettbewerbsdenken und einem erhöhten Risiko für unüberlegte Entscheidungen führen.

In gemischten Gruppen, in denen Männer und Frauen gemeinsam fliegen, kann die Dynamik komplexer sein. Männer könnten sich untereinander messen und in einen Wettbewerb um Dominanz und Risikobereitschaft geraten. Frauen könnten sich in einer Umgebung befinden, in der sie sich einem besonderen Druck ausgesetzt fühlen, um sich zu beweisen, was zu unerwünschten Risiken führen kann.

Im Podcast des Österreichischen Alpenvereins „alpenverein basecamp" wurde das Thema sehr ausführlich besprochen: In Kanada hat ein Wissenschaftler über 700 Lawinenunglücke analysiert und das Ergebnis ist leider spannend und vorhersehbar.[19] Reine Frauengruppen haben das geringste Risiko, da sie defensiver ihre Touren planen und durchführen. Reine Männergruppen haben ein höheres Riskio, da sie waghalsiger und risikofreudiger planen und durchführen. Aber das höchste Risiko haben Männer in gemischten Gruppen, da sie sich hier plötzlich beweisen müssen, was für wilde Kerle sie sind und Entscheidungen treffen, die in geschlechtsgleichen Gruppen defensiver getroffen werden. „Das geht schon!" kann dabei die letzte Aussage gewesen sein – vor dem Lawinenunglück.

Reduzierung des Gefahrenpunkts

Um die potenziellen Risiken von Männlichkeit im Flugsport zu reduzieren, gibt es mehrere Ansätze:

- **Schulung und Sensibilisierung:** Schulungen sollten Piloten über die Auswirkungen von übermäßiger Risikobereitschaft und impulsivem Verhalten informieren. Sensibilisierung für Geschlechterstereotypen und deren Auswirkungen kann ebenfalls hilfreich sein.
- **Teamarbeit fördern:** In gemischten Gruppen sollte die Zusammenarbeit und Kommunikation gefördert werden, um ein gesundes Umfeld zu schaffen, in dem Risikobereitschaft nicht überhandnimmt.
- **Risikomanagement:** Piloten sollten geschult werden, Risiken zu identifizieren und angemessen damit umzugehen. Dies kann dazu beitragen, unüberlegte Entscheidungen zu vermeiden.
- **Mentoring:** Erfahrenere Piloten können jüngere Piloten, unabhängig vom Geschlecht, bei der Entwicklung sicherer Flugpraktiken und der Bewältigung von Druck unterstützen.

Die Männlichkeit kann im Flugsport, wie in vielen anderen Bereichen des Lebens, sowohl positive als auch negative Auswirkungen haben. Es ist wichtig, die potenziellen Risiken zu erkennen und Maßnahmen zu ergreifen, um die Sicherheit im Flugsport zu gewährleisten. Dies erfordert Schulung, Bewusstseinsbildung und die Förderung einer Kultur der Verantwortung und Zusammenarbeit. Nur durch diese Bemühungen können wir sicherstellen, dass der Flugsport für alle Beteiligten eine sichere und erfüllende Erfahrung bleibt.

Blick in den Straßenverkehr: Pkw-Fahrerinnen seltener Hauptschuld an Unfällen

Geeignet für die Beurteilung der Fahrqualität sind Analysen der Unfallverursachung. Danach trugen Pkw-Fahrerinnen nicht so häufig die Hauptschuld an Unfällen, in die sie verwickelt waren, wie die Pkw-Fahrer. 59,2 % der unfallbeteiligten Männer waren Hauptverursacher eines Unfalls mit Personenschaden, bei den unfallbeteiligten Frauen waren es 54,0 %, folglich 5,2 Prozentpunkte weniger. Insgesamt waren Unfälle, die von Pkw-Fahrerinnen verursacht wurden, weniger folgenschwer als die von Pkw Fahrern. Je 1000 Unfälle mit Personenschaden, bei denen eine Frau Hauptverursacherin war, verunglückten 1330 Personen, davon wurden 6 Personen getötet und 185 schwer verletzt. Bei den von Pkw-Fahrern verursachten Unfällen verunglückten je 1000 Unfälle mit Personenschaden 1327 Personen, davon 12 tödlich und 206 schwer verletzt.“[20]

BASE-Jumper David Laffargue hat ein wunderbar ironisches (und großartiges) Sicherheitsvideo für BASE-Jumper erstellt, dass er wie folgt kommentiert: „Ich hatte die Gelegenheit, auf dem von Phoenix Fly organisierten Free Base Weekend einen Vortrag zu halten. Da ich 30 Minuten Zeit hatte, um über etwas Sinnvolles zu sprechen, beschloss ich, meine Redezeit dem einzigen Thema zu widmen, das von Bedeutung ist: wie man seine Sprünge optimiert, um mehr Mädels zu bekommen! Die Idee ist einfach: Da Basejumping dich nicht attraktiver macht, ist der einzige Weg, mehr Mädchen zu bekommen, sicher zu sein, damit du deine Lebenserwartung erhöhen kannst ... diese längere Lebensspanne sollte dir die Möglichkeit geben, mehr Mädchen zu treffen! Basejumping ist ein toller Sport, aber leider kann die stetige Leistungssteigerung ihn gefährlich machen."

Das Video zum englischen Vortrag von David Laffarague ist über den QR-Code zu erreichen

Wann wird Männlichkeit zum toxischen Risikofaktor?

© Rainer Krumm

In Anlehnung an dieses Video ein nicht ganz ernst gemeinter Liebesbrief an die männlichen Piloten:

Vom Draufgänger zum Gentleman der Lüfte: Warum sicherer Fliegen besser ist

Liebe Männer,

Ihr seid testosterongesteuerte Piloten, die das Adrenalin lieben und das Risiko im Cockpit suchen. Doch bevor ihr weiterhin waghalsige Flüge durchführt, die euch und andere gefährden können, solltet ihr darüber nachdenken, warum es besser ist, sicher und vernünftig zu fliegen. Denn, glaubt es oder nicht, sichere Flugpraktiken sind nicht nur klug, sondern auch äußerst attraktiv – insbesondere bei den Damen.

Was ist also der Unterschied zwischen dem „Draufgänger" und dem „Gentleman der Lüfte"? Lasst uns darüber sprechen.

Dämlich vs. sexy:

1. **Verantwortungsbewusstsein:** Eines der sexiesten Merkmale, das ein Mann haben kann, ist Verantwortungsbewusstsein. Wenn Du als Pilot ständig Risiken eingehst und waghalsige Manöver durchführst, vermittelst Du den Eindruck von Leichtsinnigkeit und Unverantwortlichkeit. Damen schätzen hingegen Männer, die sich der Verantwortung bewusst sind, die mit dem Fliegen einhergeht, und die die Sicherheit ihrer Passagiere und Crew an oberster Stelle setzen.
2. **Selbstkontrolle:** Ständiges Risiko und Draufgängertum zeigen Mangel an Selbstkontrolle. Ein Pilot, der seine Emotionen beherrschen und kluge Entscheidungen treffen kann,

wird als attraktiver wahrgenommen. Damen mögen Männer, die in kritischen Situationen einen kühlen Kopf bewahren und die Kontrolle behalten.
3. **Professionalität:** Sicher und vernünftig zu fliegen, zeugt von Professionalität und Respekt für die Regeln und Vorschriften der Luftfahrt. Männer, die sich an diese Vorgaben halten und sich um die Sicherheit der Fluggäste kümmern, strahlen Seriosität und Zuverlässigkeit aus – Eigenschaften, die bei Damen gut ankommen.
4. **Rücksicht auf andere:** Waghalsige Flüge gefährden nicht nur ihr eigenes Leben, sondern auch das anderer Menschen. Das zeigt wenig Rücksicht und Empathie. Sicherheit und Vernunft zeigen hingegen, dass Du dich um das Wohl anderer sorgst und bereit bist, Verantwortung zu übernehmen.
5. **Langfristige Attraktivität:** Denke langfristig! Während Draufgänger vielleicht kurzzeitig faszinierend wirken, ist ein Mann, der Sicherheit und Vernunft priorisiert, langfristig attraktiver. Er baut Vertrauen auf und wird als Partner und Vorbild geschätzt.

Schlussgedanken:
In der Welt des Fliegens gibt es keine zweite Chance. Ein sicherer und vernünftiger Ansatz zum Fliegen sollte oberste Priorität haben, nicht nur aus ethischen Gründen, sondern auch aus Gründen der eigenen Attraktivität. Ein verantwortungsbewusster Gentleman der Lüfte ist nicht nur sexy, sondern auch ein Vorbild für andere. Also, denke daran, dass Sicherheit und Vernunft immer gewinnen, nicht nur in der Luftfahrt, sondern auch in Herzen der Damen.

Bleibe sicher und fliege klug!

Mit freundlichen Grüßen,
Dein innerer Gentleman der Lüfte

Coaching – ein Modebegriff?

Flugsicherheit setzt stetige eigene Weiterentwicklung voraus. Um sich selbst weiterzuentwickeln – fliegerisch, persönlich oder in anderen Bereichen, kann man die Coaching Methode nutzen, oder auch die Selbst-Coaching Methode.

Definition „Coaching"

Sir John Withmore gilt als international anerkannter Vordenker und Experte für Coaching. Er war Profi-Rennfahrer und gewann sowohl die britische als auch die europäische Tourenwagenmeisterschaft. Heute ist er der renommierteste englischsprachige Businesscoach. In seinem Buch „Coaching für die Praxis" definiert er Coaching:

„Coaching setzt das Potenzial eines Menschen frei, um seine eigene Leistung zu maximieren. Es hilft ihm eher zu lernen, anstatt ihn etwas zu lehren.“[21]

Bereits diese Definition zeigt, dass Coaching von innen kommen muss. Viele Coaching-Neulinge erwarten, dass man ihnen im Coaching etwas lehrt, also dass der Coach es (besser) wissen muss und dieser nun Tipps erteilt. Die Aufgabe des Coaches ist jedoch eher gegenteilig. Er leitet den Coachee (also den der gecoacht wird) an, nach eigenen Lösungen und eigenen Ideen zu suchen und diese zu finden. Coaching holt gewissermaßen die Klarheit und das Bewusstsein nach außen – durch Reflexion und gezielte Fragestellungen. John Withmore bringt es weiter auf den Punkt: „Wenn entweder die Qualität der Leistung oder das Lernen aus Erfahrung wichtig sind, ist Coaching ein Muss. Wenn es nicht darauf ankommt, geben Sie Anweisungen – wenn's sein muss.“[22]

- ✓ Coaching fokussiert das was Sie wollen – Ihre Ziele – und wie Sie diese erreichen können.
- ✓ Coaching ermutigt Sie, sich mit Ihren Identitäten und Werten auseinanderzusetzen und diesen bei der Zielerreichung treu zu sein.
- ✓ Coaching fordert bestehende Glaubensätze heraus und formt diese in positive Glaubenssätze durch Feedbackschleifen und Rückmeldungen.

Coaching kann auf vier Ebenen wirken:[23]

1. Es unterstützt, Verhalten zu überdenken und zusätzliche Handlungsmöglichkeiten zu erschließen.
2. Es hilft, sich über eigene Fähigkeiten bewusster zu werden und diese zu stärken.
3. Es verdeutlicht, welche Werte und Überzeugungen eigenem Denken und Handeln zugrunde liegen, und hilft damit, eine eigene Identität in der Rolle als Führungskraft zu entwickeln.
4. Es zeigt Wege auf, Sinn in der Arbeit bzw. bei der Fliegerei zu finden.

Der Aufbau von Bewusstsein und Verantwortung ist der Kern guten Coachings., daher sind Reflexion und Verantwortungsübernahme Schlüsselkompetenzen von sicher fliegenden Pilotinnen und Piloten.

Selbstcoaching – Coaching alleine?

Definition „Selbstcoaching“

„Selbstcoaching bedeutet, die eigene Entwicklung an einem bestimmten Punkt gezielt und systematisch in die Hand zu nehmen und bewusst zu steuern.“[24]

Im Dreieck des persönlichen Erfolgs heißt dies: sich die richtigen Ziele setzen, die Ressourcen und Potenziale der Ausgangssituation nutzen und den Weg

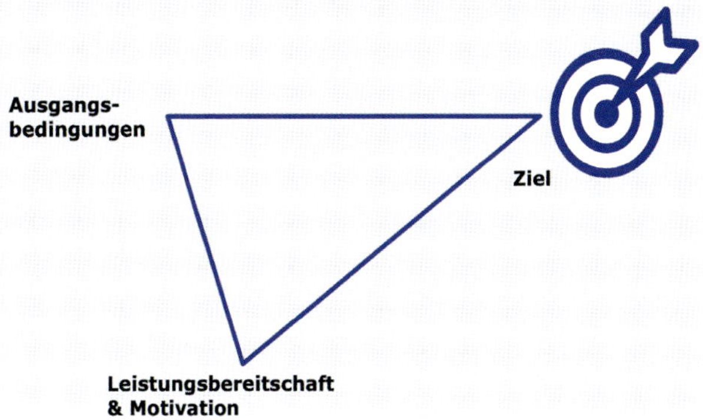

Das Erfolgsdreieck

zum Ziel so zu gestalten, dass unsere Motivation und Leistungsbereitschaft erhalten bleiben oder besser noch gefördert werden. Ist Flugsicherheit also das Ziel, dann ist die Analyse des Ausgangspunktes wichtig, also, wie sicher bin ich aktuell unterwegs? Und die Analyse der Motivation & Leistungsbereitschaft – nur wenn dies vorhanden ist, kann man wachsen und lernen. Wenn ich bereit bin Bücher, Artikel zu lesen, Videos, Podcast zu konsumieren und Seminare, Treffen zu besuchen, werde ich besser werden können. Das geht nur über das Verlassen der Komfortzone, die in der Einleitung bereits beschrieben wurde.

Wird beispielsweise in einem Verein ein regelmäßiges Training oder ein Treffen angeboten, bei dem es um Weiterbildung und Erfahrungsaustausch geht und ein Vereinsmitglied kommt konsequent nicht zu diesen Treffen, wird sich diese Person vermutlich nicht wirklich um die eigene Weiterentwicklung sorgen, noch um die der anderen Vereinsmitglieder. Wenn es bei den Treffen um Flugsicherheitsaspekte geht, dann ist dies kritisch zu sehen und wichtig, die Person darauf anzusprechen.

Im Coaching hilft einem der Coach bei der Suche nach bestimmten Zielen und angemessenen Lösungswegen, er fördert Zuversicht und die persönliche Entwicklung. Im Selbstcoaching übernimmt man selbst diese Rolle und sucht sich andere Piloten oder Fluglehrer als Gesprächspartner und Feedbackgeber. Selbstcoaching muss keinesfalls ausschließlich mit sich selbst alleine stattfinden. Der Austausch und der regelmäßige Dialog mit anderen unterstützt die eigene Reflexion und das fliegerische Weiterkommen.

Coach heißt im Englischen Kutsche und das Bild der Kutsche vermittelt einen wesentlichen Kern des Coachings: Die Kutsche ist ein Hilfsmittel, ein Beförderungsmittel, um sich auf den Weg zu machen und ein Ziel schneller und bequemer zu erreichen als zu Fuß. Der Kutscher kennt Wege, kann Entfernungen und Reisezeiten einschätzen, sorgt für die Qualität des Vorankommens und für angemessene Pausen. Beim Selbstcoaching steigen Sie selbst auf den Kutschbock, und vielleicht nehmen Sie noch jemanden mit, der Sie auf Ihrem Weg begleitet, mit dem Sie den Kurs abstecken und die Zwischenerfolge feiern können. Damit Sie sich als Ihr eigener Coach auf dem Weg ihrer fliegerischen Entwicklung besser zurechtfinden können und besser navigieren können, werden in diesem Buch immer wieder Hintergründe und Anregungen zur persönlichen Weiterentwicklung gegeben. Wichtig sind dabei folgende grundsätzliche Annahmen, ohne die Selbst-Coaching gar nicht funktionieren kann:[25]

a) Die bewusste Auseinandersetzung mit den eigenen Gefühlen ist notwendig, sonst pilotieren sie uns, ohne dass wir es merken. Dieser Punkt fällt manchen Menschen schwer, denn Gefühle sind ja nichts für „wahre Männer/Piloten“.
b) Die persönliche Weiterentwicklung kann nur erfolgen, wenn wir uns akzeptieren und verändern wollen. Emotionale Schwankungen, Unvermögen, Überschwänglichkeit oder innere Zweifel sind nur ein paar Beispiele von Eigenheiten, die man oft nicht akzeptieren will. Nur durch die Akzeptanz kann Veränderung erfolgen. In Seminaren nenne ich oft den bedeutenden Satz: „Erfolg erfolgt“, D. h. Erfolg setzt Handlung voraus. Gerade im Flugsport.
c) Erfolg lässt sich wie jede Veränderung leichter auf Bestehendes aufbauen. Daher ist die Suche nach vorhandenen Ressourcen wichtig.
d) Es sind keine Quantensprünge zu erwarten. Entwicklung braucht Zeit. Fliegerische Weiterentwicklung bedarf auch viel Praxis und Erfahrung – lässt sich aber durch Selbstcoaching deutlich beschleunigen.
e) Persönliche Entwicklung erfordert neben der Selbstreflexion auch Feedback von außen. Flugpartner, Fluglehrer oder andere Personen sind als Feedbackgeber unerlässlich. Dies erfordert Kritikfähigkeit und Offenheit.
f) Auch Selbstcoaching hat seine Grenzen. Wer sich verändern oder verbessern will, hat bereits den ersten Schritt der Veränderung geschafft. Für manche Themen, speziell für flugtechnische Themen, sind Coaches wie Fluglehrer nach wie vor unverzichtbare Quellen der Weiterentwicklung.

Die Zeitschrift „ManagerSeminare“ machte eine Umfrage[26] bei Ihren Lesern zum Thema Selbst-Coaching. Angegeben ist die prozentuale Anzahl jener Leser, die die Frage zustimmend beantwortet haben.

Selbstcoaching ist sinnvoll bei ...

- Stress und Unausgeglichenheit 61 %
- Lustlosigkeit und Demotivation 49 %
- Unsicherheit über die eigenen Stärken und Schwächen 47 %

- Defiziten im Bereich Selbstwertgefühl und Selbstvertrauen 47 %
- Schwierigkeiten in der Lebens- und Karriereplanung 44 %
- Problemen im Umgang mit Kritik und Hindernissen 44 %

Diese Themen lassen sich 1 : 1 auf den Flugsport übertragen. Stress und Unausgeglichenheit sind oft auf Flugplätzen zu beobachten. Wer kennt nicht die Demotivation oder auch eine Lustlosigkeit im Laufe der Fliegerkarriere. Speziell wenn neue Ziele fehlen.

Wer sich effektiv selbst coachen will, sollte ...

- eine ausgeprägte Fähigkeit zur Selbstreflexion mitbringen 95 %
- über ein hohes Maß an Selbstdisziplin verfügen 93 %
- in der Lage sein, die Perspektive zu wechseln und sich
- von außen zu betrachten 81 %
- sich selbst in Frage stellen können 61 %
- ein ausgeprägtes Gefühl der Selbstverantwortung haben 44 %

Konzentration als Basis des Bewusstseins

> „Wenn Du hundert Prozent der Spielzeit zu hundert Prozent konzentriert bist, dann hast Du zu 99 Prozent nicht verloren.“
>
> *Walter Schachner (Fußball-Trainer Legende)*

Die Konzentration ist die Basis des Bewusstseins. Das Unbewusste, also das nicht rational wahrgenommene, funktioniert fortlaufend (zwar auf unterschiedlichem Niveau – vgl. Entspannungstechniken), wohingegen das Bewusstsein stark mit der aktuellen Wahrnehmungsfähigkeit des Piloten abhängt. So sind Tagträume, verlorene Gedanken, häufige Ursachen, warum sich Piloten in gefährliche Situationen manövrieren. Der Flug war vielleicht schon lang, der Luftraum scheint frei zu sein und die Landschaft ist gerade so herrlich anzusehen. Und schon kommen Situationen auf, die schwer kalkulierbar sind und damit auch schlechte Reaktionszeiten nach sich ziehen.

Wer schon einmal mit einem vollen Kopf voller Themen, die einen gerade beschäftigen zum Flugplatz gefahren ist, kennt die Situation, wann man schlicht nicht leistungsfähig ist, weil der Kopf voll ist. Hier braucht es eine mentale Unterbrechung, um sich konzentrieren zu können.

In Wettbewerben, Streckenfügen und Landeanflügen lassen viele Piloten in den Endphasen ihre Konzentration regelrecht schleifen und verlassen damit das Anspannungsniveau, das einen Piloten erfolgreich macht.

Weltrekord-Gleitschirmpilot Rafael Saladini (461,8 km freie Strecke 2008) hat dazu einen passenden Vergleich: „Ich möchte den Übergang vom frühen zum späten Nachmittag mit dem Ende einer langen Reise vergleichen, wenn der Fahrer eines Wagens mit dem Rhythmus und der Geschwindigkeit der Autobahn in der Stadt ankommt und dabei, ohne es zu bemerken, weit über der erlaubten Geschwindigkeit fährt und kurz vor zu Hause (Rekord) anfängt, sich zu entspannen und die Konzentration aus Müdigkeit verliert. Unter diesen Umständen passieren die meisten Unfälle. Deshalb ist es beim Fahren äußerst wichtig, sich immer zu konzentrieren und das Ziel bis zum Schluss nicht aus den Augen zu verlieren. Denn ein kleiner Fehler kann jetzt teuer zu stehen kommen. Das habe ich bei zwei großartigen Flügen, die ich in Quixadá machte, gelernt. Als ich mich dem Ziel näherte, ließ ich meine Entscheidungen von meinen Gefühlen beeinflussen. Zweimal kam ich deshalb auf dem Boden an, kurz bevor ich die 400 km-Marke passieren konnte."[27]

Der Stuttgarter Gleitschirmpilot Ulrich Prinz hatte sich in kurzer Zeit einen Namen in der Gleitschirmwettbewerbszene gemacht. 2009 wurde er für die WM in Mexiko nominiert und auf Anhieb flog er auf den neunten Platz. Auf die Frage, wie er so zielgerichtet den Platz in der Nationalmannschaft anvisiert hat, antwortet er: „Ich habe vor dem Fliegen schon andere Sportarten schnell gelernt. Beim Fliegen ging es zunächst ähnlich: Ich habe schon 2 Jahre nach dem A-Schein die World-Cup Serie geflogen – seither verändert sich mein Leistungsstand naturgemäß langsamer. Neben etwas Talent als Grundstock und genügend Zeit, um viel zu trainieren, ist sicher eine disziplinierte, zielorientierte Herangehensweise ausschlaggebend. Dazu kommen noch hilfreiche Mitbringsel aus anderen anspruchsvollen Sportarten, wie z.B. ein ausgeprägtes Risikomanagement beim Eisklettern, analytisches Denken und Planen beim Alpinismus und gute Reflexe beim Motocross."[28]

Red Bull Air Race Pilot Matthias Dolderer beschreibt die Konzentration beim Air Race: „Ich muss vorher ganz genau meinem Gehirn sagen, was es tun soll – es ist ein ‚mind game'. Wenn ich genau im Kopf hab', wie der Flieger fliegen soll, macht er das auch."[29]

Paralleles Bewusstsein – flexibles Beherrschen mehrerer Wahrnehmungspositionen

Eine wichtige Voraussetzung für erfolgreiches und intensives Selbst-Coaching ist die Fähigkeit, mehrere Bewusstseinsperspektiven wahrnehmen zu können. Das heißt, es sollte ein möglichst paralleles Bewusstsein geben über die eigene Perspektive (ich-assoziiert) und der Metaposition. Die Metaposition ist die Außenperspektive, in der ich von außen beobachte / wahrnehme, in welchem Zustand ich mich als Pilot befinde. So als ob man mit einem Hubschrauber von oben auf sich selbst schaut, oder wie man gelegentlich andere Personen beobachtet und sich fragt, wie fühlen die sich gerade, wie geht es ihnen etc.. Nur ist dieser andere man selbst. Diese Perspektive fällt nicht allen Menschen wirklich leicht. Für Piloten ist daher die Hubschrauber-Metapher oft hilfreich.

Um das parallele Bewusstsein zu üben, ist es hilfreich, einen häufigen Wechsel zwischen diesen Perspektiven zu vollziehen. In der ich-assoziierten Perspektive widme ich mich meinen eigenen Gefühlen, Gedanken, Assoziationen und Ideen, die mich im Augenblick beschäftigen – beispielsweise mit der Frage „Wie geht es mir gerade, was empfinde ich, wenn ich das sehe, höre oder erlebe?". Über diese Innenbetrachtung und das Wahrnehmen meiner Resonanz bzw. Mitschwing-Emotionalität erhalte ich Hinweise auf Unausgesprochenes, Unpassendes, oder Verstecktes und kann dieses Feedback in meinen Entwicklungsprozess einbringen.

Wie wichtig das Bewusstsein und die Aufmerksamkeit ist, formuliert Coaching-Experte und Rennfahrer Withmore: „Unsere Leistung ist wahrscheinlich noch ausreichend, wenn wir automatisiert handeln und unsere Aufmerksamkeit dabei abschweift, doch eine bessere Leistung verlangt größere Aufmerksamkeit und keine Ablenkung."[30]

Fluglehrer und Gleitschirmkonstrukteur Michael Nesler schreibt in seinem provokanten Buch ‚Nestflucht' auf seinen Wunschzettel den selbstbewussten Piloten: „Ich wünsche mir selbstbewusste Piloten in der Luft. Sich selbst bewusst, des Elements bewusst, in dem sie sich bewegen. Mit einem realistischen Selbstvertrauen in ihre fliegerischen Fähigkeiten. Mit dem Wunsch, ein denkender, vorausschauender Luftgeräteführer zu sein, der keine Gefahr für sich selbst darstellt. Der Vertrauen in sich selbst hat, der seinen Schirm so vertraut fliegt, wie er Fahrrad fährt, der seine Grenzen kennt und nicht blind davor zurückschreckt, der mit Freude in der Luft ist. Egal ob er die Besinnlichkeit von Gleitflügen genießt, den Kontakt mit der Natur bei Walk & Fly, das Adrenalin beim Akrofliegen oder den Anspruch vom Strecken- oder Wettkampffliegen. Alle Facetten des Gleitschirmfliegens haben ihre Berechtigung. Bitte genießt es, fliegen zu können. Bleibt am Ball, bildet euch weiter und genießt, genießt, genießt."[31]

Selbstbewusstsein heißt ja auch so, weil man sich seiner Selbst bewusst ist. Viele Flieger sind sich ihrer Selbst nicht bewusst – sie haben zwar ein intensives Erleben der Fliegerei – aber nur wenige reflektieren sich intensiv und tiefgründig. Wer die eine oder andere Diskussion in Flieger-Internet-Foren beobachtet, dem stellen sich die Haare zu Berge. Dort sind oft unreflektierte, polemische und oberflächliche Diskussionen am entstehen, die den Kern von wichtigen Fragestellungen im Keim ersticken lassen. Ausnahmen bestätigen hier natürlich auch wieder die Regel – denn hin und wieder sind sehr wichtige und hilfreiche Tipps in den Foren zu finden.

Aus der Praxis: Check die Listen! Warum Checklisten so wichtig sind

Jede Flugschülerin und jeder Flugschüler lernt zu Beginn der fliegerischen Laufbahn, wie man am Boden und in den Flugbetriebsphasen die Checklisten nutzt, um alle relevanten Aspekte zu überprüfen, ob dies strukturelle und äußere Merkmale des Fluggerätes sind, oder den Instrumentencheck sowie Schalterstellungen. Aber mal Hand aufs Fliegerherz – wie viele Fliegerinnen und Flieger bleiben auch wirklich konsequent beim Check dieser so sicherheitsrelevanten Listen? Daher sind Checklisten auch ein Teil der intrapersonalen Dimension der dynamischen Flugsicherheit.

Was ist eine Checkliste?

Wikipedia hat dazu folgende Definition auf Lager: „Eine Checkliste ist eine in der Luftfahrt verwendete, listenartige Handlungsanweisung, welche die zum Durchführen von Maßnahmen erforderlichen Kontrollen und Aktionen in korrekter Reihenfolge enthält. Checklisten werden in der Regel vollständig abgearbeitet, um sicherzustellen, dass alle Einstellungen korrekt sind und nichts vergessen wurde. Die konsequente Anwendung von Checklisten ist für die Flugsicherheit von großer Bedeutung."

Checklisten helfen schlichtweg nichts zu vergessen.

Dabei werden drei Checklisten unterschieden:

1. Checklisten für Ereignisse, Aufgaben und Tätigkeiten vor dem Flug (Preflight checklist): Vorflugkontrolle und Checkliste vor dem Triebwerk-Anlassen bei Motorflugzeugen
2. Checklisten für routinemäßige Abläufe, Aufgaben und Tätigkeiten während des Flugbetriebes einschließlich Rollen, Start, Steig-, Reise- und Sinkflug sowie Landung (engl. normals).
3. Checklisten für technische Probleme (engl. abnormals) und Notlagen (engl. emergencies). Checklisten für Notverfahren sollen verhindern, dass Piloten bei der Reaktion auf einen Zwischenfall etwas übersehen oder falsche Maßnahmen ergreifen.

Warum sind Checklisten so wichtig?

Checklisten dienen der Flugsicherheit und damit auch langfristig dem Spaß und der Freude am Fliegen. Die Gefahr der Ablenkung ist auf Flugplätzen so groß, dass der Pilot leicht aus dem routinierten Vorflugcheck gerissen wird, vergisst, den Tankdeckel zu verschließen oder wichtige Handgriffe durchzuführen. Jeder kennt die Situation, dass Fußgänger oder Passagiere neugierige Fragen stellen und so den Check unterbrechen. Es gibt kaum Piloten, denen eine solche Ablenkung oder Unterbrechung nicht schon einmal einen Fehler haben machen lassen. Hält man sich konsequent an die Checkliste, so fallen solche Fehler auf.

Was zeichnet eine gute Checkliste aus?

- ✓ Sie unterstützt und vereinfacht Abläufe und verlangsamt oder „überbürokratisiert“ sie nicht.
- ✓ Sie ist verständlich, selbsterklärend und sowohl für Anfänger als auch für Profis anwendbar.
- ✓ Sie ist klar und logisch strukturiert.
- ✓ Sie ist vollständig und auf den Punkt gebracht.
- ✓ Sie ist relevant, aktuell und effizient.
- ✓ Sie ist keine Anleitung zum Fliegen und fokussiert sicherheitsrelevante Punkte
- ✓ Sie wird tatsächlich auch verwendet und verstaubt nicht in einer Ablage.
- ✓ Sie ist so hinterlegt, dass jeder Pilot sie bei Bedarf schnell finden und nutzen kann.

Vorteile von Checklisten und deren Nutzung

- ✓ Sie sparen Zeit.
- ✓ Sie reduzieren Fehler und geben Sicherheit.
- ✓ Sie helfen, nichts Wichtiges zu vergessen.
- ✓ Sie sind ideal, um neue Piloten auszubilden.

✓ Sie gewährleisten gleichbleibende Qualität des Checks.
✓ Sie strukturieren Abläufe und geben eine Planungsübersicht.

Jede Menge Checklisten im Verein

Es gibt an Flugplätzen und in Vereinen natürlich auch neben den Flugzeug-Checklisten meist noch viele andere Checklisten, die viel Sinn machen. Dies können Notfall-Checklisten sein, Flugleitungschecklisten oder auch Checklisten bei Flugtagen oder Vereinsfesten. So wird einfach nix vergessen. Oft sind die Checklisten bei Festen mit am besten gepflegt und werden stets optimiert und aktualisiert. Stellen Sie sich vor, es wird vergessen, die Getränke für das Flugplatzfest zu bestellen?

Diese konsequente Überarbeitung und Optimierung von Checklisten würde vielen anderen fliegerischen Checklisten auch mal guttun. Wie aktuell sind die Checklisten in Ihrem Verein?

Welche Methoden gibt es, Checklisten abzuarbeiten?

Die „Do-Checklist-"Methode ist quasi eine Schritt-für-Schritt-Anleitung. Die Punkte werden einzeln gelesen und ausgeführt, um dann mit den nächsten Punkt weiter zu machen.

Bei der sogenannten „Follow-up-Checklist-" oder auch „Challenge-Response-Checklist-Methode" wird im Gegensatz dazu erst anschließend überprüft, ob alles korrekt gemacht wurde. Der Pilot führt zunächst auswendig in einem Fluss die Punkte aus und im Anschluss wird mit der Checkliste überprüft, ob alle Punkte abgearbeitet wurden. Egal welche Methode zur Anwendung kommt, ist es wichtig eine Checkliste gewissenhaft abzuarbeiten und das "Durchsprinten" zu vermeiden.

Checklisten auf Papier am Boden

Die typischen Checklisten im Flugsport dienen zur Überprüfung des Fluggerätes vor dem Flug oder nach dem Flug beim Abstellen des Flugzeuges. Alle sicherheitsrelevanten Aspekte sollten dabei durchgegangen werden, bevor es in die Luft geht. Einerseits ist dies der Außencheck des Flugzeuges, dann der Innencheck im Cockpit mit den Instrumenten, sowie auch der Check am Rollhalt, bevor es wirklich zum Start geht.

Checklisten in der Luft

Wenn man gestartet ist, sind die Checklisten ordentlich verstaut. Typischerweise sind Checklisten, die in der Luft zur Anwendung kommen verhältnismäßig kurz, weshalb sie aus dem Kopf nach einem Flussschema heraus abgearbeitet werden können. Das Gegenprüfen der wichtigsten Punkte auf Papier darf dennoch nicht unterbleiben. Da die erforderliche Aufmerksamkeit eine Checkliste zu lesen quasi in Konkurrenz zur Luftraumbeobachtung steht, sollte das Timing, wann die Checkliste gelesen wird gut gewählt werden. Darüber hinaus ist es sinnvoll insbesondere die Punkte des Landechecks im Blickfeld des Piloten anzubringen – so wird der Weg des Fokuswechsels verkürzt und das periphäre Sehen für die Umgebung weiterhin genutzt. Um den Flowcheck zu trainieren, kann man übrigens hervorragend den „Spickzettel-Effekt" nutzen, den manche aus der Schulzeit kennen. Man schreibt sich die Abläufe händisch einmal oder mehrfach auf und lernt dabei die Abläufe auswendig aus. Viele Spickzettel in der Schule wurden nie genutzt, weil durch das Aufschreiben ein Lernprozess entsteht. Diesen Effekt kann man im Flugsport durchaus zum mentalen Training zählen.

Checklisten im Notfall mental abrufen können

Im Fall der Fälle ist es überlebenswichtig, die ersten richtigen Handgriffe, Handlungen (engl. memory items oder auch bold items) abrufen zu können, wenn der Motor ausfällt, im Segelflug das Schleppseil reißt, oder ein anderes Malheur passiert und man eine Sicherheitsaußenlandung oder gar Notlandung durchführen muss. Oft ist die Zeit knapp und die Höhe gering – dann heißt es schnell und mit kühlem Kopf die richtigen Schritte einzuleiten. Wenn man diese Themen mehrmals mental trainiert hat, so sind diese Schritte leichter machbar und eine sichere Landung sehr viel wahrscheinlicher. Auf professionellen Checklisten sind diese überlebenswichtigen, ersten Schritte, die auswendig beherrscht werden, **fett gedruckt** (daher kommt der englische Begriff „**bold items**" – „**bold**" bedeutet fett).

Profis erkennt man an den Checklisten

Selbstüberschätzung, Unverletzbarkeit und Heldentum sind häufig Gründe, warum Pilotinnen und Piloten aufhören pflichtbewusst die Checklisten zu nutzen. Dabei erkennt man eben auch die Profis an den Spickzetteln oder Checklisten. Im Fernsehen erkennt man die Profi-Moderatoren auch an den Moderationskarten – um auch keine Themen oder Namen zu vergessen.

Leider gibt es auch in der Fliegerei den Spruch „Es sind schon Meister vom Himmel gefallen" – daher sollte es für jeden verantwortungsbewussten Fliegenden selbstverständlich sein, mit Checklisten sich selbst und die Mitfliegenden zu schützen, um auch langfristig Spaß und Sicherheit in der Luft und am Boden zu haben.

Nicht zuletzt ist die Anwendung von Checklisten sowohl national gemäß § 27 LuftBO als auch im Regelungsbereich der EASA gemäß Part NCC.GEN.106 (a), (3) bzw. NCO.GEN.105 (a), (3) vorgeschrieben.

Checklisten machen einem das Fliegerleben leichter und sicherer – es gibt keinen Grund sie nicht zu nutzen, aber unzählige dafür sie zu nutzen.

Ein Video zum Thema Checklisten

Idee aus der Praxis:

Ein Fliegerfreund Stefan Lutz, seines Zeichens Anwalt für Datenschutz, also ein Freund der Details und Sicherheit, kam auf die Idee, die Checklisten in eine abhakbare Checkliste auf sein Smartphone zu übertragen. Das Smartphone ist stets griffbereit, was bei Checklisten in Vereinsflugzeugen leider nicht immer der Fall ist, da manche Mitglieder diese womöglich aus Versehen mitnehmen. Er kann so jeden Punkt abhaken und selbst bei einer Störung durch eine Ansprache von einer anderen Person, weiß er stets, was er schon gemacht hat und was noch zu kontrollieren ist.

Digitale Smartphone-Checkliste von Stefan Lutz.

Idee aus der Praxis:

Im Rahmen eines Clubabends beim SSC Bad Waldsee Reute, bei dem der kollegiale Austausch im Mittelpunkt stand, wurde die Idee entwickelt, die für den Flugplatz EDMZ des Vereins und der unmittelbaren Umgebung wichtigen Frequenzen stets griffbereit zu haben. Die Lösung wurde als Aufkleber umgesetzt. Ein kleiner und wichtiger Aspekt der gemeinsamen dynamischen Flugsicherheit ist hier, dass ein Vereinsmitglied die Idee umgesetzt hat und für alle Mitglieder zur Verfügung stellte. Der Erfolg setzt erst mit der Umsetzung ein. Nur die Idee reicht nicht. Sich darauf zu verlassen, oder zu hoffen, dass die Idee alle selbst umsetzen, ist fast schon naiv. Einfacher Effekt – große Wirkung.

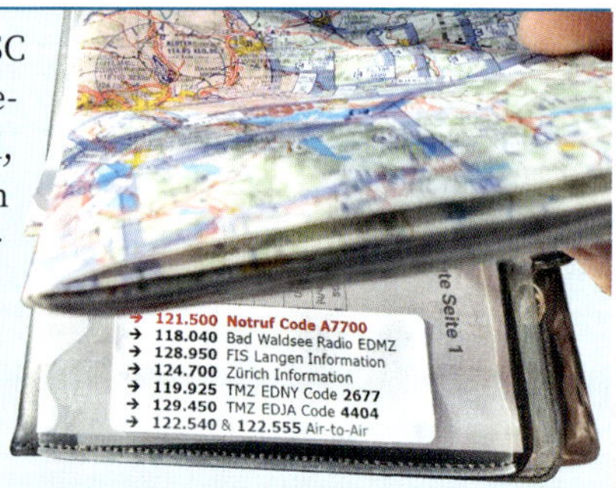

Ein Aufkleber mit den wichtigsten Funkfrequenzen rund um EDMZ auf dem Kniebrett für alle Mitglieder des Vereins.

Stress im Cockpit

Ent-Spannung nach spannenden Flügen Anspannung und Entspannung begleiten jeden Piloten bewusst oder unbewusst beim Ultraleichtfliegen. Aktiver Aufbau eines Anspannungsniveaus (Konzentration etc.) ist wichtig, um sich den Herausforderungen des Flugsports zu stellen, Entspannung ist aber ebenso wichtig, um sich nach dem Flug oder nach kniffligen Situationen wieder auf ein normales Aktivierungsniveau zu bringen. Anspannung wird umgangssprachlich gerne als Stress bezeichnet. Diesen Begriff gilt es zunächst unter die Lupe zu nehmen, um ihn dann bezogen auf den Luftsport gezielt zu untersuchen.

STRESS – Was ist das eigentlich?

Der längst zum Schlagwort gewordene Begriff Stress stammt aus dem Englischen und bedeutet wörtlich Anspannung, Verzerrung, Verbiegung, vor allem auf dem Gebiet der Materialprüfung, etwa von Metallen und Glas. In die Biologie wurde der Begriff 1950 von dem ungarisch-kanadischen Mediziner Hans Selye eingeführt und bezeichnet etwas sehr Ähnliches, nämlich die Belastungen, Anstrengungen und Ärgernisse, denen ein Lebewesen täglich durch Lärm, Hetze, Frustrationen, Schmerz, Existenzangst und vieles andere ausgesetzt ist. Kurz, ebenfalls Anspannungen, Verzerrungen und Anpassungszwänge, bei denen man seelisch und körperlich unter Druck steht. Damit kommt dem Begriff Stress, der etwa seit 1970 Eingang in unseren allgemeinen Sprachgebrauch fand, zunächst etwas eindeutig Negatives zu. Stress bedroht die Gesundheit, das Wohlbefinden, man scheut und fürchtet ihn als Überanstrengung, als Überbelastung. Gleichzeitig scheint er ein unvermeidbares Problem zu sein, mit dem wir in unserer modernen Zivilisation ununterbrochen konfrontiert werden, ja, in dosierter Form scheinen wir ihn sogar zu brauchen. Im Luftsport ist dieser Stress ebenso doppeldeutig. Einerseits freuen wir uns auf das Kribbeln im Bauch vor dem Start, auf den atemberaubenden Blick aus einer Höhe von über 2000 m über Grund – andererseits erleben wir Stress im negativen Sinne, wenn z. B. zu viele Piloten im Luftraum rund um einen Event fahren/fliegen oder wir von Turbulenzen und Wetterereignissen überrascht werden.

In der Psychologie unterscheidet man zwischen den zwei Stressarten: Eustress (anregender Stress) und Distress (zerstörender, schädlicher Stress), die jedoch beide auf demselben Mechanismus basieren. Eustress ist für viele Piloten der Grund, warum sie überhaupt fliegen und nicht eine andere Sportart wie Tennis ausüben. Eustress umfasst also die Bereiche der Anspannung, die wir als anregend oder positiv ansehen. Vor dem Distress dagegen gilt es sich möglichst gut zu schützen. Eine weitere nützliche Unterscheidung bietet der Unterschied zwischen erwartetem und unerwartetem Stress.

Was ist der Unterschied zwischen erwartetem und unerwartetem Stress? Unerwarteter Stress erwischt uns auf dem linken Bein. Meist handelt es sich um nicht planbare Momente, in denen man sehr spontan reagieren und aus der entsprechenden Situation heraus entscheiden muss. Wir verlieren u. U. den Kopf, fühlen uns hilflos und deshalb einfach „gestresst". Durch die Automatisierung von Handlungsabläufen mittels intensiven körperlichen und geistigen Trainings kann dieser unerwartete Stress in seiner Wirkung jedoch gehemmt werden. Wenn beispielsweise ein Ultraleichtpilot eine Sicherheitsaußenlandung machen muss, dann ist dies für den unerfahrenen Piloten eine Extremsituation, während der trainierte und routinierte Pilot unbewusst kompetent reagiert und die Situation sofort als beherrschbar einzuordnen weiß. Ein anderes Beispiel ist, wenn ich plötzlich ein anderes Flugzeug auf meinem Kurs sehe, welches schon bedrohlich nahe bei mir ist. Erwarteter Stress ist im Gegensatz zum unerwarteten Stress weniger belastend. Wir machen uns klar, was auf uns zukommt und stellen uns auf die jeweilige Situation ein. Durch eine Analyse der Wettersituation vor und während eines Fluges beispielsweise sind die turbulenten Bereiche des Fluges meist gut zu kalkulieren. D. h., ich kann mich im Vorfeld darauf einstellen, ob ein Flug eine ruhiger oder eine turbulenter wird. Genau an dieser Stelle greift auch das so oft beschriebene aktive Fliegen: Eben das Vorhersehen von Flugsituationen, das Antizipieren von Reaktionen oder die Planung von Funksprüchen und Kontrollzentren, die mich auf meiner Flugroute erwarten. Kombiniert man nun die genannten Unterscheidungen, so ergibt sich eine interessante Matrix mit einigen typischen Beispielen aus dem Flugsport.

	Unerwarteter Stress	**Erwarteter Stress**
Eustress (anregend)	• Unerwartet starke Thermik • Vollendung einer sehr hoch gesteckten Streckenflugaufgabe • Winterthermik	• Sehr gute Thermikvorhersage • Starke Ablösungen im Frühjahr • Akro-Flüge • Flüge durch viele Kontrollzentren • Prüfungsflüge
Distress (zerstörend)	• Kollision in der Luft • Geräteschaden • Aufziehendes Gewitter • Motorausfall • Kein Benzin mehr • Seilriss • Sicherheitsaußenlandungen • Plötzlicher Gegenverkehr	• Überflug von stark bewaldetem Gebiet • Sehr dichter Luftraum in Fluggebieten am Wochenende • Hohe Erwartungen vor einem Wettkampf von extern (Team, Sponsor, etc.)

Stressmanagement im Flugsport

Aufgrund dieser Situation stellt sich für viele Piloten auf längere Sicht folgende Frage: wie kann man Entspannungstechniken im Luftsport anwenden, um insbesondere die negativen Belastungen in den Griff zu bekommen? Denn wer längere Zeit in viel frequentierten Revieren geflogen ist, wird auch ohne negative Flugerlebnisse die Bedeutung von Stress im Sinne von Eustress kennen. Antizipation von Flugsituationen Um nicht von anspannenden („stressigen“) Situationen überrascht zu werden, ist es sehr wichtig sich vor der Fahrt zu konzentrieren. Erwartete Stress-Situationen sind leichter zu handhaben als unerwartete Stress-Situationen. Häufig trifft man Piloten am Hangar, welche die Hektik der Anfahrt mit dem Auto, das Gedrängel im Straßenverkehr noch nicht abgelegt haben, aber trotzdem schon ihren Flieger startklar haben und sich ‚raushauen'. Die Konzentration auf den bevorstehenden Flug kommt zu kurz und die negative Anspannung wird unnötig gesteigert. Gerade die tollen Vorzüge der „Einfachheit“ des UL-Fliegens werden hier leider ins Negative umgewandelt. Hier kommt anderen Piloten die längere Startvorbereitungszeit des Aufbaus und des Checks der Fluggeräte zugute. Durch das routinierte, meist immer identisch ablaufende Aufbauprocedere wird ein Ritual gepflegt, welches den Piloten auf den Flug einstimmt. Die häufig belächelte Vorflugbesprechung (mit Kollegen oder im inneren Dialog) ist hier eine große Hilfe zur mentalen Vorbereitung auf herausfordernde oder belastende Flugsituationen. Ebenso die wirkliche Berechnung der Navigationsaufgabe, wie man sie von der Ausbildung kennt, dient der mentalen Vorbereitung auf die Fahrt.

Die Stressmatrix hier als Video auf dem YouTubekanal

Beispiele für zu erwartende Flugsituationen:

- Thermik- und Winderwartung (Steigwerte, Turbulenzen, Windgeschwindigkeiten und Richtungen)
- Anzahl der Fluggeräte in der Luft (Fallschirmspringer, UL, Gleitschirme, Segelflieger, PPL etc.)
- Wetterentwicklung (Windstärke, Wolkenentwicklung, etc.)
- Routenplanung mit Gefahrenpotenzialen (Waldgebiete, Stromleitungen, CTR)

Piloten, die im Wettbewerbssport aktiv sind, sollten sich mittels Selfcoaching Ziele setzen und sich auf diese vor jedem Start konzentrieren. Hobby-Piloten sollten die Routenplanung oder Vorfahrtbesprechung ernst nehmen, um sich in eine positive Anspannung vor dem Flug zu bringen. Gerade die Startphase ist nämlich eine der konzentrationsintensivsten Phasen des Fluges. Entspannungstechniken Für viele Piloten ist es gerade die Entspannung, die sie im Sport suchen. Dies ist auch naheliegend, will man seinen Körper und Geist fit halten. Körperliche Entspannungstechniken: Einerseits gibt es die „passive" körperliche Entspannung durch Massagen oder das Benutzen von Whirlpools oder Saunen zur Entspannung der muskulären Anspannung (Verspannung) nach einem intensiven Flugtag. Andererseits gibt es die Möglichkeit, Anspannungen aktiv zu lösen durch das Betreiben bestimmter Sportarten wie Joggen, Inlineskaten oder Mountainbiken etc. Ganz elementar ist bei all diesen Tätigkeiten die Nutzung von sogenannten Monotoniephasen, bei denen sich neben den muskulären Anspannungen auch die mentalen Anspannungen lösen können. Inlineskaten ist gut, aber, wer in die Halfpipe geht, verstärkt natürlich den Adrenalinnachschub. Gleiches gilt für das Mountainbiken – es muss ja nicht gleich das Downhillrennen sein! Piloten dagegen, die nach Außenlandungen längere Wartezeiten auf Rückholer hinter sich hatten, wissen, wie frei der Kopf nach einer solchen Monotoniephase sein kann. Durch diese Monotoniephasen einer körperlichen entsprechenden Tätigkeit stellen sich meist automatisch die nachfolgenden drei Möglichkeiten mentaler Entspannung ein:

1. äußere Wahrnehmungslenkung
2. inneren Wahrnehmungslenkung
3. positive Selbstgespräche

Mentale Entspannungstechniken:

1. **Äußere Wahrnehmungslenkung:** Die gezielte Beschäftigung mit neuen, anderen Tätigkeiten kann Anspannungen lösen und den Adrenalinhaushalt senken. Auch hier kommt den Ballonfahrern ihr Abbauritual unterstützend entgegen. Beobachtet man zum Beispiel bewusst UL- und Motorschirmflieger am Flugplatzplatz, dann zeichnen sich Motorschirmflieger häufig dadurch aus, dass sie rasch bis teilweise hektisch zusammenpacken, um schnell die Heimreise anzutreten oder schnell in Clubheim zu kommen. UL-Flieger hingegen stellen meist erst ihr Fluggerät ab, reinigen es und unterhalten sich gemütlich, bevor sie langsam mit dem Abbau / Unterbringung beginnen. Bereits mit dem Abbauritual löst sich bei vielen die innere Anspannung. Die äußere Wahrnehmungslenkung ist eine wirksame Methode, aber für die Zeit während des Fluges wenig geeignet.
2. **Innere Wahrnehmungslenkung** Bei der inneren Wahrnehmungslenkung lenkt man die Aufmerksamkeit von der stressauslösenden Situation weg und richtet sie intensiv auf etwas anderes:
   a) **Auf konkrete Reize:** Durch die Konzentration auf konkrete Reize wie Landschaften, Vögel, Blumen oder Fotos, mit denen man etwas Positives verbindet, wird die Wahrnehmung bewusst gelenkt.

b) **Auf nach innen geschaute Bilder:** Die Konzentration auf Ruhebilder und die dabei entstandenen Empfindungen können Anspannungen lösen. Man versucht die Wahrnehmung (z.B. Hören, Sehen, Fühlen) so zu steuern, dass man sich in diese positive Wahrnehmungswelt hineinversetzt, welche die vorgestellte Situation auslöst. z.B. Strand, Badewanne, Bett, Lehnstuhl, Almwiese

c) **Auf neutrale oder positive Gedanken:** Man denkt an nichtbelastende, neutrale oder positive Ereignisse. z.B. Freizeitaktivitäten, Urlaub, nette Menschen, lustige Begebenheiten, schöne Tagträume

3. **Positive Selbstgespräche:** Verhalten und Emotionen werden meist von einem inneren Dialog begleitet, also einer Bewertung der Situation oder der eigenen Person (z. B. „das schaffe ich nicht"). Diese inneren Dialoge gilt es positiv zu beeinflussen. Gerade während des Fluges kommen häufig Situationen vor, die den Piloten stark anspannen, wie zum Beispiel starke Talwinde oder Turbulenzen, die das Erreichen des gesteckten Zieles unmöglich erscheinen lassen. Andere Piloten reden sich regelrecht ein, dass die den Landeplatz sicherlich nicht mehr erreichen können. Solche Selbst-Suggestionen sind nicht konstruktiv und sogar gefährlich und stressauslösend, daher gilt es, sie umzukehren.

a) **Umstrukturieren:** Viele Belastungen haben positive Aspekte, deshalb versucht man sich auf diese Aspekte der Situation zu konzentrieren. So ist es besser, beim Warten auf Wetterbesserung auf einem anderen Flugplatz, die Zeit zu genießen, als sich fortwährend zu ärgern.

b) **Selbstinstruieren:** Sich selbst auffordern, stressauslösende Bedingungen zu verändern, sich also nicht zu sorgen, nicht zu ärgern. Man fordert sich auf, stressbewältigende Handlungen einzusetzen, bewusst den Flug zu genießen und nicht an die verpasste Chance o.ä. zu denken. Ist ein Start nicht optimal gelaufen, gilt es, diese Situation schnell abzuhaken, um sich dann auf den Flug zu konzentrieren. Wird man von anderen Piloten genervt, dann kann man sich auch hier instruieren, sich nicht provozieren oder ärgern zu lassen, sondern seine Route außerhalb des Bereiches zu suchen oder das Beste aus der gegebenen Situation zu machen. Eine entsprechende Selbstinstruierung könnte lauten: „Ärgere Dich nicht über die anderen Piloten – such Dir eine eigene Route" oder „Konzentriere Dich auf Deinen Flug – ärgere Dich nicht über Dinge aus dem Job"

c) **Selbstermuntern:** Auch der Entspannungstechnik „Selbstermuntern" spielt das positive Denken eine zentrale Rolle. Man ermuntert sich zusätzlich aktiv selbst und stärkt sich so in seinem Selbstvertrauen. Aussagen wie: „Ich habe die Situation im Griff" – „Ich schaffe das" – „Ich bin gut vorbereitet – das kenne ich aus dem Pilotentraining" können diesen Effekt bewirken. Kommt man als Pilot in turbulentere Regionen, kann man sich immer wieder auf seine Ausbildung und sein Training besinnen, um die Souveränität zurückzugewinnen. Auch Besinnen auf Fachwissen aus Fliegerliteratur ist hier unterstützend. Häufig werden Entspannungstechniken lächelnd und herabbilligend mit esoterischem Yoga-Krimskrams abgetan. Diese Pauschalisierung ist bei genauerer Betrachtung nicht haltbar. Grundvoraussetzung für den Erfolg von Entspannungstechniken ist die Bereitschaft, sich darauf einzulassen und nicht im Unterbewusstsein die Technik / das Verfahren zu blockieren. Dass Entspannung gerade in einer Sportart wie dem Ballonfahren, in der Konzentration buchstäblich lebenswichtig ist, steht außer Frage. Jeder Pilot muss für sich selbst ausprobieren und entscheiden, welche Entspannungstechnik, die für ihn Beste ist. Viel negativen Stress lässt man allerdings am besten gar nicht aufkommen. Durch gezielte Flugvorbereitung kann durch Konzentration und Vorbereitung viel unerwarteter Stress vermieden werden.

Diese Vorbereitung hilft auch bei der Schrecksekunde – dem Startle Effekt.

Der Startle Effekt – Die Schrecksekunde

Jeder kennt die sogenannte Schrecksekunde, wenn ein lauter Knall erfolgt, jemand uns erschrickt oder wir anderweitig extrem überrascht werden. Genau dieser kurze, aber entscheidende Moment, in dem wir nicht zu einer Reaktion fähig sind, sondern der Körper und das Gehirn kurz angespannt und regelrecht eingefroren sind.

Im Flugsport ist dies der Seilriss beim Segelflugschlepp, ein anderer lauter Knall, eine plötzlich auftauchende Person auf der Landebahn beim Endanflug oder ein aus dem Nichts auftauchendes Flugzeug im Luftraum.

Für Pilotinnen und Piloten kann dieser Moment lebensbedrohlich werden. Was hinter diesem Effekt steckt und wie man diesem im Sinne der Flugsicherheit begegnen kann, darum geht es in diesem Artikel.

In der Psychologie wird dieser Effekt der Schreckreflex, oder „startle response“ genannt. In den Bereichen der Selbstverteidigung oder auch im Straßenverkehr spielt dieser Effekt eine große Rolle. Das Lexikon der Neurowissenschaften definiert die Schreckreaktion oder den Schreckreflex, als heftige, unwillkürliche Reaktion auf einen plötzlich auftretenden Reiz, die mehr oder weniger große Teile der Körpermuskulatur umfasst und sich in einem Zusammenzucken des Körpers oder von Körperteilen äußert. Sie kann angstauslösende Wirkung (Angst) haben, außerdem können auch vegetative Funktionsänderungen sowie eine Herzfrequenzzunahme auftreten. In besonderem Maße kann diese Reakti-

Das Werfen des Rettungsgerätes sollte in Sicherheitstrainigs über Wasser geübt werden, um im Fall der Fälle nicht dem Startle Effekt zu unterliegen, sondern den Fallschirm frühzeitig zu werfen.

on durch akustische Reize ausgelöst werden, wenngleich auch mechanische Reize sehr wirksam sind.

Die Grundidee des Schreckreflexes der Evolution ist hier durchaus sinnvoll, der Körper spannt sich an, oft werden die Arme schützend vor das Gesicht gezogen oder die Schultern schützend hoch- und der Kopf eingezogen. Dies hat jedoch im Flugsport fatale Folgen, denn es lässt uns nicht mehr handeln und denken.

Im Gleitschirmfliegen wird bei Unfallanalysen oft beobachtet, dass es noch genügend Höhe/Zeit gegeben hätte, um den Ersatzfallschirm zu werfen, die Piloten dies aber nicht getan haben. Oft sind Piloten so überrascht von der Notsituation, dass sie nicht handlungsfähig sind. Daher sollte jeder Gleitschirmflieger bei jedem Flug kurz den blinden Griff zum Rettungsgerät üben, um im Fall der Schrecksekunde eben nicht überlegen zu müssen, wo der Ersatzfallschirm denn nun ist, sondern ihn sofort blind finden und auch werfen kann. Bei professionellen Sicherheitstrainings über Wasser kann dies trainiert werden, um die Angst vor dem Retterwurf zu nehmen.

Ähnliches gilt für den so oft zitierten Seilriss beim Segelflugstart, oder der Motorausfall in der Startphase bei Motorflugzeugen. Zumindest am Heimatflugplatz in der eigenen Platzrunde sollte jeder Flieger eine solche Situation recht gut meistern können. Vor jedem Start oder beim Take-Off Briefing sollte dieses Notverfahren durchgesprochen werden, auf fremden Plätzen sollte man lokale

© Rainer Krumm

In welchem Zustand ist das Schleppseil und was ist zu tun bei einem Seilriss in den verschiedenen Startphasen?

Piloten oder die Flugleiter zu geeigneten Manövern befragen, bzw. wo sich ggf. Notlandeflächen befinden.

Je mehr Situationen ein Pilot mental durchgegangen ist, desto kleiner wird das Problem der erwartenden Stresssituationen. Wenn ein Segelflieger sich mehrfach damit auseinandersetzt, wie sich ein Seilriss wohl anhört und vor allem welche Handlungen er dann spontan abrufen sollte, desto ungefährlicher wird diese Situation. Das Problem der Schrecksekunde ist ja, dass das Gehirn in diesem Moment schlechter, bis gar nicht funktioniert, weshalb man diese „Notsituationen" automatisiert abrufen können sollte. Dies setzt voraus, dass man sich damit beschäftigt.

So berichtete mir ein UL-Pilot, dass ihm das kleine Stäbchen an der Trimmung des Höhenleitwerkes während eines Fluges gebrochen sei und es plötzlich sehr stark geflattert habe, das Flugzeug sei aber noch recht problemlos (nur etwas anders) zu fliegen gewesen. Alleine das Wissen über diese Situation würde mich handlungsfähiger machen, wenn mir dasselbe geschehen würde.

Hans-Peter Lauble berichtete mir von einer geglückten Notlandung, nachdem ihm der Propeller bei einem Passagierflug gerissen war. Er habe immer das Mantra seines Fluglehrers im Hinterkopf: "Fliegen ist wie als Riese durchs Gelände laufen, immer schauen, wo man auftreten würde – da kann man auch landen!" Durch diesen Merksatz sei es ihm möglich gewesen, sofort eine Notlandefläche zu finden und festzulegen, um dann seine Notlanderoutine abzuspulen. Man geht davon aus, dass die Reaktionsgeschwindigkeit in der Schrecksekunde bis zu einer Sekunde verzögert ist, was eine sehr kritische Zeit sein kann, die dann fehlt. Der Gastartikel von ihm folgt auf den nächsten Seiten.

Wie in vielen anderen Stresssituationen im Leben ist dieser Schreckmoment / Startle effect noch stärker, wenn man unter Zeitdruck steht, man generell gerade eine hohe Arbeitsbelastung hat oder aus anderen Lebensbereichen gestresst ist. Daher sollte man auch stets seine eigene mentale Verfassung überprüfen, bevor man sich in die Luft begibt.

Die schon legendäre Landung auf dem Hudson River von Pilot Chesley B. Sullenberger am 15. Januar 2009 zeigte brillant, wie ein sicherheitsbewusster und gut trainierter Pilot in dieser Schrecksekunde und den verbleibenden 3 Minuten bis zur Wasserung eine trainierte Liste abarbeitete und erstaunlich souverän so das Überleben von 155 Personen sicherte.

In der Selbstverteidigung wird trainiert und überlegt, in welchen Situationen man angegriffen werden könnte, und was es blitzschnell zu tun gilt. Beim Fahrsicherheitstraining mit Autos wird geübt, was zu tun ist, wenn man eine Vollbremsung machen muss, oder wenn man auf Glatteis kommt und das Auto ausbricht.

Was heißt dies nun für den Flugsport und die Flugsicherheit?

- ✓ Es ist sehr hilfreich, sich mit potenziellen Schrecksituationen im Vorfeld auseinanderzusetzen, und dann das relevante Handlungsmuster/Verhalten zu besprechen und auch mental zu trainieren (mit dem Kochlöffel zwischen den Beinen auf dem Sofa).
- ✓ Es ist hilfreich auch nach der Landung nochmals zu besprechen, wo ggf. Landemöglichkeiten gewesen wären, oder wie man in anderen Situationen hätte anders reagieren können.
- ✓ Es ist hilfreich, unerwartete Stresssituationen zu erwarteten Stresssituationen machen, indem man sich mit anderen Fliegenden austauscht und bespricht, was so alles passieren könnte, und wie man in welcher Situation reagieren sollte – ohne so viel Horrorgeschichten aufzutischen.
- ✓ Es ist hilfreich, verschiedene Szenarien für verschiedene Flugsituationen durchzugehen, um das eigene Handlungsrepertoire schnell und sicher abrufen zu können.

Personen, die viel beruflich Autofahren, wissen, wie wichtig regelmäßige Sicherheitstrainings auf Verkehrsübungsplätzen sind. Viele Außendienstmitarbeiter haben mir schon berichtet, bereits Unfälle durch die Übung aus Fahrsicherheitstrainings verhindert haben zu können. Piloten sollten sich nicht scheuen immer wieder einen Fluglehrer mitzunehmen, um mit ihm spezielle Situationen zu üben. Jeder Motorflieger kennt aus der Schulung noch die Situation, als der Fluglehrer zum ersten Mal unangekündigt das Gas rausgenommen hatte. Genau solche Situationen sollten trainiert werden. Oder im Flugsportverein gemeinsam am Tisch diverse Szenarien durchsprechen, um Ideale Handlungsmuster zu erarbeiten. Die anstehenden Wintermonate sind für solche mentale Trainingsstunden hervorragend geeignet – um dann wieder fit in die neue Flugsaison zu starten. Mentales Training ist Thermik fürs Gehirn!

Der feste Grundsatz der Fliegerei „**Aviate – Navigate – Communicate**" (Flugzeug steuern, Navigieren – Kommunizieren) hilft auch hier, denn auch in der Schrecksekunde ist es zunächst das Wichtigste, das Flugzeug zu steuern.

Der Startle-Effekt als Videoerklärung

Gastartikel von Hans-Peter Lauble:

Notlandung mit dem Ultraleicht

Wir hatten es schon eine Weile geplant–einmal gemeinsam in die Voralpen zu fliegen und einen schönen Tag im Sommer zu nutzen, um bereits gemeinsam erklommene Berggipfel und Touren von oben zu sehen!

Am 21. und 22. Juli 2005 haben wir, das sind mein alter Freund Martin Kuhner und ich, uns in Kempten Durach verabredet. Den Samstagnachmittag haben wir bei bestem Sommerwetter damit verbracht das Fluggerät kennen zu lernen und da Martin noch nie in einem Sportflugzeug Passagier war, haben wir uns mit einigen Platzrunden und einem kleinen Allgäurundflug vergnügt! Alles war bestens und wir haben uns für den Sonntag eine schöne Route ausgesucht, bevor wir voller Vorfreude im Wohnmobil in unsere Schlafsäcke gekrochen sind.

Der 22.07.2005 war ein wunderbarer Sommertag–bestes Wetter, kaum Wind–es war mit keinerlei Wetterschwierigkeiten zu rechnen und so machten wir uns gegen 11 Uhr daran unsere D-MULG reisefertig zu machen–vollgetankt und auf Herz und Nieren gecheckt meldeten wir uns an der 25 abflugbereit zu einem wie es sich zeigen sollte besonderen Rundflug. Kurz nach 12 verließen wir in südliche Richtung die Platzrunde und freuten uns auf eine schöne Flugzeit–langsam gewannen wir mit einer schönen Runde über Alpsee, Grünten Richtung Füssen, Höhe bis wir dann auf ca. 4000 Meter Höhe nochmals alle Instrumente checkten, um sicher zu gehen dass wir uns auch in das Voralpengebiet wagen können.

Alles schien in Ordnung zu sein–und so schlugen wir uns in die Hände und wünschten uns viel Spaß–es sollte aufregend werden und in der Tat das wurde es. Unmittelbar nach unserem Check fing die Maschine auf einmal an zu vibrieren–die Vibrationen wurden immer stärker und ich merkte schon gleich, dass die Maschine überhaupt nicht mehr am Gas hing. Immer stärker werdende Vibrationen und ein öliger Geruch, die Ungewissheit der Ursache ließen langsam etwas Unruhe aufkommen–dann auf einmal Stille, der Motor stand und die Ursache der Vibrationen war sichtbar–ein Propellerblatt unseres Verstellpropellers war kurz nach der Nabe abgerissen und stand nun mit einigen Restfetzen gerade nach oben vor der Nase der Maschine. Die Vibrationen hatten die Kabel und den Ben-

Martin – der Passagier von Hans-Peter Lauble

zinschlauch abgerissen und so kam die Maschine zum Stehen! Kurz schaute ich zu meinem „Passagier“ -relativ ruhig fragte er mich - was machen wir jetzt ? Ich sagte kurz, dass uns da wohl nicht allzu viel übrig bleibt-eine gute Möglichkeit suchen, wo wir die Maschine landen können. Wir meldeten uns am Platz in Kempten, dass wir einen Propellerabriss haben und wir runter müssen-dann habe ich warum auch immer das Funkgerät abgeschaltet. Ich erinnerte mich an die vielen Außenlandeübungen während meiner Ausbildung, auch an die Worte meines Fluglehrers-Fliegen ist wie als Riese durchs Gelände laufen, immer schauen wo man auftreten würde-da kann man auch landen!

Und genau so habe ich eine Wiese ausgesucht-von oben wunderbar-Größe wie sie besser nicht sein könnte und so peilten wir diese Möglichkeit an. Ich sagte Martin, er solle sich auf die Instrumente konzentrieren und mir sagen falls ich die 120 km/h überschreite. Ich war im Gegenanflug, langsam kam das Gelände der Wiese immer mehr zum Vorschein, nicht flach sondern aus der Anflugrichtung stark ansteigend-aber egal-entschieden ist entschieden. 1000 Meter über Grund sah ich dann, wie sich ein Traktor mit Heuwender unserer Wiese näherte und eben auf diese wollte, um das gemähte Gras zu wenden-zum Umkehren oder anders entscheiden zu spät-also blieb ich dabei, diese Wiese anzulanden.

Ich sah Martin neben mir mit seinem Handy Fotos von uns machen und was reinzuschreiben-ich sagte nichts-ließ ihn machen. Im Queranflug sah uns wohl der Traktorfahrer und verließ blitzschnell die Wiese-ich sah wiederum, dass nach dem Zaun, wo ich eigentlich landen wollte noch ein Graben kam, also musste ich die Maschine im Endanflug noch etwas ziehen. Wir haben die Maschine direkt nach dem Zaun zum ersten Mal aufgesetzt und dann nochmals über den Graben springen lassen-dann die Böschung hoch und mit etwas querstehender Maschine rutschten wir den Hang hinauf. Um zum Stehen zukommen, stand ich auf den Fußwippenbremsen-mit zitternden Knien konnte ich die Bremsen kaum halten-öffnete die Kanzel und sagte zu Martin, er solle aussteigen und etwas hinter die Räder legen. In dem Moment kam der Traktorfahrer zurück, stellte sein Gerät hinter der Maschine ab, wir stiegen aus und legten uns ins Gras.

Es dauerte eine Zeit, bis wir realisiert hatten, was da gerade passiert ist-bereits jetzt flogen unsere Flugkameraden über uns, da sie ja über Funk von unserem Problem mitbekommen hatten. Es war eine besondere Situation, in der ein Fluggast, der zum ersten Mal in einer kleinen Maschine saß, mit seiner Besonnenheit eine Panik vermied, und in der ich auf Grund einer soliden Ausbildung, mit drillmäßigen Außenlandungen die Übersicht hatte, eine solche Situation im Grunde zu beherrschen.

Deshalb-als Flieger immer mit großen Schritten durchs Gelände laufen, und überall wo man auftreten würde, kann man auch landen!

H. P. Lauble

Task-Capability-Interface-Model von Fuller

Das „Task-Capability-Interface-Model“ von Ray Fuller aus dem Jahr 2000 ist ein bedeutendes Konzept in der Luftfahrt und sollte es auch sein in der Privatfliegerei.

Mal wieder ein englisch sprachiger Begriff aus der großen Luftfahrt. Eine mögliche Übersetzung für den Begriff „Task-Capability-Interface-Model“ ins Deutsche wäre „Aufgaben-Fähigkeiten-Schnittstellenmodell“. In diesem Kontext:

- „Task“ wird als „Aufgaben“ übersetzt, was auf die spezifischen Aufgaben oder Anforderungen in einem bestimmten Kontext, wie der Luftfahrt, hinweist.
- „Capability“ wird als „Fähigkeiten“ übersetzt, was die Kompetenzen und Fertigkeiten des Piloten bezeichnet.
- „Interface“ kann als „Schnittstelle“ übersetzt werden, was hier die Wechselwirkungen oder das Zusammenspiel zwischen den Aufgaben und den Fähigkeiten beschreibt.
- „Model“ wird als „Modell“ übersetzt, was auf die theoretische Struktur oder den Rahmen hinweist, der diese Konzepte verbindet.

Daher bezeichnet das „Aufgaben-Fähigkeiten-Schnittstellenmodell“ ein theoretisches Modell, das das Zusammenspiel zwischen den Anforderungen der Flugaufgaben und den Fähigkeiten der Piloten in der Luftfahrt beschreibt.

Grundlagen des Modells

Das Task-Capability-Interface-Model bildet eine grundlegende Theorie in der Luftfahrt, die die Wechselwirkungen zwischen den Fähigkeiten eines Piloten und den Anforderungen seiner Flugaufgaben beleuchtet. Der Kern dieses Modells liegt in der Annahme, dass die Flugsicherheit maximal ist, wenn die Fähigkeiten des Piloten genau den Anforderungen der Flugaufgabe entsprechen.

Intrapersonale Dynamik in der Privatfliegerei

Die intrapersonale Dimension dieses Modells bezieht sich auf die inneren Faktoren, die die Leistungsfähigkeit eines einzelnen Piloten beeinflussen. Dazu gehören psychologische, physiologische und kognitive Faktoren. In der Privatfliegerei, wo Piloten oft vielfältige Rollen übernehmen, von der Flugplanung bis hin zur Reaktion auf unvorhersehbare Ereignisse, ist das Verständnis dieser intrapersonalen Dynamik entscheidend für die Sicherheit.

Bedeutung der Selbstbewertung

Ein Schlüsselaspekt des Modells ist die Fähigkeit des Piloten zur Selbstbewertung. Piloten müssen ihre eigenen Fähigkeiten realistisch einschätzen können, um zu erkennen, ob sie für eine bestimmte Flugaufgabe geeignet sind. Diese Selbstbewertung beinhaltet das Erkennen eigener Grenzen, sei es aufgrund von Müdigkeit, Stress, mangelnder Erfahrung oder unzureichender Ausbildung. Hier bietet sich die „I'm SAFE Checkliste" an, die bereits vorgestellt wurde.

Anwendung auf Flugtraining und -vorbereitung

Das Modell kann verwendet werden, um spezifische Trainingsprogramme für Piloten zu entwickeln. Diese Programme können darauf abzielen, ihre Fähigkeiten in Bereichen zu verbessern, in denen sie möglicherweise Defizite aufweisen. In der Flugvorbereitung kann das Modell dazu beitragen, eine Checkliste für die Selbstbewertung zu entwickeln, die Piloten vor jedem Flug durchgehen sollten, um sicherzustellen, dass ihre Fähigkeiten den Anforderungen der bevorstehenden Aufgabe entsprechen.
Praktische Beispiele

- **Fallstudie:** Ein erfahrener Pilot plant einen Nachtflug. Trotz seiner umfangreichen Erfahrung ist er in letzter Zeit nur selten nachts geflogen. Unter Anwendung des Modells könnte er erkennen, dass eine Auffrischung seiner Nachtflugfähigkeiten notwendig ist, um die Sicherheit dieses Fluges zu gewährleisten.
- **Trainingsszenario:** Ein Flugsportverein implementiert ein Training, das sich auf die Verbesserung der Entscheidungsfindung unter Stress konzentriert. Dieses Training basiert auf dem Modell und hilft den Piloten, ihre Fähigkeiten in Übereinstimmung mit den Anforderungen komplexer Flugsituationen zu bringen.

Das Task-Capability-Interface-Model von Fuller bietet einen wertvollen Rahmen für die Bewertung und Verbesserung der dynamischen Flugsicherheit aus intrapersonaler Sicht. Es betont die Bedeutung der Selbstkenntnis und kontinuierlichen Weiterentwicklung der Fähigkeiten, die für Piloten in der Privatfliegerei unerlässlich sind, um sicher und effizient zu fliegen. Durch die Anwendung dieses Modells können Piloten besser verstehen, wie ihre persönlichen Fähigkeiten und Grenzen, die Sicherheit und Effizienz ihrer Flugoperationen beeinflussen.

Situationsbewusstsein nach Endsley

Das Konzept des Situationsbewusstseins, maßgeblich entwickelt von Mica Endsley im Jahr 1995, ist ein fundamentaler Bestandteil für das Verständnis und die Verbesserung der Flugsicherheit, insbesondere in der Privatfliegerei. Es basiert auf der Fähigkeit, relevante Informationen aus der Umgebung zu sammeln (Wahrnehmung), diese Informationen zu verstehen (Verständnis) und daraus zukünftige Entwicklungen abzuleiten (Projektion).

Für Hobbypiloten ist ein ausgeprägtes Situationsbewusstsein entscheidend, um sicher und effektiv zu fliegen. Es beginnt mit der genauen Wahrnehmung der Umgebungsbedingungen, wie Wetter, Luftverkehr, Zustand des Flugzeugs und eigene Fähigkeiten. Das tiefere Verständnis dieser Informationen ermöglicht es dem Piloten, die aktuelle Situation richtig einzuschätzen und potenzielle Risiken zu identifizieren. Schließlich ist die Fähigkeit, zukünftige Szenarien zu prognostizieren, entscheidend, um präventive Maßnahmen zu ergreifen und auf unerwartete Veränderungen reagieren zu können.

Situationsbewusstsein versetzt den Piloten in die Lage, proaktiv zu handeln und Gefahrensituationen zu erkennen und zu vermeiden. Für Hobbypilotinnen und Hobbyflieger bedeutet dies, dass sie nicht nur auf aktuelle Ereignisse reagieren, sondern auch die Fähigkeit entwickeln, zukünftige Entwicklungen zu antizipieren und ihre Flugpläne entsprechend anzupassen.

Die Integration des Situationsbewusstseins in das tägliche Flugverhalten ist ein wesentlicher Schritt zur Erhöhung der persönlichen Sicherheit und zur Förderung einer sichereren Flugumgebung. Durch kontinuierliches Training und bewusste Anwendung der Prinzipien des Situationsbewusstseins können Hobbypiloten einen signifikanten Beitrag zur allgemeinen Flugsicherheit leisten.

Situationsbewusstsein ist ein Konzept, das ursprünglich im Bereich der Luftfahrt und Militäroperationen entwickelt wurde, sich aber auf viele andere Bereiche ausgeweitet hat. Es beschreibt die Fähigkeit einer Person, die Elemente in ihrer Umgebung genau zu erfassen, zu verstehen und vorauszusehen, um effektive Entscheidungen zu treffen. Nach Mica Endsley, die 1995 das Konzept maßgeblich prägte, besteht das Situationsbewusstsein aus drei Ebenen:

- **Wahrnehmung der Elemente in der Umgebung:** Dies beinhaltet das Sammeln von Informationen über die aktuelle Situation. In der Luftfahrt könnte dies das Wetter, den Zustand des Flugzeugs, die Position anderer Flugzeuge und die Flugbahn einschließen.
- **Verständnis der Situation:** Auf dieser Ebene verknüpft der Beobachter die gesammelten Informationen, um die Dynamik der Situation zu verstehen. Für einen Piloten bedeutet dies beispielsweise zu erkennen, wie sich Wetterveränderungen auf den Flugplan auswirken könnten.
- **Projektion in die Zukunft:** Hierbei handelt es sich um die Fähigkeit, die zukünftige Entwicklung der Situation auf Basis des aktuellen Verständnisses vorherzusagen. Ein Pilot muss antizipieren, wie sich wechselnde Bedingungen auf den weiteren Flug auswirken könnten.

Die Wahrnehmung der Menschen ist daher von grundlegender Bedeutung für darauf basierende Entscheidungen und Handlungen, daher gilt es das Thema Wahrnehmung und Entscheidungsfindung genauer zu betrachten.

Wahrnehmungsfehler und Entscheidungsfindung

Schnelles und langsames Denken nach Daniel Kahnemann

Flugsicherheit ist von entscheidender Bedeutung, insbesondere im privaten Flugsport, wo Piloten selbst für ihre Sicherheit verantwortlich sind. In diesem Abschnitt werden wir das Modell des Nobelpreisträgers Daniel Kahneman für schnelles Denken und langsames Denken vorstellen und untersuchen, wie es auf die Flugsicherheit angewendet werden kann. Wir werden auch die Bedeutung des mentalen Trainings für die verschiedenen Gehirnsysteme 1 und 2 beleuchten und diskutieren, wie Vereine zur Verbesserung der Flugsicherheit beitragen können.

Das Modell von Daniel Kahneman: Schnelles Denken und Langsames Denken

Um die Bedeutung von Kahnemans Modell für die Flugsicherheit zu verstehen, müssen wir zuerst verstehen, was er unter „schnellem Denken“ (System 1) und „langsamen Denken“ (System 2) versteht.

Schnelles Denken (System 1): Dieses Denksystem kann als das „Bauchgefühl“ beschrieben werden. Es basiert auf Deiner Erfahrung und Intuition. Wenn man als erfahrener Pilot beispielsweise während eines Fluges plötzlich ein leichtes Rütteln im Flugzeug spürt, könnte das System 1 sofort reagieren und Dich darauf aufmerksam machen, dass dies auf turbulente Luftströmungen hinweisen könnte. Dieses intuitive Denken ermöglicht es Dir, schnell zu handeln, um die Stabilität des Flugzeugs wiederherzustellen, ohne lange darüber nachzudenken. Allerdings ist System 1 nicht fehlerfrei. Nehmen wir an, ein Pilot ist in der Vergangenheit immer bei gutem Wetter geflogen und neigt dazu, System 1 zu vertrauen, um Entscheidungen zu treffen. Wenn plötzlich unerwartetes schlechtes Wetter auftritt, könnte das System 1 zu Fehlentscheidungen führen, da es nicht ausreichend auf die veränderten Bedingungen reagiert. System 1 ist es auch, das reagiert, bevor man ggf. rational bemerkt hat was man getan hat – wie zum Beispiel bei einer Turbulenz ein sofortiges und intuitives Steuern.

Langsames Denken (System 2): Im Gegensatz dazu erfordert dieses Denksystem bewusste Anstrengung und Konzentration. Es kommt ins Spiel, wenn komplexe Probleme gelöst werden müssen oder wenn schnelles Denken ungenaue Ergebnisse liefern könnte. Stell Dir vor, ein Pilot steht vor einer unerwarteten Situation, wie einem Motorausfall. Hier ist System 2 gefragt, um alle verfügbaren Informationen zu sammeln, Optionen zu analysieren und eine gründlich durchdachte Entscheidung zu treffen, wie das Flugzeug sicher gelandet werden kann. Ein Beispiel für die Anwendung von System 2 könnte die Berechnung sein, wie viel Treibstoff bei einer Flugreise benötigt wird, um sicher zum Ziel zu gelangen, unter Berücksichtigung von Windverhältnissen und Höhenunterschieden.

Die Herausforderung besteht darin, das richtige Gleichgewicht zwischen System 1 und System 2 zu finden. Ein Pilot muss in der Lage sein, schnell auf unerwartete Ereignisse zu reagieren, aber auch die Fähigkeit haben, in komplexen Situationen bewusst und methodisch zu denken. Dies ist der Schlüssel zur Sicherheit im privaten Flugsport.

Um dieses Konzept weiter zu verdeutlichen, können wir uns ein Szenario vorstellen: Ein Pilot fliegt in einem Gebiet mit unvorhersehbaren Wetterbedingungen. Plötzlich tauchen dunkle Wolken am Horizont auf. Das schnelle Denken (System 1) sagt dem Piloten, dass dies auf schlechtes Wetter hinweisen könnte, und er sollte überlegen, eine alternative Route zu wählen. Das langsame Denken (System 2) wird aktiviert, um die genaue Wetterlage zu analysieren, die verfügbaren Optionen zu bewerten und eine informierte Entscheidung zu treffen, ob es sicher ist, fortzufahren oder zu landen.

In der Praxis müssen Piloten lernen, wie sie diese Denksysteme effektiv nutzen können, um die Flugsicherheit zu gewährleisten. Es ist eine Fähigkeit, die durch Training, Erfahrung und kontinuierliches Lernen entwickelt wird.

Wettersituationen können sich sehr schnell verändern, das Bewusstsein über die beiden Denksysteme können helfen, die falschen Entscheidungen zu vermeiden und die richtigen zu treffen.

Die Anwendung auf die Flugsicherheit

1. **Erkennen von Denkmustern:** Schnelles Denken (System 1) ist in der Luftfahrt von unschätzbarem Wert, da es Piloten ermöglicht, schnell auf unerwartete Situationen zu reagieren. Allerdings kann es auch zu Fehleinschätzungen führen, insbesondere wenn es aufgrund von Denkmustern zu Vorurteilen kommt. Piloten müssen lernen, diese Denkmuster zu erkennen und bewusst auf langsames Denken (System 2) umzuschalten, wenn die Situation dies erfordert.
2. **Entscheidungsfindung unter Stress:** Fliegen kann stressig sein, insbesondere bei unvorhergesehenen Ereignissen. Hier kommt das mentale Training ins Spiel. Piloten sollten ihre Fähigkeiten zur Stressbewältigung und zur Entscheidungsfindung unter Druck entwickeln. Dieses Training kann dazu beitragen, schnelles Denken effektiver zu gestalten und sicherzustellen, dass es nicht von Ängsten oder Stress überwältigt wird.
3. **Checklisten und Prozeduren:** Langsames Denken (System 2) spielt eine wichtige Rolle bei der Einhaltung von Checklisten und standardisierten Verfahren. Piloten müssen in der Lage sein, sorgfältig und präzise zu arbeiten, um sicherzustellen, dass keine wichtigen Schritte übersehen werden. Dies ist entscheidend für die Flugsicherheit.
4. **Situational Awareness:** Situational Awareness, das Bewusstsein über die eigene Position und die Umgebung, erfordert eine Kombination aus schnellem Denken (System 1) und langsamen Denken (System 2). Piloten müssen in der Lage sein, schnell auf Änderungen zu reagieren, aber auch in der Lage sein, komplexe Informationen zu verarbeiten und zu verstehen.

Mentales Training und Vereinsunterstützung

Mentales Training ist entscheidend, um die Fähigkeiten von System 1 und System 2 zu verbessern. Piloten sollten regelmäßig mentales Training durchführen, um ihre Fähigkeiten zur Stressbewältigung, zur Entscheidungsfindung und zur Konzentration zu stärken.

Vereine können die Flugsicherheit durch folgende Maßnahmen unterstützen:

- **Schulungen:** Vereine können Schulungen und Workshops zur mentalen Vorbereitung anbieten, um Piloten auf die Herausforderungen vorzubereiten, denen sie in der Luft begegnen können.
- **Erfahrungsaustausch:** Das Teilen von Erfahrungen und Lektionen aus realen Situationen kann dazu beitragen, dass Piloten voneinander lernen und ihre Fähigkeiten verbessern.
- **Mentorenprogramme:** Die Zuweisung erfahrener Piloten als Mentoren für weniger erfahrene Mitglieder kann dazu beitragen, das Wissen und die Fähigkeiten im Verein zu fördern.
- **Checklisten und Prozeduren:** Vereine sollten die Bedeutung der Einhaltung

von Checklisten und standardisierten Verfahren betonen und sicherstellen, dass diese in der Praxis umgesetzt werden.

- **Simulationsübungen:** Das Durchführen von Flugsimulationsübungen kann Piloten helfen, ihre Fähigkeiten in einer sicheren Umgebung zu verbessern und auf verschiedene Szenarien vorbereitet zu sein.
- **Psychologische Unterstützung:** Vereine können auch psychologische Unterstützung anbieten, um Piloten bei der Bewältigung von Stress und emotionalen Belastungen zu helfen.

Insgesamt kann die Anwendung von Kahnemans Modell für schnelles Denken und langsames Denken die Flugsicherheit im privaten Flugsport erheblich verbessern. Durch das richtige Training und die Unterstützung von Vereinen können Piloten effektiver auf die vielfältigen Herausforderungen vorbereitet werden, die sie in der Luft erwarten. Die Fähigkeit, schnell und präzise zu denken, kann den Unterschied zwischen einem sicheren Flug und einer gefährlichen Situation ausmachen. Die Integration dieses Denkmodells in das Training und die Kultur des privaten Flugsports wird zweifellos zu sichereren Flügen und einer reduzierten Unfallrate führen.

Die Wahrnehmung ist die Grundlage für Entscheidungen, daher ist es einerseits wichtig als Pilot und Pilotin zu wissen, wie wir wahrnehmen und natürlich wie wir Entscheidungen treffen. Im Flugsport gilt es fortwährend Entscheidungen zu treffen, die Auswirkungen zu reflektieren, ggf. Entscheidungen zu korrigieren oder neue zu treffen. Im folgenden Abschnitt wird das FORDEC Modell aus der professionellen Fliegerei vorgestellt, was aber wirklich 1 : 1 auf die Hobbyfliegerei übertragbar ist.

F.O.R.D.E.C. – Ein Leitfaden zur Entscheidungsfindung

Der Begriff F.O.R.D.E.C., eine Abkürzung für Facts, Options, Risks & Benefits, Decision, Execution, Check, ist ein in der Luftfahrt weit verbreiteter Ansatz zur Entscheidungsfindung. Ursprünglich für professionelle Piloten entwickelt, um komplexe Situationen systematisch zu bewältigen, hat sich F.O.R.D.E.C. als effektives Werkzeug auch für Hobbyflieger erwiesen.

Obwohl der genaue Ursprung von F.O.R.D.E.C. schwer zu bestimmen ist, wurde dieser Ansatz in der zivilen und militärischen Luftfahrt schon seit einigen Jahrzehnten genutzt. Die Struktur bietet einen Rahmen, um in kritischen Momenten klare und sichere Entscheidungen zu treffen.

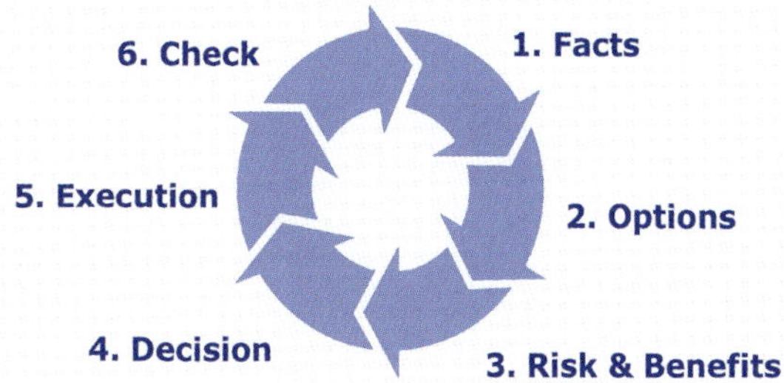

Entscheidungsfindung F.O.R.D.E.C.

Facts (Fakten): Zuerst sammelt der Pilot alle wichtigen Informationen über den Flug, das Wetter, das Flugzeug und andere relevante Faktoren. Zum Beispiel überprüft ein Hobbyflieger vor einem Flug das Wetter, die Flugzeugwartung und die Flugroute.

Options (Optionen): Auf Basis der gesammelten Fakten werden verschiedene Handlungsoptionen betrachtet. Ein Pilot könnte beispielsweise entscheiden, ob er trotz schlechten Wetters fliegt, eine alternative Route wählt oder den Flug verschiebt.

Risks & Benefits (Risiken & Vorteile): Jede Option wird hinsichtlich ihrer Risiken und Vorteile abgewogen. Ein Hobbyflieger könnte etwa die Risiken eines Fluges bei starkem Wind gegen den Vorteil eines zeitnahen Fluges abwägen.

Decision (Entscheidung): Nach Abwägung aller Faktoren trifft der Pilot eine fundierte Entscheidung. Beispielsweise könnte sich ein Hobbyflieger entscheiden, den Flug zu verschieben, wenn die Risiken zu hoch erscheinen.

Execution (Ausführung): Die getroffene Entscheidung wird umgesetzt. Dies könnte die Durchführung des Fluges unter geänderten Bedingungen oder die Umsetzung alternativer Pläne beinhalten.

Check (Überprüfung): Nach der Ausführung überprüft der Pilot die Ergebnisse seiner Entscheidung und passt bei Bedarf seine Vorgehensweise an. Dieser Schritt ist wichtig, um aus jeder Situation zu lernen und zukünftige Entscheidungen zu verbessern.

Lerneffekte für Hobbyflieger

Hobbyflieger können durch die Anwendung von F.O.R.D.E.C. lernen, strukturierter und sicherer zu entscheiden. Indem sie lernen, alle relevanten Faktoren zu berücksichtigen, Risiken gegen Vorteile abzuwägen und flexible Entscheidungen zu treffen, können sie sowohl ihre Flugsicherheit als auch ihr allgemeines

Beim Anflug aus Oberschwaben Richtung Allgäu erschien es keine gute Idee zu sein, bis zum Arlberg zu fliegen.

Flugerlebnis verbessern. F.O.R.D.E.C. hilft dabei, emotionale oder voreilige Entscheidungen zu vermeiden und fördert ein methodisches, sicherheitsorientiertes Denken, das in der privaten Fliegerei von unschätzbarem Wert ist.

In der Praxis lässt sich diese Modell anwenden, wenn beispielsweise eine geplante Flugroute aus Gründen der Wetterveränderung nicht mehr fliegbar ist, dann muss man die Fakten checken, Optionen prüfen und abwägen, um dann eine Entscheidung zu treffen. So ging es mir, als ich einen Freund, der leidenschaftlicher Skifahrer ist, zu einem Alpenflug eingeladen hatte und mit ihm seine Ferienwohnung am Arlberg aus der Luft betrachten wollten. Beim Flug von Oberschwaben in Richtung Allgäuer Berge wurde klar, dass dies vermutlich wegen tiefer Wolkenbasis nicht machbar sein würde. So entschied ich mich mit ihm eher in Richtung Bodensee zu fliegen und erklärte ihm auch warum ich den Plan ändere. Dieses Sicherheitsdenken würdigte er übrigens sehr, obwohl er sich auf den Alpenflug so freute. Als wir dann am Bodensee angekommen waren, stieg die Wolkenbasis deutlich hoch, so dass wir in den Bregenzerwald zum Arlberg fliegen konnten. Das FORDEC-Modell wurde hier zweimal sehr bewusst durchgegangen. Hätte sich die Wettersituation nicht gebessert, wären wir definitiv nicht in die Berge geflogen.

Single Pilot Resource Management in der Privatfliegerei

Single Pilot Resource Management (SPRM) ist ein Konzept, das ursprünglich aus dem Crew Resource Management (CRM) in der professionellen Luftfahrt abgeleitet wurde. Während CRM sich auf die effektive Nutzung aller verfügbaren Ressourcen – Ausrüstung, Verfahren und Menschen – durch die Besatzung eines Flugzeugs konzentriert, passt SPRM diesen Ansatz an die spezifischen Herausforderungen und Bedingungen der Privatfliegerei an, insbesondere wenn das Flugzeug von einem einzelnen Piloten geflogen wird.

In der Privatfliegerei steht der Begriff SPRM für die Fähigkeit des einzelnen Piloten, sämtliche zu Verfügung stehenden Ressourcen – wie Instrumente, Navigationshilfen, Wetterinformationen und auch menschliche Unterstützung, zum Beispiel durch Flugverkehrskontrollen oder Fluglehrer – effizient und effektiv zu nutzen. Das Ziel ist es, die Sicherheit und Effizienz des Fluges zu maximieren, während gleichzeitig das Risiko von Fehlern und die damit verbundene Belastung für den Piloten minimiert werden.

UL-Pilot Alex mit seiner C42 auf dem Flugplatz in Bozen. Auf seinem Kanal hat er diesen Flug und auch Entscheidungsfindungen während des Fluges schön dokumentiert.

Die Notwendigkeit für SPRM in der Privatfliegerei entstand aus der Erkenntnis, dass viele Unfälle und Zwischenfälle auf menschliches Versagen zurückzuführen sind, oft hervorgerufen durch eine Überforderung des Piloten. In der Welt der Einzelpiloten, wo Unterstützung und Feedback von anderen Crewmitgliedern fehlen, sind die Herausforderungen, mit denen sich Piloten konfrontiert sehen, besonders vielfältig. Dazu gehören Entscheidungsfindung unter Stress, effektive Kommunikation mit der Flugverkehrskontrolle und die Verwaltung unerwarteter Ereignisse.

SPRM umfasst eine Reihe von Fähigkeiten und Techniken, die den Einzelpiloten unterstützen, darunter Situationsbewusstsein, Entscheidungsfindung, Stressmanagement, effektive Kommunikation und das Management von Arbeitsbelastungen. Durch das Training und die Anwendung von SPRM können Hobbyflieger besser vorbereitet werden, um sicher und effizient zu fliegen, auch unter schwierigen Bedingungen.

Die Einführung von SPRM in der Privatfliegerei ist ein bedeutender Schritt in Richtung einer umfassenderen Sicherheitskultur in diesem Sektor. Es fördert nicht nur das Bewusstsein und die Fähigkeiten der Piloten im Umgang mit verschiedenen Herausforderungen, sondern trägt auch dazu bei, das Gesamtniveau der Flugsicherheit in der Hobbyfliegerei zu erhöhen.

Die intrapersonelle Dimension ist durchaus vielschichtig, und in der Flugausbildung oft lapidar als „Nebenfach" namens Menschliches Leistungsvermögen abgetan – aber diese Dimension ist die Basis und Grundlage für die anderen Dimensionen der dynamischen Flugsicherheit. Nun gehen wir näher auf die interpersonelle Dimension der dynamischen Flugsicherheit, also der Ebene zwischen zwei Personen.

Kapitel 3

Interpersonelle Dimension der dynamischen Flugsicherheit

Die interpersonelle Dimension der Flugsicherheit zeigt die Ebene zwischen zwei Personen auf – die im Wechselspiel sich stets verändert und auch weiterentwickelt. Wie diese Dimension sich auf die Flugsicherheit und auf das gemeinsame Lernen auswirkt, zeigt dieses Kapitel.

Wieder einmal von den Großen lernen – was macht die Luftfahrtindustrie erfolgreich seit einigen Jahren? Claus Cordes hatte dies im Vorwort bereits betont, wie wichtig es ist von der kommerziellen Luftfahrt zu lernen, aber die für die Hobbyfliegerei auch runterzubrechen. Die Etablierung von Crew Ressource Management, das neben dem Pilot oder der Pilotin die gesamte Besatzung – auch in der Kabine mit einbezieht.

Crew Ressource Management

Gerade hatte ich noch das Single Pilot Resource Management vorgestellt. Nun das CRM, oder Crew Ressource Management. Es ist ein Konzept in der Luftfahrt, das in den 1970er Jahren entwickelt wurde, nachdem es zuvor eine Reihe von Flugunfällen gegeben hatte, die auf menschliche Fehler zurückzuführen waren. CRM zielt darauf ab, die Interaktion und Kommunikation zwischen den Mitgliedern der Flugzeugbesatzung zu verbessern, um die Sicherheit und Effizienz von Flügen zu erhöhen.

Konkret bedeutet CRM, dass die Mitglieder der Besatzung besser zusammenarbeiten, um sicherzustellen, dass alle relevanten Informationen ausgetauscht werden, Entscheidungen gemeinsam getroffen werden und die Fähigkeiten und Erfahrungen jedes einzelnen Crewmitglieds optimal genutzt werden. Ein zentrales Thema ist dabei die Rollenklarheit und die Aufgabentransparenz und -verantwortlichkeit. Das ist ein entscheidender Faktor in der Interpersonellen Dimension der Flugsicherheit.

Die Einführung von CRM hatte mehrere Ziele in Bezug auf die dynamische Flugsicherheit:

1. Reduzierung von menschlichen Fehlern, die oft zu Unfällen beitragen.
2. Verbesserung der Kommunikation und Koordination, insbesondere in stressigen oder kritischen Situationen.

Beispielsweise die Aufforderung an eine Passagierin, bitte auch immer wieder den Luftraum zu beobachten und es mir zu sagen, wenn sie ein Fluggerät sieht, erhöht die Sicherheit und ist ein Teil eines CRM im zweisitzigen Fluggerät.

3. Erhöhung des Situationsbewusstseins, um potenzielle Gefahren frühzeitig zu erkennen.

Hobbyflieger können auch von CRM-Konzepten profitieren, indem sie sicherstellen, dass sie effektiv mit ihren Passagieren kommunizieren, die Aufmerksamkeit auf die Flugbedingungen richten und sicherheitsrelevante Entscheidungen gemeinsam mit anderen Fliegern treffen.

Um andere Menschen, sei es Passagiere oder Piloten, in Bezug auf CRM einzubeziehen, können Sie:

- Aktiv zuhören und Fragen stellen, um sicherzustellen, dass alle Informationen klar verstanden werden.
- Eine offene und respektvolle Kommunikation fördern, um Bedenken und Ideen auszutauschen.
- Sich regelmäßig über Sicherheitsverfahren und bewährte Praktiken informieren.

Statistiken zur Wirksamkeit von CRM in der Luftfahrt zeigen eine signifikante Verbesserung der Flugsicherheit, insbesondere in Bezug auf menschliche Fehler und Unfälle. CRM hat dazu beigetragen, die Sicherheit und Effizienz von Flugzeugoperationen weltweit zu steigern. Piloten und die Crew werden im Rahmen des CRM-Trainings in der Luftfahrt auf verschiedene Aspekte der Teamarbeit, Kommunikation und Zusammenarbeit geschult. Hier sind einige der wichtigsten Elemente, die im CRM-Training behandelt werden, zusammen mit Beispielen:

- **Kommunikation:** CRM legt großen Wert auf effektive Kommunikation zwischen den Crewmitgliedern. Dies umfasst die klare und präzise Weitergabe von Informationen, das Zuhören und das Verstehen von Botschaften. In einem CRM-Szenario könnte ein Pilot seinem Co-Piloten wichtige Informationen zur aktuellen Wetterlage und den geplanten Änderungen mitteilen, um sicherzustellen, dass beide die gleichen Informationen haben und entsprechend handeln können.
- **Teamarbeit und Zusammenarbeit:** CRM betont die Bedeutung der Zusammenarbeit und des respektvollen Umgangs miteinander. Crewmitglieder sollen sich gegenseitig unterstützen und bei Bedarf Hilfe anbieten. Wenn ein Flugzeug in Turbulenzen gerät, kann die gesamte Crew zusammenarbeiten, um sicherzustellen, dass die Passagiere sicher und ruhig bleiben, während gleichzeitig die Sicherheitsprotokolle eingehalten werden.
- **Situationsbewusstsein:** CRM fordert von Crewmitgliedern, ein genaues Situationsbewusstsein zu entwickeln, um potenzielle Gefahren oder Probleme frühzeitig zu erkennen. Während des Fluges könnte ein Mitglied der Besatzung auf ungewöhnliche Geräusche oder Vibrationen hinweisen, die auf ein mechani-

Crew Resource Management kann auch am Rollhalt stattfinden, in dem man den Flugfunk gemeinsam mit dem Passagier hört und sich sagt, wer welche Flieger in Sicht hat.

sches Problem hindeuten könnten. Dies würde das Situationsbewusstsein erhöhen und eine frühzeitige Untersuchung ermöglichen.

- **Entscheidungsfindung:** CRM ermutigt dazu, Entscheidungen gemeinsam zu treffen und dabei verschiedene Perspektiven und Meinungen zu berücksichtigen. Wenn sich die Wetterbedingungen während des Fluges verschlechtern, könnten die Piloten und die Crew gemeinsam entscheiden, eine alternative Route zu wählen, um turbulenten Bedingungen auszuweichen und die Sicherheit der Passagiere zu gewährleisten.
- **Stressbewältigung und Ressourcenmanagement:** CRM vermittelt Techniken zur Bewältigung von Stress und zur effektiven Nutzung der verfügbaren Ressourcen. In einer Notsituation, wie einem Triebwerksausfall, müssen die Piloten und die Crew ruhig bleiben, Prioritäten setzen und sicherstellen, dass sie die verfügbaren Ressourcen, wie Treibstoff und Notfallverfahren, effektiv nutzen.

Das Ziel des CRM-Trainings in der Luftfahrt ist es, sicherzustellen, dass die Crewmitglieder gut vorbereitet sind, um in unterschiedlichen Situationen zusammenzuarbeiten und sicherzustellen, dass Flüge sicher und effizient durchgeführt werden können. Dies trägt erheblich zur Verbesserung der Flugsicherheit bei.

In der Hobbyfliegerei nutzen beispielsweise auch Wenigflieger die Option ihre Flüge mit Fluglehrern zu absolvieren, oder mit einem anderen Piloten als Passagier, der ggf. unterstützen kann. Oder der Starthelfer beim Segelflug, der auch die Verantwortung übernimmt zu schauen, ob alles passt und zum Beispiel der berüchtigte Kuller auch wirklich weg gemacht wurde. Crew Resource Management geht also auch im Kleinen und in die Hobbyfliegerei.

Threat and Error Management (TEM)

Threat and Error Management (TEM), also Gefahren und Fehler Management ist ebenso ein Konzept in der Luftfahrt und ein Teil des Crew Ressource Managements, das entwickelt wurde, um die Flugsicherheit zu erhöhen, indem es auf die Identifizierung und Bewältigung von Bedrohungen (Threats) und Fehlern (Errors) abzielt. TEM wurde in den 1990er Jahren entwickelt und basiert auf Untersuchungen von Flugunfällen und Zwischenfällen. Es wurde erkannt, dass viele Unfälle auf das Zusammenspiel von Bedrohungen und Fehlern zurückzuführen waren, daher wurde TEM entwickelt, um Piloten und Flugbesatzungen dabei zu unterstützen, diese Faktoren besser zu managen.

TEM hat eine erhebliche Bedeutung für die Flugsicherheit, da es dazu beiträgt, Unfälle und Zwischenfälle zu verhindern oder zu minimieren. Indem es Piloten hilft, potenzielle Bedrohungen zu erkennen und Fehler zu vermeiden oder zu korrigieren, trägt es zur sicheren Durchführung von Flügen bei.

Es gibt Daten und Statistiken, die darauf hinweisen, dass die Einführung von TEM zu einer Verbesserung der Flugsicherheit beigetragen hat. Dies zeigt sich in einem Rückgang der Unfallrate und der Anzahl schwerwiegender Zwischenfälle in der Luftfahrtindustrie.

Threat and Error Management (TEM) wird in der Praxis von Piloten und Flugbesatzungen in der gesamten Luftfahrtindustrie angewendet, um die Flugsicherheit zu verbessern. Im Rahmen der TEM-Schulung lernen Piloten, wie sie Bedrohungen (Threats) erkennen, Fehler (Errors) verhindern oder korrigieren können und wie sie effektiv mit unvorhergesehenen Situationen umgehen können. Hier sind einige Aspekte, wie TEM in der Praxis funktioniert und was Piloten bei Airlines trainieren:

1. **Identifikation von Bedrohungen:** Piloten lernen, potenzielle Bedrohungen zu identifizieren, die während eines Fluges auftreten können. Dies können externe Faktoren wie Wetterbedingungen, Flugverkehr oder technische Probleme sein, aber auch interne Faktoren wie Stress oder Ermüdung.
2. **Error-Prävention und -Korrektur:** Piloten werden darauf geschult, Fehler zu vermeiden, indem sie standardisierte Verfahren und Checklisten befolgen.

Wenn Fehler dennoch auftreten, lernen sie, diese schnell zu erkennen und zu korrigieren, um potenzielle Gefahren zu minimieren.
3. **Situationsbewusstsein:** TEM betont die Bedeutung eines guten Situationsbewusstseins, bei dem Piloten die aktuelle Lage des Flugzeugs und alle relevanten Informationen verstehen. Dies hilft dabei, Bedrohungen und Fehler frühzeitig zu erkennen.
4. **Kommunikation und Teamarbeit:** In der TEM-Schulung wird auch die Kommunikation und Teamarbeit innerhalb der Cockpit-Besatzung betont. Die effektive Kommunikation zwischen Piloten und Flugbegleitern ist entscheidend, um Informationen über Bedrohungen und Fehler auszutauschen und gemeinsam Lösungen zu finden.
5. **Simulationstraining:** Ein wichtiger Bestandteil der TEM-Schulung sind Simulationen, in denen Piloten reale Flugsituationen nachstellen können. Dies ermöglicht es ihnen, in einer sicheren Umgebung zu üben, wie sie auf Bedrohungen und Fehler reagieren können.
6. **Fallstudien und Erfahrungsaustausch:** Airlines nutzen oft Fallstudien von realen Flugunfällen und Zwischenfällen, um Piloten zu sensibilisieren und ihnen zu zeigen, wie TEM-Prinzipien in der Praxis angewendet werden können. Erfahrungsaustausch und Diskussionen über vergangene Vorfälle tragen zur Weiterentwicklung des TEM-Verständnisses bei.

Insgesamt trägt TEM dazu bei, die Fähigkeiten der Piloten und Flugbesatzungen zu verbessern, um sicherer zu fliegen und besser auf unvorhergesehene Situationen zu reagieren. Es ist ein kontinuierlicher Schulungsprozess, der die Flugsicherheit in der Luftfahrtindustrie weiterhin erhöht.

Der ehemalige Kampfpilot Ralph Eckardt formuliert dazu: „Der Schlüssel zu meinem Erfolg ist es, mir vor dem Eintreten potenzieller Threats ausgiebig Gedanken zu machen, was ich im Fall des Falles tun könnte. Hierzu muss ich die Gefahren zuerst exakt identifizieren.“[32]

Der private Luftsport kann von der Anwendung von TEM ebenfalls profitieren. Luftsportler können die Prinzipien von TEM nutzen, um sich bewusst auf potenzielle Gefahren und Fehlerquellen vorzubereiten und Strategien zur Risikoreduzierung zu entwickeln. Die Umsetzung von TEM in Luftsportvereinen erfordert Schulungen und Schulungsmaterialien, die auf die speziellen Bedürfnisse des Luftsports zugeschnitten sind. Luftsportler können lernen, Bedrohungen wie Wetterbedingungen oder technische Probleme zu identifizieren und effektiv zu managen. Dies kann durch Schulungen, Fallstudien und Simulationsübungen erreicht werden.

Insgesamt trägt TEM dazu bei, die Flugsicherheit in der gesamten Luftfahrtindustrie zu verbessern, indem es Piloten und Flugbesatzungen dabei hilft, proaktiv auf Herausforderungen zu reagieren und sicherere Flüge durchzuführen.

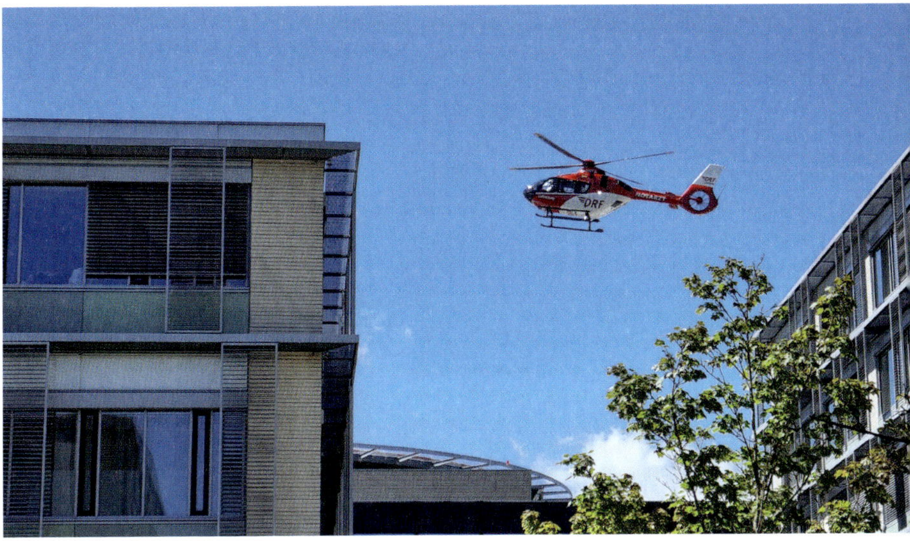

Bei Überflügen von Krankenhäusern sollten sich Pilotinnen und Piloten stets im Klaren sein, dass mit schnellem Heli-Verkehr zu rechnen ist.

Aus der Praxis:

Wenn man in der Nähe von Krankenhäusern fliegt, was bei Überflügen von Städten sehr oft der Fall ist, macht es im Vorfeld Sinn, sich im Klaren zu sein, dass mit Helikopterverkehr zu rechnen ist. Wenn das Krankenhaus bekannt ist und man oft in dieser Region fliegt, ist es wichtig, den Blick auf den Heli-Port zu richten, um zu sehen, ob da gerade ein Helikopter steht oder nicht. Wohl wissend, dass ein leerer Heliport keine Garantie ist, dass nicht einer im Anflug ist.

Aus der Praxis:

Plant man zu einem der viele Fliegertreffen oder Fly-Ins zu fliegen, dann unterscheidet sich der Tag der Veranstaltung im Sinne des TEMs sehr stark von einem anderen Tag, da sich die Fliegenden im Klaren sein müssen, dass mit massiv höherem Verkehrsaufkommen rund um den Flugplatz, in der Platzrunde und am Boden zu rechnen ist. Ebenso sollten sich die Fliegenden reflektieren, wie sie mit Druck umgehen, bzw. wenn viele Zuschauer da sind und zusehen, oder das Line-Up am Rollhalt größer wird und man an der Reihe ist – sollte man sich trotzdem die Zeit für die Checkups nehmen.

Wettbewerbe und Fluglager: gemeinsames Fliegen und Lernen

Es gibt so zahlreiche Fluglager, Wettbewerbe und Wettkämpfe im Flugsport, die auch der breiten Masse an Fliegerinnen und Fliegern die Möglichkeit geben von und miteinander zu lernen. Am Schweizer Flugplatz Münster im Kanton Wallis findet jährlich ein sechswöchiges Fluglager statt, das von der dort ansässigen Flugplatzgenossenschaft veranstaltet wird. Neben der gigantischen Alpenkulisse ist dort ein nebeneinander und ein miteinander möglich. Jochen Kuhn beschreibt die Atmosphäre: „Was mich besonders berührt, ist das Verantwortungsbewusstsein der Flieger dort: Jeder fürs sich, aber auch für alle anderen. Alle passen aufeinander auf, damit die Fliegerei sicher möglich ist.“[33]

Warum sollten Pilotinnen und Piloten bei Wettbewerben oder Wettkämpfen mitfliegen, auch wenn sie nicht den Anspruch haben gewinnen zu wollen oder auch gewinnen zu können?

- **Lernen durch Beobachtung und Austausch:** Bei Wettbewerben haben die Teilnehmenden die Möglichkeit, andere Piloten bei der Ausführung verschiedener Flugmanöver zu beobachten. Dies ermöglicht es ihnen, neue Techniken und Methoden zu erlernen, die sie in ihre eigene Flugpraxis integrieren können. Der Austausch mit erfahrenen Piloten kann auch wertvolle Einblicke in fortgeschrittene Flugtechniken und Sicherheitspraktiken bieten.
- **Erfahrung in verschiedenen Flugbedingungen:** Wettkämpfe finden oft unter unterschiedlichen Wetter- und Umgebungsbedingungen statt. Dies zwingt die Teilnehmer, sich an verschiedene Szenarien anzupassen, was ihre Fähigkeiten und ihr Verständnis für die Handhabung verschiedener Flugbedingungen verbessert.
- **Feedback und professionelle Bewertung:** Bei Wettbewerben erhalten die Teilnehmenden oft Feedback von Richtern oder erfahrenen Piloten. Dieses professionelle Feedback kann ihnen helfen, ihre Techniken zu verfeinern und potenzielle Sicherheitsrisiken in ihrer Flugpraxis zu erkennen und zu beheben.
- **Förderung der Sicherheitskultur:** Die Teilnahme an Wettbewerben trägt zur Förderung einer Sicherheitskultur bei, indem sie den Fokus auf die Einhaltung von Sicherheitsvorschriften und -standards legt. Dies ist besonders wichtig im privaten Flugsport, wo individuelle Entscheidungen und Verhaltensweisen direkten Einfluss auf die Flugsicherheit haben.
- **Stressmanagement und Entscheidungsfindung:** Wettkämpfe können stressig sein, und das Fliegen unter Wettbewerbsbedingungen hilft den Piloten, Stressmanagement-Techniken zu entwickeln. Dies ist entscheidend, da das effektive

Management von Stress und die schnelle Entscheidungsfindung unter Druck wesentliche Aspekte der Flugsicherheit sind.

- **Netzwerkbildung und Gemeinschaftsgefühl:** Die Teilnahme an Wettbewerben ermöglicht den Aufbau eines Netzwerks mit anderen Flugbegeisterten. Dies fördert den Austausch von Wissen und Erfahrungen, was wiederum die Sicherheitsstandards in der Gemeinschaft der Hobby-Piloten erhöhen kann.

Es gibt zahlreiche Wettbewerbe, Meisterschaften oder Fliegertreffen, bei denen das gemeinsame Lernen im Vordergrund steht. Ob es das Jugendvergleichsfliegen der Segelflieger in Leibertingen ist, die UL-Meisterschaft, die Junior Challenge des DHVs oder der Allgäuflug der Fliegergruppe Leutkirch. Wettbewerbsneulingen wird hier stets geholfen und der Spaß, die Sicherheit und die persönliche Weiterentwicklung sind im Fokus.

Die Ausschreibung (https://www.fliegergruppe.de/allgaeuflug/) beispielsweise des Allgäuflugs lässt schon viel verraten, dass es nicht ums Gewissen, sondern ums Miteinander und ums Lernen geht:

„Was unterscheidet den Allgäuflug von anderen nationalen Wettbewerben? Beim Allgäuflug wird nicht nur um Platzierungen und Pokale geflogen, sondern die Begegnung mit Gleichgesinnten, ähnlich einem Fly-In, genießt eine ebenso hohe Bedeutung und lockt immer mehr Teilnehmer auch deshalb nach Leutkirch. Eine Rallye (Schnitzeljagd in der Luft) zu fliegen, macht vor allem Spaß und vermittelt außerdem wertvolles, fliegerisches Wissen und Basics.

Geflogen wird in den drei Wettbewerbsklassen:

- unlimited, die „Profis“ und Teilnehmer an internationalen Rallyes
- advanced, die schon etwas Geübteren mit Wettbewerbserfahrung
- newcomer, erstmals beim Allgäuflug dabei und ohne Rallye-Erfahrungen.

Erste Aufgabe noch am Boden ist, den abzufliegenden Kurs mittels Koordinaten, Kursen, Distanzen und Referenzpunkten zu konstruieren und auf eine topographische Karte im Maßstab 1:200 000 zu übertragen.

Zweite Aufgabe ist, den konstruierten Kurs in der selbst gewählten Wettbewerbs-geschwindigkeit abzufliegen, je nach Flugzeugmuster zwischen 60 kn und 100 kn.

Auf der Strecke gilt es dann

- Wendepunkte (Kursänderung) pünktlich zu überfliegen
- Wendepunktobjekte nach richtig/falsch zu bestimmen (Abgleich mit Fotobögen)
- Suchobjekte aus Fotobögen auf der Strecke zu finden und den Legs zuzuordnen
- in EDNL zielgenau im markierten Landefeld zu landen (Ziellandung).

Die dritte und letzte Aufgabe fällt den meisten der Teilnehmer am leichtesten, die Gastfreundschaft der Fliegergruppe Leutkirch in vollen Zügen auszukosten,

- bei der Willkommens-Party mit Live-Band und Grill am Freitagabend,
- beim festlichen Abschluss mit Siegerehrung und großer Tombola am Samstagabend,
- während der zwei Wettbewerbstage die unschlagbare all-inclusive-Verpflegung."

Insgesamt bieten Wettbewerbe eine einzigartige Lernumgebung, in der Hobby-Pilotinnen und Piloten ihre Fähigkeiten verbessern, ihr Verständnis für Flugsicherheit vertiefen und einen wertvollen Beitrag zur Sicherheitskultur im privaten Flugsport leisten können, unabhängig davon, ob sie gewinnen wollen oder nicht.

Sicherheitsbriefing an einem Modellflugtag in Bad Waldsee-Reute durch Michael Franz. Gemeinsam Spaß haben, gemeinsam lernen und sicher gemeinsam fliegen.

Kommunikation als zentraler Sicherheitsfaktor

Kommunikationskultur in Flugsportvereinen

Die Kommunikation ist ein wesentlicher Bestandteil unseres zwischenmenschlichen Miteinanders – im Privaten, wie im Beruflichen. Im Flugsport spielt die Kommunikation aber auch eine große Rolle in der Flugsicherheit. In zwei Teilen wollen wir zunächst die Grundlagen der Kommunikation nochmals wiederholen und im zweiten Teil aufzeigen, wie Feedback nachvollziehbar und wertschätzend formuliert wird.

Wie funktioniert Kommunikation?

In vielen Vereinen kommt es immer wieder zu internen Konflikten, Mitglieder streiten, weil Missverständnisse vorliegen und im Sinne der Flugsicherheit werden sicherheitsrelevante Themen leider nicht mehr angesprochen. Dabei ist es elementar wichtig, dass sowohl vor, während und nach dem Flug offen und ehrlich – aber wertschätzend kommuniziert wird. Es ist wichtig, dass wir uns Rückmeldung geben, Fehler ansprechen, die wir beobachtet haben, oder auch wertschätzend Tipps geben, um gemeinsam zu lernen, besser zu werden und vor allem auch um Fehler zu vermeiden. Diese offene Kommunikation gewährleistet die Sicherheit für alle Beteiligten. Jedoch nicht nur beim Thema Sicherheit, sondern auch für ein harmonisches Miteinander, macht es Sinn im Verein eine gute Kommunikationskultur zu schaffen.

Verbale und nonverbale Kommunikation

„Man kann nicht nicht kommunizieren“, so lautet ein wichtiges Zitat von Kommunikationsforscher Paul Watzlawik. Zwischenmenschliche Kommunikation hat viele Facetten und neben dem gesprochen Wort, das auch noch durch Wortwahl und Tonalität sehr verschieden ankommen kann, unterstützt die nonverbale Kommunikation durch Gestiken mit den Händen und Armen oder durch den Gesichtsausdruck die Wirkung grundlegend. Wir kennen Situationen, in denen jemand die Augen rollt tief durchschnauft oder abwertend abwinkt. Die Botschaft, die beim Empfänger ankommt, ist im Normalfall nicht positiv.

Der Hamburger Professor Friedemann Schulz von Thun hat das weit bekannte Kommunikationsmodell „die vier Seiten einer Nachricht“ begründet, das aufzeigt, dass in einer Information mehrere Ebenen oder Seiten beinhaltet sein können – was oft zu Missverständnissen führt. Das Modell beschreibt, dass die Nachricht des Senders einerseits verschiedene Inhalte beinhalten kann, aber auch, dass der Empfänger diese Nachricht auf vier verschiedene Ebenen verste-

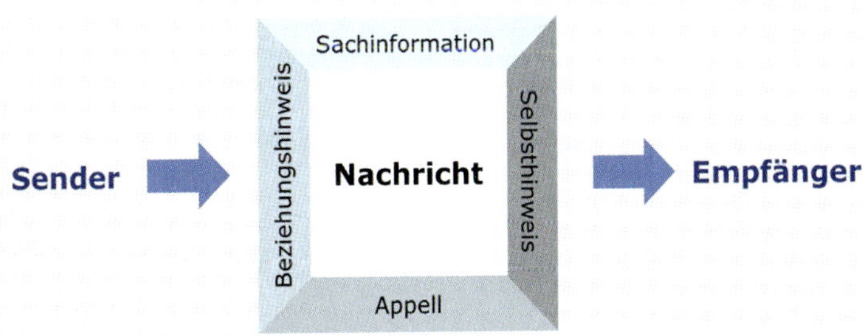

Die vier Seiten einer Nachricht.

hen kann. Je nach Tonalität, Vorgeschichte und Situation können so natürlich viele Missverständnisse entstehen.

Ein simples Beispiel, das von einem Flugplatz stammen könnte, wäre zum Beispiel die Aussage eines Mitglieds: „Man müsste mal wieder die Hecken schneiden." Die Sachinformation könnte schlicht lauten, dass die Hecken eben sehr gewachsen sind und nun einen Schnitt benötigen. Der Appell könnte sein, „Bitte schnapp Dir die Heckenschere und mach das." Der Beziehungshinweis könnte sein „Warum fällt Dir das nicht selbst auf, Du unaufmerksamer Kollege". Und der Selbsthinweis könnte ggf., sein – „Ich habe keine Zeit dazu, ich kümmere mich um andere Aspekte".

Wie macht man es nun besser?

Der Sender sollte klar und unmissverständlich kommunizieren, was er oder sie möchte und damit ausdrücken will – also explizit. Möchte man, dass der Kollege die Hecken schneidet, ist es besser klar die Bitte zu adressieren. „Bist Du so gut und würdest die Hecke schneiden?". Ist man sauer auf den Kollegen, dann kann man das auch klarer formulieren, anstatt nur eine Andeutung zu machen. „Wir hatten doch vereinbart, dass du Dich um die Hecken kümmerst, und ich bin enttäuscht, dass du das aus meiner Sicht nicht tust."

Als Empfänger sollte man im Zweifel nachfragen, ob die Nachricht gar in den falschen Hals oder ins falsche Ohr gekommen ist, oder was der Sender nun genau damit sagen wollte.

In Bezug auf die Flugsicherheit ist es unerlässlich, dass die Botschaften zwischen Sender und Empfänger klar und wertschätzend ankommen. Wenn ein Pilot einem anderen Piloten den wertschätzenden Tipp gibt, dass er bei diesem

Wertschätzende Kommunikation ist ein Schlüsselfaktor der dynamischen Flugsicherheit.

speziellen Seitenwind von der anderen Startbahn starten würde, dann ist es natürlich wichtig, wie er dies als Sender vermittelt und wie der Empfänger dies aufnimmt. Dies kann als belehrend, überheblich, neutral, oder eben auch als sehr wertvoll aufgenommen werden. Damit dies gut funktioniert, bedarf es auch eine Bereitschaft von beiden Seiten, dass es eben wertschätzend vermittelt wird und man es auch als wertschätzend aufnimmt.

Wie gibt man wertschätzend Feedback?

Zu einer fairen, wirkungsvollen und zielführenden Kommunikation trägt außerdem eine blühende Feedbackkultur bei. Es mag wohl unter Fliegern üblich sein, Fehler nicht gerne zuzugeben oder anderen nicht zu nahe treten zu wollen. Aus Angst um den Status im Verein oder einer ordentlichen Portion Respekt den anderen gegenüber, aus welchen Gründen auch immer, schlussendlich ist dieses Verschweigen eher rückschrittlich. Jeder kann von Erfahrungen aus den Fehlern anderer lernen und muss diese damit nicht selbst begehen, ob diese nun vom Neuling, vom erfahrensten Piloten oder vom Fluglehrer kommen.

Klar ist, dass aufrichtiges Feedback, klare Grenzen und echte Wertschätzung Vertrauen und stärkere Beziehungen schaffen und das ist ein wahrer Mehrwert, den jeder Verein nutzen kann.

Grundsätzlich macht es als Sender an der Stelle immer auch Sinn, um Erlaubnis zu fragen, ob man Feedback geben darf. Wir alle kennen ungefragtes Feedback, bei denen der Ratschlag ein regelrechter Schlag sein kann. Ist die Beziehungsebene sehr gut, ist es selbstverständlich, dass man sich Rückmeldung gibt. Feedback ist wie ein Geschenk – man gibt es im Normalfall nur Menschen, die einem in einer gewissen Art und Weise wichtig sind – manches Mal sind aber Geschenke jedoch nicht besonders schön verpackt.

Wie baut man nun gutes Feedback auf, bzw. wie verpackt man eine Rückmeldung, dass diese annehmbar, nachvollziehbar und wertschätzend ist?

Feedback geben: Wahrnehmung – Wirkung – Wunsch

Dazu hat sich die 3W Regel bewährt. Wahrnehmung – Wirkung – Wunsch

Schritt 1 Wahrnehmung:

Als Feedbackgeber formuliert man in einer Ich-Botschaft, was man wahrgenommen hat – zunächst ohne es zu interpretieren. „Ich habe über den Funk gehört, dass Du gesagt hast, Du seist im Gegenanflug zur Piste 33, Du bist aber auf der Piste 15 gelandet …“, „Ich habe gesehen, dass Du ab der Halbbahnmarkierung gestartet bist.“

Also ausschließlich Fakten und möglichst objektiv und ohne Bewertung/Interpretation.

Schritt 2 Wirkung:

Als Feedbackgeber beschreibt man nun, was dies bei einem selbst verursacht oder ausgelöst hat – dabei darf es subjektiv sein und auch wieder eine ICH-Botschaft. „Ich finde das gefährlich, wenn Du die Platzrunde andersrum fliegst, als Du im Funk angibst“, „Ich finde das sehr riskant, nur die Hälfte der Startbahn zu nutzen“

Schritt 3 Wunsch:

Als Feedbackgeber formuliert man dann den Wunsch oder die Empfehlung, wie es anders gemacht werden könnte oder sollte. Dies kann auch eine eindringliche Aufforderung sein. „Bitte sei so gut und konzentriere Dich beim Funken und/ oder schau Dir die Platzrunde auf dem Anflugblatt immer genau an – dann fliegst Du sicherer und hast keinen Gegenverkehr“ oder „Wenn Du starten willst, dann nutze bitte die ganze Bahn, dann hast Du mehr Sicherheitsreserven, wenn etwas mit dem Motor sein sollte.“ Idealerweise packt man immer auch noch einen Nutzen für den Feedbackempfänger dazu – also was hat er/sie davon, wenn er / sie das Feedback berücksichtigt und ggf. umsetzen wird.

Da Feedback auch immer ein Geschenk ist, macht es durchaus Sinn, sich auch zu bedanken, denn man wurde auf etwas aufmerksam gemacht. Dies hat auch den Vorteil, dass der Feedbackgeber merkt, das Feedback scheint gut aufgenommen worden zu sein und traut sich so, beim nächsten Mal die Dinge wieder offen anzusprechen. Ob man es umsetzt, bleibt logischerweise jedem selbst überlassen.

In Vereinen ist es aber wichtig, dass man auch kritische oder heikle Themen ansprechen kann – nur so kann eine nachhaltige Sicherheitskultur entstehen, die uns langfristig mehr Spaß beim Fliegen garantiert.

„Schwätza mit den Leut!“ Die Bedeutung von Einweisung und Transparenz mit Passagieren für die Flugsicherheit im privaten Flugsport

Ein sicheres und angenehmes Flugerlebnis ist von entscheidender Bedeutung für den privaten Flugsport. Flugsportvereine spielen dabei eine wichtige Rolle, da sie eine Plattform bieten, auf der Piloten ihre Leidenschaft teilen und Flüge für Passagiere anbieten können. In diesem Artikel werden die Gründe beleuchtet, warum es für die Flugsicherheit im privaten Flugsport unabdingbar ist, dass

Passagiereinweisung sollte wertschätzend und geduldig erfolgen, um dem Passagier Sicherheit zu vermitteln.

Piloten ihre Passagiere umfassend einweisen, informieren und transparent über ihre Aktionen berichten.

Das emotionale und psychologische Sicherheitsempfinden der Passagiere spielt eine entscheidende Rolle für ihr Wohlbefinden vor, während und nach dem Flug. Indem der Pilot die Zeit nimmt, die Passagiere vor dem Start umfassend über den Flugablauf, die Sicherheitsvorkehrungen und mögliche Gefahren aufzuklären, schafft er ein Gefühl der Vertrautheit und Sicherheit. Und dass der Pilot die Sache ernst nimmt und sich der Verantwortung bewusst ist. Dies trägt dazu bei, dass sich die Passagiere während des Fluges wohlfühlen und Vertrauen in den Piloten und das Flugerlebnis haben. Einige Patienten berichten z. B. von Arztbesuchen, an denen der Arzt nichts erklärt hat, oder nur unverständliche Dinge erzählt hat – da fühlt sich kein Patient ernst genommen und wohl.

Die Einweisung und Information der Passagiere hat jedoch nicht nur Auswirkungen auf ihr Wohlbefinden, sondern auch auf die tatsächliche Flugsicherheit. Indem der Pilot die Passagiere über die grundlegenden Abläufe und Sicherheitsvorkehrungen informiert, macht er sie zu aktiven Teilnehmern des Fluges. Dies ermöglicht es den Passagieren, im Notfall angemessen zu reagieren und die Anweisungen des Piloten besser zu verstehen und umzusetzen. Ein gut informierter Passagier ist in der Lage, ruhig zu bleiben und angemessen zu handeln, was im Ernstfall lebensrettend sein kann. Ultraleichtflugzeuge verfügen über einen Rettungsfallschirm, der über einen Griff im Cockpit ausgelöst werden kann. Alleine die Tatsache, dass der Passagier weiß, dass es einen Fallschirm gibt, an dem das ganze Flugzeug runterkommen kann, gibt Sicherheit. Und wenn der Passagier dann noch weiß, dass er im Notfall daran ziehen soll, wenn der Pilot nicht

Gute Einbindung, Klarheit in der Kommunikation und sichtbare Sicherheitsvorkehrungen vermitteln der Passagierin Sicherheit und Vertrauen.

mehr ansprechbar ist – kann das Leben retten. Es gibt tödliche Unfälle von Piloten, bei denen der Passagier nicht wusste, dass er daran ziehen sollte. So ist ein Pilot bei einem Crash verstorben, der im Flug ein Herzproblem hatte, seine Passagierin aber nicht wusste, dass es diesen Rettungsgriff gibt. Der Pilot hätte mit großer Wahrscheinlichkeit überlebt.

Darüber hinaus zwingt die Transparenz des Piloten bei seinen Aktionen ihn selbst dazu, jeden Schritt sorgfältig zu planen und auszuführen. Wenn der Pilot den Passagieren seine Handlungen erklären muss, wird er automatisch dazu angehalten, bewusst zu agieren und nichts zu übersehen. So gab mir ein Passagier beispielsweise einmal das Feedback, dass er sich sehr sicher fühlte, weil er sah und hörte, wie ich laut die Checkliste abgearbeitet hatte. Dies fördert ein hohes Maß an Verantwortungsbewusstsein und Konzentration seitens des Piloten, was die Flugsicherheit erheblich verbessert.

Nehmen wir als Beispiel einen Segelflieger-Doppelsitzer. Hier ist es von großer Bedeutung, dass der Pilot den Passagier über die Besonderheiten des Segelfluges informiert, wie z. B. die spezifischen Steuerungstechniken und den Flugstil, das Geräusch, das beim Ausklinken zu hören ist, oder was im Falle eines Seilrisses zu tun ist. Durch eine klare und verständliche Kommunikation schafft der Pilot ein Gefühl der Sicherheit und ermöglicht es dem Passagier, den Flug vollständig zu genießen und mit einem breiten Lächeln auf dem Gesicht wieder zu landen.

Auch beim Fallschirmspringen in Tandemformation ist eine umfassende Einweisung von größter Wichtigkeit. Es gibt kaum eine Flugsportart, die so voller Adrenalin und Nervosität für den Passagier mit sich bringt. Der Tandempilot sollte den Passagier über die spezifischen Sicherheitsmaßnahmen, das Verhalten während des Absprungs und den Ablauf des Fallschirmsprungs detailliert informieren. Dadurch wird nicht nur das Sicherheitsempfinden des Passagiers gestärkt, sondern auch das Vertrauen in den Tandempiloten gefestigt. Und die zuschauenden Freunde und Verwandte haben auch ein entspannteres Erlebnis.

Selbst bei Privatpiloten Passagierflügen sollte der Pilot eine gründliche Einweisung durchführen. Der Pilot sollte den Passagier über die Flugroute, die geplanten Manöver und die allgemeine Flugzeugbedienung informieren. Indem der Pilot dem Passagier ermöglicht, die Flugumgebung besser zu verstehen, steigt das Sicherheitsbewusstsein und das Vertrauen in die Fähigkeiten des Piloten. Und im Sinne des Crew Ressource Managements ist es auch super wichtig, dass der Passagier ebenso den Luftraum beobachtet und berichtet, wenn er ein Flugobjekt in der Luft sieht. Auch beim Putzen des Fliegers beteilige ich die Passagiere – weise sie aber vorher ordentlich ein, was zu tun ist und was zu beachten ist. Das macht die Passagiere zum Teil des Ganzen – und bisher fanden es alle echt auch lustig, dass der Spruch „Nach dem Fliegen ist vor dem Putzen“ echt stimmt.

Zusammenfassend lässt sich sagen, dass eine umfassende Einweisung, transparente Kommunikation und kontinuierliche Information seitens des Piloten von entscheidender Bedeutung für die Flugsicherheit im privaten Flugsport sind. Dies fördert das Sicherheitsempfinden der Passagiere, erhöht ihr Wohlbefinden und schafft Vertrauen in den Piloten. Gleichzeitig verpflichtet es den Piloten dazu, sorgfältig zu handeln und nichts zu vergessen. Insgesamt trägt dies dazu bei, dass der private Flugsport sicher, angenehm und unvergesslich bleibt.

Nach der intrapersonellen und der interpersonellen geht es nun um die Dimension der gruppeninternen Aspekte. Die interpersonelle Dimension der dynamischen Flugsicherheit wird bei mehr als zwei Personen zur gruppenspezifischen Dimension, um die es im nächsten Kapitel geht.

Kapitel 4:

Gruppeninterne Dimension der dynamischen Flugsicherheit

In vielen Vereinen gibt es Untergruppierungen oder Abteilungen, die sich offiziell gruppieren, aber auch Cliquen oder Grüppchen, die keinen offiziellen Rang haben. Diese Gruppierungen haben einerseits eine innere Dynamik, aber auch eine Dynamik zwischen den Gruppierungen. So haben natürlich Segelflieger etwas andere Interessen und Bedürfnisse als Ultraleichtpiloten oder als Modellflieger. Was sie verbindet, ist die Freunde am Flugsport und hoffentlich auch das Interesse an der Flugsicherheit. Allein das Bewusstsein für die unterschiedlichen Bedürfnisse und Notwendigkeiten sind sehr hilfreich, um zu wissen, welche Aspekte es auch in Punkto Flugsicherheit zu beachten gilt, speziell beim gemischten Flugbetrieb an einem gemeinsamen Platz.

Welche Dynamiken sind in Gruppen zu finden?

TEAM-Work

„Ein Team ist eine kleine Gruppe von Menschen, deren Fähigkeiten einander ergänzen und die sich für eine gemeinsame Sache, gemeinsame Leistungsziele und einen gemeinsamen Arbeitsansatz engagieren und gegenseitig zur Verantwortung ziehen." Diese Definition von Katzenbach und Smith aus dem Buch „Teams, der Schlüssel zur Hochleistungsorganisation" lässt sich wunderbar auf den Flugsport übertragen. Wenn unter „Arbeitsansatz" auch das Thema Flugsicherheit verankert ist, unterstützt man sich wechselseitig, weißt auf Fehler hin und gibt sich auch Rückmeldung zu Fehlverhalten oder Fehlern.

Im Flugsport gab es im Laufe der Geschichte viele großartige Teamleistungen, von denen einige besonders herausragend sind. Hier sind einige Beispiele:

- **Wright Brothers (1903):** Wilbur und Orville Wright waren die Pioniere der Luftfahrt und führten gemeinsam den ersten kontrollierten motorisierten Flug durch. Ihre Zusammenarbeit und ihr Erfindergeist legten den Grundstein für die moderne Luftfahrt.
- **Charles Lindbergh und sein Team (1927):** Charles Lindbergh führte den ersten Nonstop-Transatlantikflug von New York nach Paris durch. Er und sein Team, darunter Ingenieure und Mechaniker, spielten eine entscheidende Rolle bei der Vorbereitung und Durchführung dieses historischen Fluges.
- **Apollo 11 (1969):** Die NASA-Mission Apollo 11 führte zur ersten bemannten Landung auf dem Mond. Das Team von Astronauten, Ingenieuren, Wissen-

Eine Ladung voller Fallschirmspringer mit unterschiedlichen Interessen. Passagierspringer, Passagiere, Freispringer, Fallschirmsprungschüler. Jede Zielgruppe hat ggf. andere Interessen und damit auch Einstellungen und Verhaltensweisen.

schaftlern und Unterstützungspersonal arbeitete zusammen, um diesen Meilenstein der Raumfahrt zu erreichen.
- **Red Bull Stratos (2012):** Das Red Bull Stratos-Team ermöglichte den Stratosphärensprung von Felix Baumgartner. Dieser Sprung aus einer Höhe von etwa 39 Kilometern stellte mehrere Rekorde auf und erforderte eine sorgfältige Planung und Zusammenarbeit.
- **Solar Impulse 2 (2015–2016):** Das Solar Impulse 2-Team führte eine weltumspannende Reise mit einem solarbetriebenen Flugzeug durch. Diese Teamleistung zeigte das Potenzial erneuerbarer Energiequellen in der Luftfahrt.
- **Blue Origin New Shepard (2021):** Blue Origin führte einen suborbitalen Raumflug mit dem New Shepard-Raumschiff durch. Das Team hinter diesem Unternehmen arbeitete an der Entwicklung von wiederverwendbaren Raumfahrzeugen, um die Raumfahrt zugänglicher zu machen.

Diese Beispiele zeigen, wie Teamarbeit und Zusammenarbeit im Flugsport und in der Raumfahrt zu bahnbrechenden Leistungen geführt haben. Es gibt viele weitere bemerkenswerte Teamleistungen in der Geschichte der Luftfahrt und Raumfahrt, die die Grenzen der menschlichen Möglichkeiten erweitert haben.

In Fliegervereinen im Hobbyflugsport spielt Teamarbeit eine wichtige Rolle, um die Sicherheit, Effizienz und den Genuss des Fliegens zu gewährleisten. Und natürlich, um überhaupt einen Verein am Leben zu erhalten und ein interessantes Angebot/Programm auf die Beine zu stellen. Hier sind einige Aspekte, wie Teamarbeit in solchen Vereinen aussehen kann:

1. **Flugvorbereitung:** Vor jedem Flug ist eine sorgfältige Planung und Vorbereitung erforderlich. Fliegervereine können Teams für die Flugvorbereitung bilden, die gemeinsam Wetterdaten überprüfen, Flugrouten planen, Notfallverfahren durchgehen und Flugzeuge inspizieren, um sicherzustellen, dass sie flugbereit sind.
2. **Flugausbildung:** Fliegervereine bieten oft Schulungen und Ausbildungen für ihre Mitglieder an. Fluglehrer und Schüler arbeiten als Team zusammen, um das Fliegen zu erlernen und sicherzustellen, dass die erforderlichen Fähigkeiten und Kenntnisse vermittelt werden.
3. **Flugdurchführung:** Während des Fluges ist die Kommunikation zwischen Piloten und Fluglotsen von entscheidender Bedeutung. Teams in Fliegervereinen können sich um die Koordination mit Fluglotsen und anderen Fliegern kümmern, um den sicheren Flugbetrieb zu gewährleisten. Fliegt man eine Strecke mit mehreren Fluggeräten, so ist die Kommunikation zwischen den Fliegern wichtig.
4. **Wartung und Reparaturen:** Flugzeuge erfordern regelmäßige Wartung und gelegentliche Reparaturen. Teams von Mechanikern und Technikern können sich um die Instandhaltung der Flugzeuge kümmern, um sicherzustellen, dass sie in einwandfreiem Zustand sind.

5. **Flugveranstaltungen und Wettbewerbe:** Fliegervereine organisieren oft Veranstaltungen und Wettbewerbe. Hierbei sind Teams für die Planung, Koordination und Durchführung der Veranstaltungen verantwortlich, einschließlich Sicherheitsüberprüfungen und Zeitmessung.
6. **Sicherheit und Notfallvorbereitung:** Sicherheit hat oberste Priorität im Flugsport. Teams können sich um die Schulung der Mitglieder in Bezug auf Sicherheitsverfahren kümmern und im Falle von Notfällen koordiniert handeln, um die Sicherheit aller Beteiligten zu gewährleisten.
7. **Gemeinschaft und Erfahrungsaustausch:** Fliegervereine bieten oft eine Möglichkeit für Mitglieder, ihre Erfahrungen und Kenntnisse auszutauschen. Teams können sich um den Erfahrungsaustausch und die Förderung der Gemeinschaft innerhalb des Vereins kümmern.

Die Zusammenarbeit in Fliegervereinen fördert nicht nur die Sicherheit und Effizienz, sondern auch den Spaß am Hobbyflugsport. Es ist wichtig, dass Mitglieder aktiv an der Teamarbeit teilnehmen und zur Verbesserung des Vereins und der Flugerfahrung beitragen.

Teamdynamik im Flugsport

Flugplätze sind Orte, an denen Piloten unterschiedlicher Erfahrungsniveaus, Altersgruppen und Persönlichkeiten aufeinandertreffen. Die Teamdynamik spielt hier eine entscheidende Rolle für die Flugsicherheit beim Ultraleichtfliegen, Segelfliegen und der privaten Fliegerei. In diesem Beitrag werden wir die Grundla-

Segelflug ist Teamsport – nur gemeinsam lässt sich diese Sportart betreiben.

gen der Teamdynamik beleuchten, positive und negative Aspekte der Teamdynamik auf die Flugsicherheit untersuchen und Modelle vorstellen, wie diese in Fliegervereinen genutzt werden können.

Grundlagen der Teamdynamik:

Teamdynamik bezieht sich auf die Interaktionen, Kommunikation und Zusammenarbeit innerhalb einer Gruppe von Menschen, die ein gemeinsames Ziel verfolgen. In der Hobby-Fliegerei sind diese Gruppen oft Vereine oder Flugplatzgemeinschaften. Die Grundlagen der Teamdynamik umfassen:

- **Kommunikation:** Effektive Kommunikation ist entscheidend für die Sicherheit in der Luftfahrt. Klare und präzise Kommunikation zwischen Piloten, Flugleitern und anderen Teammitgliedern ist unerlässlich, um Unfälle zu verhindern.
- **Vertrauen:** Das Vertrauen zwischen den Teammitgliedern ist entscheidend. Piloten müssen darauf vertrauen können, dass ihre Kollegen die erforderlichen Fähigkeiten und Kenntnisse besitzen, um sicher zu fliegen.
- **Rollen und Verantwortlichkeiten:** Jedes Teammitglied sollte seine Rolle und Verantwortlichkeiten kennen und akzeptieren. Dies hilft, Verwirrung und Konflikte zu vermeiden. In Vereinen tun sich oft langjährige Vorstandsmitglieder schwer, wieder aus dieser Rolle zu gehen, auch wenn sie faktisch nicht mehr das Mandat haben.

Fallschirmspringer, die bei einem Flugplatzfest abgesprungen und gelandet sind haben ggf. eine andere Dynamik als wenn sie normal an ihrem Heimatplatz ohne Fest und Zuschauer gesprungen wären.

Bei gemischtem Flugbetrieb sind verschiedene Interessensgruppen am Start mit unterschiedlichen Fluggeräten, mit unterschiedlichen Flugeigenschaften. Wechselseitiges Wissen und Verständnis hilft, um gemeinsam sicher Spaß am Flugplatz zu haben.

- **Konfliktmanagement:** Konflikte können in jeder Gruppe auftreten, aber ein effektives Konfliktmanagement ist wichtig, um Konflikte konstruktiv zu lösen, anstatt sie eskalieren zu lassen.

Positive Aspekte der Teamdynamik:

- **Erfahrungsaustausch:** Unterschiedliche Menschen bringen unterschiedliche Erfahrungen mit sich, die sich gegenseitig bereichern können. Ein erfahrener Pilot kann einem Anfänger wertvolle Ratschläge geben.
- **Gemeinschaftsgefühl:** Die Fliegergemeinschaft ist oft eng miteinander verbunden und bietet Unterstützung und Freundschaften. Dieses Gemeinschaftsgefühl kann die Motivation steigern und die Flugsicherheit fördern.
- **Kollektive Intelligenz:** In einer Gruppe können verschiedene Perspektiven dazu beitragen, potenzielle Gefahren oder Risiken besser zu erkennen und Lösungen zu finden.

Negative Aspekte der Teamdynamik:

- **Hierarchieprobleme:** In einigen Fällen können Hierarchieprobleme oder Egos die Kommunikation und Zusammenarbeit behindern. Dies kann zu Missverständnissen oder Konflikten führen.
- **Gruppenzwang:** In manchen Fällen kann der Druck von Gleichgesinnten dazu führen, dass Piloten riskantere Entscheidungen treffen, um sich anzupassen oder nicht als „ängstlich“ angesehen zu werden.

- **Unterschiedliche Fähigkeiten:** Wenn Piloten mit stark unterschiedlichen Fähigkeiten in einer Gruppe fliegen, kann dies zu Unsicherheit und Gefährdung führen, insbesondere wenn die erfahreneren Piloten die Fähigkeiten der Anfänger überschätzen.

Aus der Praxis:

Am Flugplatz EDMZ wurde von Jakob Boch, einem Segelflieger ein Flugtag für Mitglieder ins Leben gerufen. Er bot an, im vereinseigenen Doppelsitzer-Segelflugzeug mitzufliegen. Diese Möglichkeit hat natürlich jedes Mitglied eigentlich immer, aber durch die Initiative und die Aktion nutzten es viele Echo-Klasse-Piloten, UL-Piloten und Modellflieger auch einmal die Perspektive des Segelflugs zu erleben. Solche Aktionen verbinden Mitglieder und schaffen ein Verständnis für die anderen Perspektiven der anderen Flugsportarten.

Modelle der Teamdynamik und ihre Anwendung in Fliegervereinen:

Es gibt verschiedene Modelle der Teamdynamik, die in Fliegervereinen genutzt werden können, um die Flugsicherheit zu verbessern. Ein bekanntes Modell ist das Tuckman-Modell der Teamentwicklung, das die Phasen Forming, Storming, Norming, Performing und Adjourning beschreibt. Fliegervereine können diese Phasen nutzen, um neue Mitglieder in die Gemeinschaft zu integrieren und sicherzustellen, dass die Teamdynamik positiv bleibt.

Bruce Tuckmans Modell der Teamdynamik ist ein nützlicher Ansatz, um zu verstehen, wie Teams sich entwickeln und effektiver zusammenarbeiten. Dieses Modell kann auch auf Flugsportvereine angewendet werden, wo Teamarbeit für Sicherheit und Effizienz entscheidend ist. Es werden die Phasen beschrieben mit Hinweisen, was Du als leitende Person im Verein tun kannst, um den Prozess der Teamdynamik aktiv zu gestalten.

1. **Forming:** In dieser Phase gründet sich das Team. Die Mitglieder lernen sich kennen und verstehen ihre Rollen. In einem Flugsportverein bedeutet dies, dass neue Mitglieder mit den Abläufen, Sicherheitsvorschriften und der Kultur des Vereins vertraut gemacht werden. Als Entscheidungsträger solltest du eine offene und einladende Atmosphäre schaffen, in der Fragen gestellt und Informationen ausgetauscht werden können.
2. **Storming:** Hier treten oft Konflikte auf, da Mitglieder unterschiedliche Arbeitsweisen und Meinungen haben. In Flugsportvereinen kann dies zu Meinungsverschiedenheiten über Sicherheitsprotokolle oder Flugpläne führen. Es ist wichtig, dass du als Entscheidungsträger einen konstruktiven Umgang mit Konflikten förderst und sicherstellst, dass alle Meinungen gehört und berücksichtigt werden.

3. **Norming:** In dieser Phase beginnt das Team, sich zu einigen und effektiver zu arbeiten. Im Kontext eines Flugsportvereins bedeutet dies, dass sich Mitglieder auf gemeinsame Verfahrensweisen einigen und ein stärkeres Gemeinschaftsgefühl entwickeln. Du solltest diesen Prozess unterstützen, indem du klare Richtlinien vorgibst und die Teamarbeit aktiv förderst.
4. **Performing:** Das Team arbeitet nun effizient und selbstverwaltet. In Flugsportvereinen zeigt sich dies durch reibungslose Abläufe, effektive Kommunikation und ein hohes Maß an Sicherheit. Als Entscheidungsträger solltest du die erreichten Fortschritte anerkennen und das Team weiterhin in seiner Entwicklung unterstützen.
5. **Adjourning:** Diese Phase tritt ein, wenn das Team sich auflöst oder ein Projekt endet. In Flugsportvereinen kann dies der Fall sein, wenn Mitglieder den Verein verlassen oder saisonale Projekte enden. Hier ist es wichtig, die Erfahrungen und Erfolge zu reflektieren und aus Abschieden Lernmöglichkeiten zu schaffen.

Teamdynamik ist für die Sicherheit und den Erfolg in Flugsportvereinen bedeutend. Es geht darum, ein Umfeld zu schaffen, in dem sich alle Mitglieder engagieren, entwickeln und zur Sicherheit und Effizienz des Vereins beitragen können.

Zusätzlich können Schulungen und Schulungsmaterialien zur Teamdynamik angeboten werden, um die Mitglieder für die Bedeutung der Zusammenarbeit und Kommunikation zu sensibilisieren. Konfliktlösungstrainings können ebenfalls hilfreich sein, um Konflikte konstruktiv zu bewältigen.

Die Teamdynamik spielt eine entscheidende Rolle in der Hobby-Fliegerei und kann sowohl positive als auch negative Auswirkungen auf die Flugsicherheit haben. Durch das Verständnis der Grundlagen der Teamdynamik, die Förderung von positiven Aspekten und die effektive Anwendung von Teamdynamikmodellen können Fliegervereine dazu beitragen, die Sicherheit in der Hobby-Fliegerei zu verbessern und eine starke Gemeinschaft von Piloten zu fördern.

Teams beim Ballonfahren

Am Beispiel des Weltrekord-Teams rund um Bertrand Piccard

Bertrand Piccard stammt aus der berühmten Forscher-Dynastie der Piccards. Er selbst umrundete 1999 zusammen mit Brian Jones als erster Mensch die Welt in einem Ballon. Sein Verständnis von Team im Flugsport zeigt wie wichtig die Zusammenarbeit ist, um erfolgreiche fliegerische Projekte abschließen zu können. In seinem Buch „Spuren am Himmel – mein Lebenstraum“ beschreibt er Teamarbeit:

Auch Ballonfahren erfordert Teamarbeit mit verschiedenen Aufgaben, Rollen und Erwartungen, die geklärt sein müssen. Hier bindet Michael Leibinger seine beiden Passagiere in den Ballonaufbau ein.

„Es hatte sich gezeigt, dass Respekt und Aufrichtigkeit keine idealistischen und altmodischen Begriffe sind, sondern als vergleichsweise wirksamste Werkzeuge dienen können, wenn man Erfolg haben will. Etwas schematisch betrachtet, gibt es auf diesem Gebiet vier Typen menschlichen Gruppenverhaltens.

Im ersten Fall bildet man ein Team, indem man Personen zusammenbringt, die sich möglichst ähnlich sind. Hier wird es Ziel jedes Teilnehmers sein, alle unterschiedlichen Ansichten und Konflikte zu vermeiden. Diese Konstellation ist allerdings völlig unkreativ, da ja kein neuer geistiger Mehrwert entstehen kann, wenn jeder die gleichen Gedanken hat. Dies ist dann ein menschliches Beziehungsgeflecht, bei dem 1 + 1 = 1 ergibt. Wenn Brian und ich in allem identisch wären, warum sollte man dann überhaupt beide auf den Weg schicken und nicht nur einen allein? Eine Batterie funktioniert nur dann, wenn sie eine Potentialdifferenz aufweist. Wenn erst einmal beide Pole identisch geworden sind, werfen wir die Batterie weg, denn sie vermag die von uns benötigte Energie nicht mehr zu liefern. Aber anscheinend gibt es viele, die Angst haben, die Unterschiede der menschlichen Polaritäten zu nutzen. Aber gerade die liefern uns die konstruktive Kraft und Energie, die man Komplementarität oder Synergie nennt.

Im zweiten Fall setzt sich das Team zwar aus ganz unterschiedlichen Persönlichkeiten zusammen, was durchaus zu einer größeren Kreativität führen kann, doch die Beziehungen untereinander sind auf Macht und Kontrolle aufgebaut sowie auf dem Versuch, der anderen Person ständig zu beweisen, dass man selber eher recht hat als sie. Das endet damit, dass jeder den Wert seines Partners negiert, dessen Persönlichkeit erstickt, was auf eine Beziehung hinausläuft, in der 1+1=0 ergibt.

Sicher kann 1+1 auch einmal 2 ergeben, nämlich dann, wenn es zwischen den Partnern wenig Austausch, wenig Interaktion gibt. Die Differenzen werden dann nie bedrohlich, aber es bilden sich auch keine Synergien. Jeder denkt weiterhin so, wie er schon immer gedacht hat. Der vierte Fall kommt leider bei Menschengruppen nur relativ selten vor, obwohl er der Einzige ist, der auf lange Sicht Erfolg verspricht.

Dabei geht es darum, innerhalb des jeweiligen Teams eine Verbindung zu schaffen, bei der die Mitglieder so unterschiedlich wie möglich sind, aber gleichzeitig der gegenseitige Respekt und das Verständnis füreinander so groß sind, dass man aus dieser Verschiedenartigkeit Nutzen ziehen kann. Dann können 1+1 auch einmal 3 ergeben! In unserem Fall wären das dann Brian, ich und wir beide; bei unseren Meteorologen wären es Pierre Eckert, Luc Trullemans und beide zusammen; und so erginge es auch dem Rest unserer Mannschaft.

Unsere Vorbereitungen sahen dann so aus, dass sich alle Beteiligten kennen lernten und dabei vor allem bestrebt waren, herauszufinden, welches die Unterschiede waren, ohne sich zu sehr mit den Ähnlichkeiten aufzuhalten. Wir stellten unsere unterschiedlichen Lebensläufe, Erfahrungen, Ansichten des Lebens und der Welt vor und versuchten die Unterschiede der Persönlichkeiten, des Charakters und der Reaktionen herauszufinden. Dazu sprachen wir oft über unser Leben, wobei wir zu erklären versuchten, wie wir zu dem geworden waren, was wir heute sind. So lernten wir allmählich den Weg kennen, den jeder von uns bis zu diesen Tagen zurückgelegt hatte; das war die einzige Art, den anderen so zu akzeptieren, wie er war, statt von ihm Dinge zu erhoffen oder zu erwarten, die dieser unmöglich leisten konnte. Diese Vorgehensweise will aber die Konflikte gar nicht völlig vermeiden, die oft genug neue Ideen zeitigen, sondern sie möchte Werkzeuge zur Konfliktlösung liefern. Diese Kommunikationsform erlaubt es uns, Bemerkungen zu machen, ohne den anderen anzugreifen, und Kritik auch selbst ohne Empfindlichkeit zu akzeptieren, denn jeder lernt dabei, sich gemäß seinen eigenen Empfindungen zu äußern, und nicht mit dem Wunsch, den andern zu ändern. Es ist zum Beispiel ein großer Unterschied, ob man zu jemanden sagt, man fühle sich unbehaglich angesichts dessen, was hier passiere, oder ob man ihn anblafft, er möge aufhören, sich so aufzuführen.

Damit diese Form der Kommunikation klappt, muss man sie eher als Austausch von Erfahrungen, denn von Ideen und Fakten verstehen. Wenn man sich damit begnügt, über Fakten, Meinungen und Ideen zu sprechen, beschränkt man gezwungenermaßen die Dynamik des Teams, da man die bisherige individuelle Entwicklung der einzelnen Mitglieder zu wenig berücksichtigt. Eine Erfahrung zu teilen, heißt stattdessen zu erkennen, dass es viele Arten gibt, wie man dieselben Ereignisse erleben kann, dass es unzählige Lösungsmöglichkeiten für das gleiche Problem gibt, dass wir oft die gleichen Wörter, die gleichen Dinge meinen. Eine Erfahrung zu teilen heißt, eine Zeitlang in den Schuhen des anderen zu marschieren, um dadurch eine neue Weltsicht zu entdecken. Es ist eine Art Höhenwechsel in unserer Beziehung zu unseren Mitmenschen, wenn wir plötzlich erkennen, dass die Realität, die wir bisher als eine fest gefügte Einheit erlebt haben, aus vielen verschiedenen Facetten besteht. In einem Team lassen sich dadurch die Strategien aller Mitglieder miteinander kombinieren, wobei am Ende ein völlig neuer Weg herauskommen kann."[34]

Je komplexer die Aufgaben, je unterschiedlicher die erforderlichen Kompetenzen sind, die zum Erfolg eines Flugprojektes notwendig sind, umso wichtiger sind die Möglichkeiten einer effizienten Zusammenarbeit. Aber selbst der einfache Austausch unter befreundeten Piloten bringt jeden der beteiligten Piloten im wahrsten Sinne des Wortes „weiter".

Reflexion:

- Welche Teams habt ihr bei euch im Verein?
- Welche Interessen haben welche Teams?
- Wie ist die Dynamik in den Teams?
- Wie ist die Kommunikation zwischen den Mitgliedern der Gruppe?
- Was ist klar, was ist unklar und müsste geklärt werden?
- Wie klar sind die wechselseitigen Erwartungen?

Die Bedeutung offener Kommunikation für die Flugsicherheit in Teams von Haltergemeinschaften und Vereinen

Das Fliegen in Ultraleicht-Flugzeugen ist eine Leidenschaft, die viele Menschen auf der ganzen Welt teilen. In Haltergemeinschaften oder Vereinen teilen sich mehrere Piloten ein Flugzeug, um die Kosten zu teilen und das Flugerlebnis zu genießen. Doch neben der Freude am Fliegen ist es von entscheidender Bedeutung, eine offene und sanktionslose Kommunikationskultur zu pflegen, um die Flugsicherheit zu gewährleisten. In diesem Artikel möchten wir die Bedeutung

Ein augenscheinlicher platter Reifen an einem Ultraleicht entpuppte sich zu einem klaren Achsenschaden. Vermutlich durch eine harte Landung verursacht. Die Achse musste herausgesägt werden.

dieser Kommunikation betonen und die Mitglieder dazu ermutigen, über Schäden, Fragestellungen und Unklarheiten zu reden, um potenziell tödliche Unfälle zu vermeiden.

Kleine Schäden können große Auswirkungen haben:

Oftmals sind es die kleinen Fehler oder Schäden, die zu versteckten größeren Problemen führen können. Ein unscheinbarer Riss oder eine harte Landung können eine unsichtbare Beschädigung verursachen, die mit bloßem Auge von außen nicht erkennbar ist. Ein Beispiel dafür ist ein Achsenschaden, der im Radschuh verborgen sein kann. Solche Schäden können sich unbemerkt verschlimmern und zu gefährlichen Situationen während des Fluges führen. Wenn diese Schäden jedoch rechtzeitig gemeldet werden, haben die Experten die Möglichkeit, sich darum zu kümmern und die erforderlichen Reparaturen durchzuführen.

Warum offene Kommunikation im Team unerlässlich ist:

Die offene Kommunikation unter den Mitgliedern einer Haltergemeinschaft oder eines Vereins ist der Schlüssel zur Flugsicherheit. Indem man miteinander spricht und Probleme anspricht, wird ein Bewusstsein für potenzielle Gefahren geschaffen. Wenn ein Pilot eine harte Landung hatte oder kleine Schäden beim Rangieren im Hangar bemerkt, ist es wichtig, diese Ereignisse zu melden. Dies ermöglicht es einerseits anderen Piloten, von den Erfahrungen anderer zu lernen und ähnliche Fehler zu vermeiden. Andererseits aber auch, diese Schäden zu überprüfen und ggf. zu beheben. Ansonsten führt eine bereits defekte Achse am Bugrad bei der nächsten Landung zu einem Bruch der Achse und einem Überschlag. Durch einen offenen Dialog entsteht ein Netzwerk gegenseitiger Unterstützung, das die Sicherheit und das Wohlergehen aller Flugzeugnutzer fördert.

Sanktionsfreier Dialog in der Gruppe:

Es ist von entscheidender Bedeutung, dass der Dialog in Haltergemeinschaften und Vereinen sanktionsfrei und angstfrei stattfindet. Jeder sollte sich sicher fühlen, Schäden, Fragestellungen und Unklarheiten anzusprechen, ohne negative Konsequenzen befürchten zu müssen. Die Sicherheit sollte immer an erster Stelle stehen, und es ist besser, ein mögliches Problem zu überprüfen und zu beheben, als es zu ignorieren und möglichen Gefahren ausgesetzt zu sein. Durch eine offene Kommunikationskultur wird Vertrauen aufgebaut, das es ermöglicht, Bedenken zu teilen und Lösungen gemeinsam zu finden. Das Gegenteil einer sanktionsfreien Kultur wäre zum Beispiel ein dummer Kommentar, ordentlicher verbaler Spruch oder gar ein zeitweiliges Flugverbot. Solche Reaktionen führen unbewusst zu einer geringeren Bereitschaft über Fehler und Probleme zu sprechen. Sprüche wie „mach's dann nicht gleich wieder kaputt!" sind oft lustig gemeint, führen aber um Unterbewusstsein zu einer eingeschränkten Kommunikationsbereitschaft. Besser wäre es zum Beispiel zu sagen: „Klasse, dass Du das gleich gemeldet hast! – Danke für den Hinweis!".

Aufruf zum Dialog:

Dieses Buch soll einen Appell an alle Mitglieder von Haltergemeinschaften und Flugvereinen darstellen, die Wichtigkeit offener Kommunikation zu erkennen und diese aktiv zu fördern. Wir möchten dazu ermutigen, über Schäden, Fehler, Fragestellungen und Unklarheiten zu sprechen, damit die Flugsicherheit gewährleistet werden kann. Die Experten und Mechaniker stehen bereit, um Schäden zu reparieren und Probleme zu lösen, aber sie können nur eingreifen, wenn sie von ihnen erfahren. Jeder Einzelne trägt die Verantwortung für die Sicherheit aller, und es liegt in unseren Händen, eine sichere Flugumgebung zu schaffen.

Eine offene und sanktionslose Kommunikationskultur ist von entscheidender Bedeutung für die Flugsicherheit in Haltergemeinschaften und Vereinen. Durch die Meldung von Schäden, harten Landungen und anderen potenziellen Problemen können versteckte Gefahren erkannt und behoben werden. Der Dialog unter den Mitgliedern fördert das gegenseitige Lernen und schafft ein Netzwerk der Unterstützung. Jeder Einzelne sollte sich ermutigt fühlen, Bedenken anzusprechen und aktiv zur Sicherheit beizutragen. Lasst uns gemeinsam für eine sichere Flugumgebung eintreten und die Freude am Fliegen in vollen Zügen genießen.

Reflexion:

- Wie offen und vertrauenswürdig ist die Kommunikation in Euren Flugsportgruppen?
- Wie sanktionslos ist der Dialog?
- Wem würdest Du im Verein Rückmeldung geben und wem nicht? Und warum?
- Wie könnte man die Kommunikation im Deinem Verein verbessern?

Whisky Whisky Golf – wieder was gelernt!

Der Wert des Erfahrungsaustauschs für Flugsportvereine: Gemeinsames Lernen und verbesserte Flugsicherheit.

Grafik: Carolin Heilig

Aus der Praxis für die Praxis: WWG steht für „wieder was gelernt“ oder im Fliegerchargon eben Whisky-Whisky-Golf. Beim SSC Bad Waldsee-Reute wurde bei einem Whisky-Whisky-Golf Abend beispielsweise zunächst das „Schweizer Käsemodell“ vorgestellt, um dann gemeinsam dieses Modell auf den eigenen Flugplatz und Flugbetrieb zu übertragen. Darauf bin ich weiter vorne bereits eingegangen. Gemeinsam entstand so ein umfangreicher Dialog über kleine, aber wichtige Aspekte der Flugsicherheit. Diese wurden dann auf Post-its gesammelt und dokumentiert. Jede Pilotin und jeder Pilot trägt so viel Wissen mit sich – wäre doch schade, wenn nicht jeder davon profitieren könnte. Auch hier gilt der Grundsatz: „Wenn der Verein wüsste, was der Verein weiß!“

Ein Flugsportverein ist nicht nur ein Ort für leidenschaftliche Piloten und Flugbegeisterte, sondern auch eine Gemeinschaft, die sich durch den Austausch von Wissen und Erfahrungen weiterentwickelt. Regelmäßige und strukturierte Clubabende bieten die ideale Plattform, um dieses gemeinsame Lernen zu fördern und die Flugsicherheit zu verbessern. In diesem Artikel wird der Mehrwert eines solchen Erfahrungsaustauschs beleuchtet und erläutert, wie Flugsportvereine durch das gemeinsame Lernen aus Fehlern und Erfolgen profitieren können.

Erfahrungsaustausch: Von den Erfahrungen anderer profitieren

Im Rahmen von Clubabenden haben Mitglieder die Möglichkeit, ihre eigenen Flugerlebnisse und Herausforderungen zu teilen. Durch den Austausch von Informationen können andere Piloten von diesen Erfahrungen lernen und sich auf ähnliche Situationen vorbereiten. Der kollektive Wissensschatz, der auf diese Weise aufgebaut wird, ermöglicht es jedem einzelnen Mitglied, von den Erkenntnissen anderer zu profitieren und dadurch seine eigene Flugkompetenz zu erweitern. Nicht jede Erfahrung muss selbst gemacht werden. In vielen Flugvereinen ist es leider oft noch so, dass man(n) nicht über Fehler oder negative Erlebnisse spricht – aber genau das wäre so wichtig. Im Rahmen von strukturierten Clubabenden kann die gemeinsame Lernkurve ordentlich ansteigen und so zur Flugsicherheit beitragen.

Die LSG Isny beispielsweise führt ein Format namens „Friday for Flugsicherheit“ ein, um sich gemeinsam über Aspekte der Flugsicherheit auszutauschen. Der SSC Bad Waldsee-Reute führte den WWG Clubabend ein – Whisky Whisky Golf – wieder was gelernt. Hier berichtet zunächst der Vorstand über aktuelles aus dem Verein, dann bringt wechselnd ein Mitglied einen kleinen Beitrag und stellt etwas vor, was entweder einfach nur interessant ist oder auch konkrete Modelle, die für das Fliegen wichtig sind. Hoch spannend zu hören, wie zum Beispiel Fliegerkolleginnen und Fliegerkollegen einen UL-Ausflug nach Tschechien planten und durchführten. Oder ein anderes Clubmitglied bei einer Meisterschaft mitgemacht hat und was er oder sie daraus lernte. Da nimmt jeder was mit.

Identifikation und Analyse von Risikofaktoren

Im Zuge des Erfahrungsaustauschs können potenzielle Risikofaktoren und Sicherheitsbedenken identifiziert werden. Piloten können über unvorhergesehene Ereignisse, schwierige Wetterbedingungen oder ungewöhnliche Flugsituationen berichten und gemeinsam analysieren, wie diese vermieden oder bewältigt werden können. Durch das Teilen von Informationen und das Erörtern von bewährten Verfahren können die Mitglieder des Vereins ihr Risikobewusstsein schärfen und ihre Flugsicherheit verbessern.

Fehlerkultur und Lernen aus Fehlern

Ein strukturiertes Clubabend-Format bietet den Rahmen, um über Fehler zu sprechen und aus ihnen zu lernen. Statt Fehlschläge zu stigmatisieren, kann der Fokus auf die Fehleranalyse und die gemeinsame Suche nach Verbesserungsmöglichkeiten gelegt werden. Indem Piloten offen über ihre Fehler berichten und die zugrunde liegenden Ursachen diskutieren, können andere Mitglieder diese Erfahrungen nutzen, um ähnliche Fehler zu vermeiden. Dies fördert eine offene Fehlerkultur und trägt zur kontinuierlichen Verbesserung der individuellen Flugfähigkeiten bei. Wie wäre es denn mit dem Titel oder Motto für den nächsten Clubabend: „Mein schönster Fehler – und was ich daraus gelernt habe!“

Praxisorientiertes Lernen durch Fallstudien und Szenarien

Clubabende bieten die Möglichkeit, Fallstudien und realitätsnahe Flugszenarien zu präsentieren und zu analysieren. Mithilfe von Simulationen, Videos oder Erfahrungsberichten können komplexe Situationen nachgestellt und gemeinsam bewertet werden. Das Internet ist voll mit großartigen Videos. Warum nicht eines der Videos gemeinsam anschauen um gemeinsam darüber zu sprechen und zu diskutieren. So berichtete mir ein Flugschüler, dass er ein Video von Delta Mike Heavy angeschaut habe, in dem es über das Durchstarten ging. Und bei einem nicht ganz gelungenen Anflug unter Seitenwind entschied er sich für das Durchstarten, weil er es für sich als sichere Option im Kopf abgespeichert hatte. Er meinte, ohne dieses Video und die Selbstreflexion darüber hätte er vielleicht anders entschieden. Und genau diese Geschichten müssen in Vereinen diskutiert werden, damit weitere Piloten das Thema Durchstarten für sich wieder mehr in Erwägung ziehen.

Durch den Dialog und die Diskussion unterschiedlicher Lösungsansätze erweitern die Mitglieder ihre Kenntnisse und entwickeln kritische Denkfähigkeiten, die ihnen helfen, besser auf Herausforderungen im realen Flugbetrieb zu reagieren.

Fluglehrer Markus Horowski erläutert in kurzen (und unterhaltsamen) Videos bekannte oder auch unbekannte Aspekte der Fliegerei. Auch erfahrene Piloten können hier das Wissen auffrischen und dazulernen.

Hier der Link zum Videokanal von Fluglehrer Markus Horowski, alias DeltaMikeHeavy

Förderung des Teamgeistes und des Zusammenhalts

Der regelmäßige Austausch von Erfahrungen und Wissen stärkt den Teamgeist und den Zusammenhalt innerhalb des Flugsportvereins. Piloten fühlen sich unterstützt und motiviert, sich weiterzuentwickeln. Der offene Dialog und die gegenseitige Unterstützung schaffen eine positive Lernatmosphäre, in der Mitglieder ihre Fragen stellen und um Rat bitten können. Diese Gemeinschaft fördert nicht nur das individuelle Wachstum, sondern stärkt auch die Flugsicherheit als gemeinsames Ziel. Und ohne Flugsicherheit macht der Flugsport weder Spaß noch Sinn.

Insgesamt bietet der Erfahrungsaustausch im Rahmen von Clubabenden für Flugsportvereine zahlreiche Vorteile. Durch das gemeinsame Lernen und den kontinuierlichen Dialog können Mitglieder von den Erfahrungen anderer profitieren, Risikofaktoren identifizieren, aus Fehlern lernen und ihre individuellen Flugfähigkeiten verbessern. Ein strukturiertes Clubabend-Format fördert nicht

Gemeinsame Analyse von Flugrouten in den Alpen mit Hilfe einer 3D-Reliefkarte, in Kombination mit Navigationsapps und ICAO-Karten.

nur die Flugsicherheit, sondern stärkt auch den Teamgeist und den Zusammenhalt innerhalb der Vereinsgemeinschaft. Indem Flugsportvereine den Wert des Erfahrungsaustauschs erkennen und ihn aktiv fördern, können sie ihre Mitglieder unterstützen, ihre Flugkompetenz kontinuierlich auszubauen und somit zu einer sichereren Flugumgebung beitragen.

Gemeinsame Flugvorbereitung in Flugsportvereinen

Ein Schlüssel zur dynamischen Flugsicherheit

Flugsport begeistert Menschen weltweit, doch der Weg zu sicherem Fliegen ist mit Verantwortung und Vorbereitung gepflastert. In dieser Hinsicht spielen Flugsportvereine eine entscheidende Rolle. Die gemeinsame Flugvorbereitung, sei es für einen Tagesausflug oder eine internationale Reise, ist nicht nur eine soziale Aktivität, sondern auch ein wichtiger Beitrag zur dynamischen Flugsicherheit.

Eines der wertvollsten Elemente in Flugsportvereinen ist die Gemeinschaft selbst. Verschiedene Piloten mit unterschiedlichem Erfahrungsschatz, Kenntnissen und Wissen treffen aufeinander und teilen ihre Erkenntnisse und Perspektiven. Dieser vielfältige Pool an Erfahrungen und Fähigkeiten kann dazu beitragen, potenzielle Risiken und Herausforderungen bei der Flugvorbereitung zu erkennen und zu bewältigen.

Die Vorteile der Zusammenarbeit in Flugsportvereinen erstrecken sich sowohl auf Anfänger als auch auf erfahrene Piloten. Während Neulinge von der geballten Erfahrung und dem Rat ihrer Kollegen profitieren, haben erfahrene Piloten die Möglichkeit, ihr Wissen zu überprüfen und zu aktualisieren. Die Flugvorbereitung wird zu einem fortlaufenden Lernprozess, der die Flugsicherheit erhöht.

Die Flugvorbereitung ist von entscheidender Bedeutung, insbesondere wenn es darum geht, von Süddeutschland nach Italien zu fliegen, sei es mit einem Ultraleichtflugzeug oder einem anderen Flugzeugtyp. Wenn eine solche Reise oder gar verschiedene Routen gemeinsam geplant werden und idealerweise auch geflogen werden, dann steigt die gemachte Erfahrung, das Wissen stark und leistet so einen tollen Beitrag zur dynamischen Flugsicherheit.

Hier sind einige Gründe, warum die Zusammenarbeit und der Erfahrungsaustausch in Flugsportvereinen die Sicherheit in der Luft erhöhen:

1. **Vielfältige Erfahrungswerte:** Flugsportvereine bringen Piloten mit unterschiedlichen Hintergründen und Erfahrungsebenen zusammen. Diese Vielfalt ermöglicht es, von den Erlebnissen anderer zu lernen, sei es bei Flugrouten, Wetterbedingungen oder Flugzeugwartung.

Im Hangar hängt eine große Landkarte, in der mit Nadeln und Faden bereits beflogene Routen dokumentiert sind oder erarbeitet werden.

2. **Verschiedene Kenntnisse und Wissensstände:** Jeder Pilot bringt sein eigenes Fachwissen und seine Kenntnisse in die Gruppe ein. Dies kann von der Navigation bis zur Kenntnis der lokalen Flugplätze reichen und ermöglicht es, Wissenslücken zu schließen.
3. **Diskussionen und verschiedene Meinungen:** In Flugsportvereinen können Diskussionen über Flugplanung und -vorbereitung konstruktive Kritik und verschiedene Perspektiven hervorbringen. Diese Meinungsvielfalt fördert die sorgfältige Überlegung und trägt zur besseren Entscheidungsfindung bei. Wechselseitige Wertschätzung und Vertrauen sind hier natürlich die Grundlage. Nur so wird man auch einem Fliegerkollegen widersprechen, wenn man der Meinung ist, dass dessen Aussage nicht korrekt ist.
4. **Wetter, Lufträume und mehr:** Bei der Flugvorbereitung sind zahlreiche Faktoren zu berücksichtigen, darunter das Wetter, Lufträume, Flughöhen, Anflugkarten von Flugplätzen, Notmanöver und Ausweichflugplätze. Durch den gemeinsamen Austausch und die Überprüfung dieser Faktoren wird die Flug-

Flugplanung mit redundanten Navigationsmitteln – Karte und Software.

planung gründlicher und sicherer. Viele Piloten erschließen auch viele Informationsquellen. Wer hat welches Buch oder welchen Artikel gelesen, wer hat welche Erfahrung gemacht oder gehört, wer nutz welche Navigations-Apps?

5. **Lernen durch Lehren:** In Flugsportvereinen haben erfahrene Piloten die Möglichkeit, ihr Wissen an weniger erfahrene Mitglieder weiterzugeben. Dabei profitieren nicht nur die frischen Pilotinnen und Piloten, sondern auch die Erfahrenen. Dieses Konzept von „Lernen durch Lehren" vertieft das Verständnis für die Flugvorbereitung und fördert verantwortungsbewusstes Fliegen, denn wenn man sein Wissen weitergibt, muss man es für sich selbst nochmals (und wenn es nur gedanklich ist) strukturieren und das Unterbewusstsein macht den Gegencheck, ob das auch stimmt. Und durch Nachfragen der frischen Piloten wird man regelrecht gezwungen, die Meinung nochmals zu hinterfragen, oder zu präzisieren.
6. **Kontinuierlicher Lerneffekt:** Sowohl frische als auch erfahrene Piloten profitieren von der gemeinsamen Flugvorbereitung. Neulinge erweitern ihr Wissen und ihre Fähigkeiten, während erfahrene Piloten ihre Fähigkeiten auffrischen und aktuelle Entwicklungen in der Flugtechnik kennenlernen können.

Praxisbeispiel:

Beim Sport- und Segelfliegerclub Bad Waldsee-Reute (EDMZ) wurde gemeinsame eine Reise von EDMZ über Sondrio nach Mailand-Bresso und zurück geplant. Das Ziel war es, mit 3 Flugzeugen, davon zwei UL und ein Motorsegler, zu fliegen. Dabei waren zwei sehr erfahrene Piloten, ein relativ frischer UL-Pilot mit Gebirgsflugerfahrung (und 30 Jahren Gleitschirmkenntnissen), und zwei ganz frisch gebackenen Scheininhabern – sowie einem Fußgänger. Die frisch gebackenen Piloten sind als Co-Piloten geplant, die aber im Flug auch Aufgaben übernehmen können. Diese Mischung machte eine gemeinsame Flugvorbereitung natürlich spannend, weil die Wissensstände sehr unterschiedlich waren – so traf man sich an einem Sonntagnachmittag am Flugplatz um gemeinsam Routen, Flughöhen, Anflugkarten, Ausweichflugplätze, Lufträume etc. zu diskutieren und abzuwägen. Auch die Kombination von Papierkarten, Apps und auch einer Reliefkarte machte das Flugvorhaben greifbar.
Selbst die erfahrenen Piloten lernten sehr viel dabei, weil sie immer wieder Fragen beantworten, Meinungen rechtfertigen mussten. Der alte Pädagogische Leitsatz gilt auch hier: „Lernen durch Lehren".

Die Flugvorbereitung ist kein isolierter Prozess, sondern ein kollektiver Beitrag zur Sicherheit im Flugsport. Die aktive Beteiligung an Flugsportvereinen fördert den Erfahrungsaustausch und die kontinuierliche Weiterbildung. Durch die

Zusammenarbeit bei der Planung und Vorbereitung von Flügen können Piloten sicherstellen, dass sie gut vorbereitet und selbstbewusst in die Lüfte aufbrechen.

In der Welt des Flugsports ist Sicherheit oberstes Gebot. Die gemeinsame Flugvorbereitung in Flugsportvereinen ist ein bewährter Weg, um dieses Ziel zu erreichen. Die Vielfalt der Mitglieder, die offenen Diskussionen und der Wissensaustausch machen diesen Prozess nicht nur sicherer, sondern auch spannender und sozial befriedigender. Also, schaffen Sie im eigenen Flugsportverein Möglichkeiten zum Austausch und zum gemeinsamen Lernen. Es gilt die dynamische Flugsicherheit zu fördern – für ein sicheres und aufregendes Flugerlebnis.

Aber auch hier gilt der philosophische Spruch von Immanuel Kant: „Sapere aude! Habe Mut, dich deines eigenen Verstandes zu bedienen!" Gemeinsames Lernen ist toll und wichtig – aber die Verantwortung kann man nicht delegieren. Daher alles hinterfragen und überprüfen. So hat sicher der eine oder andere gerade Pilotinnen und Piloten im Hinterkopf, die sehr vertrauenswürdig sind und andere, deren Meinung man sehr genau prüfen würde.

Der Bad Apple Effect – der faule Apfel Effekt

Der Begriff „Bad Apple Effect" bezieht sich auf ein Phänomen, bei dem das Verhalten eines einzelnen Piloten oder einer einzelnen Person in der Fluggemeinschaft negative Auswirkungen auf die gesamte Flugsicherheit hat. Dieses Konzept ist eine Analogie zum Sprichwort „Ein fauler Apfel versaut den ganzen Korb", was bedeutet, dass eine einzelne schlechte Person oder Sache die Gesamtleistung oder den Ruf einer Gruppe beeinträchtigen kann.

Im Kontext der dynamischen Flugsicherheit im Flugsport bezieht sich der Bad Apple Effect auf die Idee, dass das Fehlverhalten oder die Unachtsamkeit eines Piloten die Sicherheit aller anderen Piloten in der Umgebung gefährden kann. Dies kann auf verschiedene Arten auftreten, beispielsweise durch riskantes Fliegen, das Verletzen von Flugregeln oder das Ignorieren von Sicherheitsvorschriften. Die Konsequenzen können von gefährlichen Situationen bis hin zu schweren Unfällen reichen.

Um den Bad Apple Effect in privaten Luftsportarten zu minimieren und die Flugsicherheit zu erhöhen, können folgende Maßnahmen ergriffen werden:

- **Schulung und Sensibilisierung:** Piloten sollten ausführlich in Sicherheitsverfahren und -praktiken geschult werden, um das Bewusstsein für die Auswirkungen ihres Verhaltens auf die Gemeinschaft zu schärfen. Dies kann dazu beitragen, unverantwortliches Fliegen zu reduzieren.
- **Wechselseitiges Feedback:** Nur über Rückmeldungen hat man die Chance eine andere Perspektive wahrzunehmen und sich weiterzuentwickeln. Feed-

back muss nicht nur die Fehler betreffen, sondern sollte auch unbedingt als Positiver Verstärker genutzt werden. Die bereits vorgestellte WWW Wahrnehmung-Wirkung-Wunsch Formel geht auch in einer lobenden Art und Weise.

- **Gruppen-Druck:** Die Fliegergemeinschaft kann dazu beitragen, den Bad Apple Effect zu minimieren, indem sie sich gegenseitig zur Einhaltung von Sicherheitsstandards ermutigt und Piloten ermutigt, sich verantwortungsbewusst zu verhalten. Dies kann dazu beitragen, Fehlverhalten in der Gemeinschaft zu minimieren.
- **Regulierung und Überwachung:** Fliegervereine können strenge Regeln und Vorschriften durchsetzen und sicherstellen, dass Verstöße konsequent geahndet werden. Dies kann als abschreckende Maßnahme dienen und dazu beitragen, den Bad Apple Effect einzudämmen.
- **Schulung und Mentoring:** Erfahrene Piloten können ihre Erfahrungen und ihr Wissen an weniger erfahrene Piloten weitergeben, um deren Fähigkeiten und Sicherheitsbewusstsein zu verbessern.
- **Selbstverantwortung:** Jeder Pilot sollte sich seiner Verantwortung für die Flugsicherheit bewusst sein und sich aktiv für sicheres Fliegen einsetzen. Dies bedeutet, sich an Regeln und Vorschriften zu halten, sich kontinuierlich weiterzubilden und verantwortungsbewusst zu handeln.

Durch die Kombination dieser Maßnahmen können Piloten im privaten Luftsport dazu beitragen, den Bad Apple Effect zu minimieren und die Flugsicherheit zu erhöhen, was letztendlich das Risiko von Unfällen und Verletzungen reduziert.

In letzter Konsequenz gehört es auch dazu, dass man Personen aus Gruppen oder Vereinen ausschließen muss, wenn diese sich konstant und nach mehrmaligen Aufforderungen immer noch nicht so verhalten oder so fliegen, wie es im Sinne des Vereins oder der Gruppe ist. Eine Einzelperson kann die Kultur sowohl positiv als auch negativ beeinflussen.

Gemeinsames Lernen – Fokus Frauenpower

Die Anzahl der Pilotinnen stagniert seit Jahren. Im Segelflugsport sind es ca. nur sieben Prozent. Die dänische Segelfliegerin und Anthropologin Perle Mohl hat 2019/2020 eine umfangreiche Studie[35] über Männer und Frauen in drei verschiedenen Luftsportumgebungen durchgeführt, nämlich Segelfliegen, Fallschirmspringen und Drachen-/Gleitschirmfliegen. Dabei hat sie rund 4.000 Mitglieder der Verbände interviewt/befragt und es kam zu einem klaren Bild: Frauen kommen in den drei eigentlich geschlechtsneutralen Luftsportaktivitäten in vielerlei Hinsicht zu kurz. Den Vereinen entgehen dabei 50 Prozent der Bevölkerung. Dabei spielen Vorurteile, Klischees und fehlendes Vertrauen in die Leistungsbereitschaft auch heute noch eine zentrale Rolle. Zahlreiche Pilotinnen Treffen, wie das Hexentreffen, die womens's soaring pilots association (WSPA) organisieren Treffen für Pilotinnen, um gemeinsam zu lernen und sich weiterzuentwickeln. 1975 organisierte Ingrid Blecher im DAeC das erste Segelfliegerinnen-Treffen. Wenn Vereine etwas für die Förderung der Pilotinnen oder auch der Jugendlichen tun wollen, empfiehlt Perle Mohl den Vereinen:

- Eine Umgebung zu schaffen, in der sich jeder/jede Willkommen fühlt!
- Für einen familienfreundlichen Verein sorgen.
- Die nicht fliegenden Familienangehörigen mit einbeziehen, so dass sich ein Gefühl der Zugehörigkeit entwickeln kann.
- Frauen in ihren Fähigkeiten bestärken.
- Strukturen und Aktivitäten des Vereins, insbesondere den Tagesablauf am Flugplatz, flexibler gestalten.
- Respekt statt Vorurteile.
- Bei PR und Kommunikation mehr Fokus auf Frauen lenken (was übrigens die LSG Isny hervorragend macht).
- Werbung in Schulen machen.
- Das Schneeballsystem beachten: je mehr Frauen da sind, desto mehr Frauen kommen dazu.

Übrigens gelten hier für die Flugsicherheit und die Schaffung einer offenen vertrauensvollen Kultur am Platz und im Verein, die ähnlichen Aspekte.

Frauenpower im Team beim Segelflugstart mit der ASK 21.

Organisationale Dimension der dynamischen Flugsicherheit

Nur wenige Fliegerinnen und Flieger wissen, wie die Flugsicherheit mit der Vereinskultur oder der Kultur an einem Flugplatz zusammenhängt. Diese ist aber eine essenzielle Dimension bei den vier Dimensionen der dynamischen Flugsicherheit, sie ist wie eine Basis oder eine Klammer, die den Boden oder den Rahmen für Sicherheit bietet.

Systemischer Ansatz der Organisationsentwicklung

In der Systemtheorie wird davon ausgegangen, dass Systeme nicht von außen verändert werden können, sondern dass die Weiterentwicklung eines Systems permanent, auch selbstinitiiert, stattfindet. Man spricht hier von der Autogenese. Diese Veränderung hangt von Impulsen ab, die im und auf das System wirken, wobei Organisationen (hier Vereine) sowohl Teil größerer Systeme (Gemeinde, Landkreis) als auch verschiedene kleinere Systeme beherbergen (z. B. Flugdisziplinen). Die Arbeit mit einem Zukunftsbild regt als ein solcher Impuls dazu an, das eigene System zu hinterfragen und sich gleichzeitig der eigenen aktuellen und künftig weiter zu stärkenden Ressourcen bewusst zu werden.

In diesem Kapitel wird Kulturwandel und Organisationskultur thematisiert. Bewährte Konzepte und Modelle der Organisationsentwicklung werden auf die private Fliegerei übertragen. Immer im Hinterkopf, dass ehrenamtliche Vereine eine spezielle Art der Organisationsform sind, die im Gegensatz zur Unternehmen andere Prinzipien, Abhängigkeiten und Weisungsbefugnisse haben. Genau der Aspekt ist aber wichtig, diesen zu verstehen und zu nutzen.

Was unterscheidet grundsätzlich die Kultur in Firmen/Unternehmen in der angestellte Mitarbeitende arbeiten und Führungskräfte Weisungsbefugnisse haben von der Kultur in Vereinen, in denen freiwillige Mitglieder ihre Freizeit verbringen und ehrenamtliche Vorstände den Verein leiten? Welchen Einfluss hat dies auf die Entwicklung einer Organisationskultur?

Die Kultur in Unternehmen und in Vereinen unterscheidet sich grundlegend in mehreren Aspekten:

- **Machtstrukturen und Entscheidungsfindung:** In Unternehmen gibt es oft eine klare Hierarchie mit definierten Weisungsbefugnissen. Führungskräfte treffen Entscheidungen, die von den Angestellten umgesetzt werden. In Vereinen hingegen sind Machtstrukturen oft weniger streng und Entscheidungen werden eher demokratisch getroffen, oft basierend auf dem Konsens der Mitglieder.
- **Motivation und Engagement:** In Unternehmen sind Mitarbeiter in der Regel durch Gehalt, Karrierechancen und professionelle Entwicklung motiviert. In Vereinen ist die Motivation oft idealistischer Natur, getrieben durch persönliches Interesse, Leidenschaft oder den Wunsch, einen Beitrag zur Gemeinschaft zu leisten.
- **Organisationsziele und -werte:** Während Unternehmen primär auf Profit und Wachstum ausgerichtet sind, verfolgen Vereine in der Regel gemeinnützige, soziale, kulturelle oder sportliche Ziele. Dies führt zu unterschiedlichen Wertesystemen, die sich in der Organisationskultur widerspiegeln.
- **Formalität und Flexibilität:** Unternehmen neigen dazu, formeller und strukturierter in ihren Prozessen und Richtlinien zu sein, während Vereine oft flexibler und informeller agieren, was die Gestaltung von Aktivitäten und die Einbeziehung von Mitgliedern betrifft.
- **Art der Zusammenarbeit:** In Unternehmen ist die Zusammenarbeit oft projekt- oder aufgabenbezogen und durch die Organisationsstruktur bestimmt. In Vereinen ist die Zusammenarbeit eher von Freiwilligkeit und gemeinsamen Interessen geprägt.

Der Einfluss auf die Entwicklung einer Organisationskultur ist signifikant:

- In Unternehmen bildet sich oft eine Kultur, die Leistung, Effizienz und Wett-

bewerbsfähigkeit betont. Es gibt eine stärkere Betonung von Professionalität und Verantwortlichkeit.
- In Vereinen hingegen entwickelt sich häufig eine Kultur, die Gemeinschaft, Zusammengehörigkeit und gemeinsame Werte in den Vordergrund stellt. Die Atmosphäre ist oft weniger wettbewerbsorientiert und mehr auf Inklusion und gemeinsame Erfahrungen ausgerichtet.

Diese unterschiedlichen kulturellen Aspekte beeinflussen die Art und Weise, wie Individuen innerhalb der Organisationen interagieren, Entscheidungen treffen und ihre Ziele verfolgen. Sie prägen auch, wie Außenstehende diese Organisationen wahrnehmen und wie attraktiv sie für verschiedene Stakeholder sind.

Ein „Stakeholder" ist eine Person, Gruppe oder Organisation, die ein Interesse an den Aktivitäten und Ergebnissen einer Organisation hat. Sie können von den Handlungen, Zielen und Richtlinien einer Organisation direkt oder indirekt betroffen sein. Stakeholder können in verschiedene Kategorien eingeteilt werden:
- **Interne Stakeholder:** Dazu gehören Personen oder Gruppen, die innerhalb der Organisation arbeiten oder direkt damit verbunden sind. Beispiele sind Mitglieder, Fluglehrer, Funktionäre.
- **Externe Stakeholder:** Diese sind nicht direkt Teil der Organisation, aber ihre Interessen werden durch die Aktivitäten der Organisation beeinflusst. Dazu gehören Verpächter, Besucher, Lieferanten, Investoren, Gemeinden und Regierungen.

Die Bedeutung von Stakeholdern liegt in ihrem Einfluss auf die Organisation. Sie können eine wichtige Rolle bei der Gestaltung von Unternehmensstrategien spielen und sind oft Schlüsselfaktoren für den Erfolg oder Misserfolg von Projekten und Initiativen. Organisationen berücksichtigen oft die Bedürfnisse und Erwartungen ihrer Stakeholder, um positive Beziehungen aufzubauen und aufrechtzuerhalten, was wiederum zum langfristigen Erfolg der Organisation beitragen kann.

Wichtig für jede gelungene Veränderungsbegleitung (also vor allem für die Vorstandmitglieder in Vereinen) ist es, die Veränderung als Prozess zu begreifen und nicht lediglich ein bestimmtes Ziel zu fokussieren. Ein digitaler Wechsel von „heute so" auf „morgen so" ist oft unrealistisch. Der Prozess des Werdens wird der Beschreibung von Veränderungen eher gerecht, auch in Vereinen. Hier ist es jedoch häufig so, dass man sich nur über den Endpunkt, das zu erreichende Ziel oder entsprechende Zwischenziele Gedanken macht. Diese Zielfixiertheit steht oft verführerisch im Mittelpunkt. Besser wäre es, einen Prozess zu planen mit dem Nachdenken, Möglichkeiten Mitglieder einzubinden, zu beteiligen und der Definition einer Übergangsidentität für den Prozess und einen langen

Atem zu haben. Im Change Management gibt es die schöne Formulierung: „Was für die Raupe das Ende der Welt ist, ist der Beginn des Lebens für den Schmetterling." Vereine sind oft langsam in der Veränderung, da viele Aspekte historisch gewachsen sind. Zwischenzustände können oft komisch wirken, hier gilt es dranzubleiben.

Viele Vereinsmitglieder haben die Vereinssatzung noch nie wirklich gelesen, dabei wäre es durchaus spannend den Vereinszweck sich zu vergegenwärtigen, denn der ist der Kern der Daseinsberechtigung eines Flugsportvereins. Diesen gilt es auch in Bezug auf die Flugsicherheit zu schärfen. Wie wichtig die Klarheit über Mission, Vision und Werten für einen Flugsportverein ist, wird später erläutert.

Arbeit an einer Vereinskultur, um diese für eine sichere Ausübung des Flugsports zu sensibilisieren ist kein einfaches Unterfangen und kann je nach aktueller Kultur auch ein großer und langjähriger Prozess sein, den es sich aber lohnt zu bestreiten (teils im wahrsten Sinne des Wortes). Daher werden wir in diesem Kapitel auch einen intensiven Ausflug in das Change Management und die Organisationsentwicklung unternehmen. Denn wie formulierte der Managementvordenker Peter Drucker so schön „Culture eats strategy for breakfast" – was so viel meint, dass die tollste Strategie stets an der Kultur scheitern kann und wird, wenn die Strategie nicht zur Kultur passt. Daher sollte man sich die IST-Kultur anschauen, um dann eine SOLL-Kultur bestimmen zu können, um diese zielgerichtet zu entwickeln.

„Nicht das Geldkapital bestimmt den Inhalt und Wert eines Unternehmens, sondern der Geist, der in ihm herrscht." Der Mann, dem dieses Zitat zugeschrieben wird, ist Claude Dornier (1884–1969), Flugzeugkonstrukteur und Pionier der deutschen Luftfahrtindustrie. Was Dornier den „Geist" eines Unternehmens nannte, würden wir heute als Organisationskultur bezeichnen. Doch so schwer es ist, einen Geist in die Finger zu bekommen, so herausfordernd ist es auch, Organisationskultur zu erfassen und zu beschreiben. Im Sinne der Sicherheit müssen wir es dennoch versuchen, dieses weiche Thema Vereins-/Organisationskultur greifbar zu machen – und wie man diese verändern kann. Dies geht nur indirekt – genau darum geht es in den nächsten Seiten.

Warum die Beschäftigung mit Vision, Mission, Strategie?

Was ist der Existenzgrund des Vereins oder des Flugplatzes? Wie hat dies sich ggf. verändert? Wohin will sich der Verein oder der Flugplatz entwickeln? Es ist der vielfache Wunsch, etwas Bestimmtes zu erreichen, „a sense of mission", der Vereine und Organisationen zu Außergewöhnlichem beflügelt. In einigen Akademischen Fliegervereinen „AKA Flieg“ kann man dies erkennen, oder in Vereinen, die eine sehr erfolgreiche Wettbewerbsbilanz haben und schon viel erfolgreiche Pilotinnen und Piloten hervorgebracht haben.

Was wir aus dieser Geschichte lernen können, ist, dass eine klare Mission und ein starkes Verlangen der Schlüssel zu außergewöhnlichen Leistungen sind. Wenn wir als Hobbypiloten ein gemeinsames Ziel haben, sei es die Verbesserung unserer fliegerischen Fähigkeiten, die Sicherheit im Flug oder einfach die Freude am Fliegen, dann wird alles andere einfacher. Wir finden die richtigen Strategien und Wege, um unsere Ziele zu erreichen.

Ein gemeinsames Verlangen schafft eine Art Einheit innerhalb unserer Flugsportvereine. Es stärkt unsere Zusammenarbeit, macht uns effizienter und motiviert uns, gemeinsam an unseren Zielen zu arbeiten. Konflikte zwischen Mitgliedern werden seltener, da wir offen und sachlich über den besten Weg zum Ziel diskutieren.

Die Beschäftigung mit Vision, Mission und Strategie kann uns helfen, noch bessere Vereine und Organisationen für Hobbypiloten zu werden und unsere Flugsportgemeinschaft zu stärken. Lasst uns gemeinsam klare Ziele setzen und daran arbeiten, sie zu erreichen. Denn am Ende sind wir alle Flieger, die ihre Leidenschaft teilen und sicher in den Himmel aufsteigen wollen.

Auch hier können wir das Bild des Eisbergs verwenden: An der Oberfläche sehen wir nur einen kleinen Teil, nämlich das, was wir konkret beobachten können, wie Kleidung, Verhalten, Räume etc. Der größte Teil des Eisbergs befindet sich jedoch unter Wasser, und es wäre fahrlässig, diese Tiefenebenen unbeachtet zu lassen, wenn man kein Leck im „Organisationsschiff“ riskieren will.

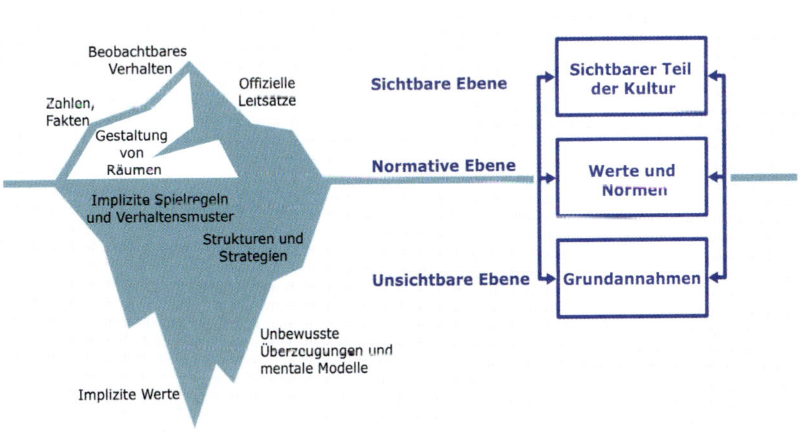

Organisationskultur

Das organisationale Unbewusste muss berücksichtigt werden, wenn Veränderung gelingen soll. Sonst bleibt es bei oberflächlichen Leitbildern und Informationsbroschüren. Ein wichtiger Schritt in diese Richtung ist, Elemente des organisationalen Unbewussten in das organisationale Bewusstsein zu holen. Am leichtesten gelingt dies auf der mittleren Ebene der Werte und Normen. Sie ist zwar noch von Wasser bedeckt, schimmert aber bereits unter der Oberfläche hervor. Mit Hilfe der Forschung und des Entwicklungsmodells von Clare W. Graves kann diese normative Ebene der Werte sichtbar und damit diskutierbar gemacht werden. Dazu später zu den 9 Levels of Value Systems® als Modell, um Werte greifbar und besprechbar zu machen.

Organisationskultur und Sicherheit im Flugsport

Wie kann man Organisationskulturen beeinflussen? Grundsätzlich ist eine Kultur immer ein Ergebnis von dem, was da ist oder was da war. Das bedeutet, dass die Kultur immer eine Resultierende ist und um eine Kultur zu verändern muss man die Rahmenbedingungen ändern, also immer indirekt. In der Praxis der Organisationsentwicklung hat sich das Modell von dem aus der Schweiz stammenden Edgar Schein bewährt.

Edgar Schein, ein einflussreicher Organisationspsychologe und Professor am MIT Sloan School of Management, war bekannt für seine bedeutenden Beiträge zur Organisationsentwicklung, zur Unternehmenskultur und zur Führungstheorie. Sein vielleicht bekanntestes Werk ist das Modell der Organisationskultur, das er in den 1980er Jahren entwickelte. Dieses Modell hat drei Hauptebenen:

- **Artefakte und Schöpfungen:** Dies ist die sichtbarste Ebene der Kultur. Sie umfasst alles von der Architektur, der Sprache, den Technologien, den Produkten, den Stilen, den Zeremonien bis hin zu den Geschichten, die von den Mitgliedern erzählt werden. Diese Elemente sind spürbar, wenn man eine Organisation betritt, aber ihre kulturelle Bedeutung ist nicht immer offensichtlich.
- **Bekannte Überzeugungen und Werte:** Diese Ebene umfasst die Werte, die innerhalb der Organisation anerkannt und verbalisiert werden. Es sind die offiziellen Leitlinien, Philosophien und Ziele, die oft in Mission-Statements, Geschäftsordnungen/Satzungen oder in öffentlichen Äußerungen des Vereinsvorstands zu finden sind.
- **Grundlegende unausgesprochene Annahmen:** Dies ist die tiefste Ebene der Organisationskultur und oft die schwierigste zu erkennen und zu verstehen. Sie umfasst unausgesprochene, unbewusste Annahmen und Überzeugungen, die so tief verwurzelt sind, dass sie als selbstverständlich betrachtet werden und daher selten hinterfragt werden. Diese grundlegenden Annahmen bilden

die Essenz der Kultur einer Organisation und beeinflussen, wie ihre Mitglieder wahrnehmen, denken und fühlen.

Scheins Modell ist besonders nützlich, um die Komplexität und Tiefe der Organisationskultur zu verstehen und wie sie das Verhalten von Einzelpersonen und Gruppen in einer Organisation beeinflusst.

1. Schaffung einer proaktiven Sicherheitskultur

Eine proaktive Sicherheitskultur, die auf Scheins Theorien basiert, erfordert mehr als nur die Befolgung von Regeln und Vorschriften. Es geht darum, eine Umgebung zu schaffen, in der Sicherheit als gemeinsamer Wert und nicht als Checkliste verstanden wird. Dies bedeutet, dass jedes Mitglied des Flugsportvereins oder des Flugplatzes aktiv an der Identifizierung und Minderung von Risiken beteiligt ist, bevor diese zu echten Problemen werden.

2. Implementierung von Scheins Kulturebenen im Flugsport

- **Artefakte:** Sichtbare Artefakte wie Kleidung, Ausrüstung und die Gestaltung des Flugplatzes sollten Sicherheitsbewusstsein reflektieren. Beispielsweise könnten informative Poster über Sicherheitsprotokolle und Erfolgsgeschichten von sicher durchgeführten Flügen ausgestellt werden, um eine Kultur der Achtsamkeit und Stolz auf Sicherheit zu fördern. Aber auch Räume zum Treffen und Sprechen.
- **Bekundete Werte:** Regelmäßige Besprechungen und Schulungen, die Sicherheitsstandards hervorheben, können dabei helfen, ein starkes Sicherheitsbewusstsein zu verankern. Die Führungskräfte sollten dabei als Vorbilder agieren, indem sie diese Werte in ihrem täglichen Handeln demonstrieren.
- **Grundlegende unausgesprochene Annahmen:** Diese Ebene ist vielleicht die schwierigste zu beeinflussen, aber auch die wichtigste. Hier geht es darum, eine innere Überzeugung bei jedem Mitglied zu etablieren, dass Sicherheit unerlässlich ist. Dies kann erreicht werden, indem man Erfahrungen teilt, aus Fehlern lernt und eine Kultur des gegenseitigen Respekts und der Unterstützung fördert.

3. Förderung von Scheins Modell der Führung und Veränderung

- **Führung:** Führungskräfte in Flugsportvereinen sollten nach Scheins Prinzipien handeln, indem sie Sicherheit vorleben, offene Kommunikation fördern und ein Umfeld schaffen, in dem Feedback und konstruktive Kritik willkommen sind und Austausch/Diskussionen stattfinden. Sie sollten auch in der Lage sein, flexibel auf Veränderungen zu reagieren und die Organisation durch unsichere oder schwierige Zeiten zu navigieren.

- **Veränderungsmanagement:** Der Umgang mit Veränderungen, sei es durch neue Technologien oder Vorschriften, ist entscheidend für die Aufrechterhaltung der Sicherheit. Scheins Theorie legt nahe, dass Organisationen, die lernen und sich anpassen, besser für zukünftige Herausforderungen gerüstet sind. Dies bedeutet für Flugsportvereine, dass sie offen für Neuerungen sein und diese aktiv in ihre Kultur integrieren sollten.

Die Anwendung von Edgar Scheins Prinzipien auf die Organisationskultur in der Flugsportbranche kann maßgeblich zur Steigerung der dynamischen Flugsicherheit beitragen. Durch die Schaffung einer Kultur, die Sicherheit als zentralen Wert versteht und fördert, können Flugsportvereine und Flugplätze ein sicheres und effektives Umfeld für alle Beteiligten schaffen.

Anwendung von Scheins Theorien in der Flugsicherheit

- **Entwicklung einer Sicherheitskultur:** Ein Flugsportverein sollte eine Kultur pflegen, die Sicherheit als Kernwert betrachtet. Dies beinhaltet, dass Sicherheitspraktiken nicht nur befolgt, sondern innerhalb der Organisation verinnerlicht und wertgeschätzt werden.
- **Förderung offener Kommunikation:** Nach Schein ist offene Kommunikation entscheidend für das Funktionieren einer Organisation. Im Kontext der Flugsicherheit bedeutet dies, dass Bedenken und Fehler offen angesprochen und als Lernmöglichkeiten genutzt werden sollten.
- **Anpassungsfähigkeit:** Schein betont die Bedeutung der Anpassungsfähigkeit von Organisationen. Flugsportvereine sollten flexibel auf Veränderungen in Technologie und Vorschriften reagieren können, um ihre Sicherheitsstandards kontinuierlich zu verbessern.

Warum sich Menschen gegen Veränderungen wehren und daher manche „Change ist doof!" postulieren, aber auch wie man den Wandel gestalten kann – dazu hier ein Vortrag von mir.

Viele Vereine sind überaltert, oder nicht mehr aktuell bzw. nicht mehr modern. Will man nun einen Verein verändern, bedarf es eines klassischen Change Managements – und das ist in vielen Vereinen noch kniffliger als in Unternehmen, denn wir haben es grundsätzlich immer mit Menschen zu tun, und die sind nun mal oft kritisch gegenüber Veränderungen. Dies sollte geplant und zielgerichtet angegangen werde. Dazu haben sich die 8 Schritte zum Meistern von Veränderungen bewährt.

Die acht Schritte zum Meistern von Veränderungen

Viele Menschen fragen sich, wie man Veränderungen in Organisationen schafft. Der amerikanische Change Management Experte und Buchautor John Kotter hat acht Schritte zum Meistern von Veränderungen definiert, die wir hier auch auf Vereine beziehen können.

Vorbereitungen treffen

1. **Wecke ein Gefühl der Dringlichkeit.**
   Trage dazu bei, dass andere die Notwendigkeit der Veränderung und die Wichtigkeit sofortigen Handelns erkennen. In Vereinen muss die Dringlichkeit geweckt werden, dass es ggf. mit dem „einfach so weiter" eben nicht weiter geht. Zahlen und Fakten können die Dringlichkeit oft gut unterstützen. So kann der Bedarf an Nachwuchsarbeit beispielsweise durch einen Blick auf die überalterte Mitgliederstruktur geweckt werden.
2. **Stelle ein Leitungsteam zusammen.**
   Sorge dafür, dass ein kompetentes Team durch die Umwälzungen führt – ein Team mit Führungsqualitäten, Glaubwürdigkeit, analytischen und kommunikativen Fähigkeiten, Durchsetzungskraft und anhaltendem Engagement. Das muss nicht immer der Vorstand sein – vielmehr ist es wichtig, dass Personen den Change begleiten, die eine breite Akzeptanz im Verein haben, wie auch diplomatisches, kommunikatives Geschick.

Entscheidungen fällen

3. **Entwickle eine Zielvorstellung und eine Strategie der Veränderung.**
   Kläre, inwiefern sich die Zukunft von der Vergangenheit unterscheiden wird und wie wir diese Zukunft zur Wirklichkeit machen können. Die Zukunftsvision sollte klar und greifbar sein und idealer Weise hoch attraktiv. Die Beteiligung der Betroffenen ist hier ein Schlüssel zum Erfolg, nur so kann sich jede und jeder in den Zielen und Entscheidungen wiederfinden.

Aktives Umsetzen

4. **Werbe um Verständnis und Akzeptanz.**
   Sorge dafür, dass möglichst viele die Zielvorstellung und die Strategie verstehen und akzeptieren. Gespräche sind hier wichtig mit allen Zielgruppen und vor allem mit den Meinungsführern in Vereinen. Der Schlüssel ist hier das Zuhören und das Ermittelns des Bedarfes und der Wünsche. Gerade an Flugplätzen mit gemischtem Flugbetrieb, sind die Interessenslagen oft sehr unterschiedlich, dies muss im Wandel berücksichtigt werden. Was für die eine Zielgruppe toll ist, ist ggf. für die andere eine Einschränkung.

5. **Sichere anderen Handlungsfreiräume.**
   Beseitige so viele Hindernisse wie möglich, damit jene freie Hand haben, die die Visionen verwirklichen wollen. Das ist in Vereinen oft schwieriger als in Unternehmen, aber es bedarf der klaren Rückendeckung des Vorstandes.
6. **Sorge für kurzfristige Erfolge.**
   Erziele so schnell wie möglich einige sichtbare, eindeutige Erfolge. Der Verein und die Mitglieder müssen merken – es tut sich was, der Verein bewegt sich und erste Erfolge sind spürbar und sichtbar.
7. **Lasse nicht nach.**
   Dränge nach den ersten Erfolgen noch eiliger und energischer voran. Setze beharrlich eine Veränderung nach der anderen um, bis die Zielvorstellung verwirklicht worden ist. Da Systeme (und Vereine) dazu tendieren in die alte Stabilität zu verfallen, ist es wichtig dran zu bleiben. Gerade in Vereinen gibt es oft saisonale Höhepunkte oder Pausen, diese Veränderung muss sich aber ganzjährig durchziehen.

Nachhaltigkeit sichern

8. **Entwickle eine neue Kultur.**
   Halte an den neuen Verhaltensweisen fest und sichere deren Erfolg, bis sie genug gefestigt sind, um alte Traditionen abzulösen. So kann eine neue (Sicherheits-)Kultur entstehen. Diese Kultur lässt sich speziell durch die Fokussierung auf die Werte und das im folgenden erläuterte 7S-Modell gut beeinflussen und entwickeln.

Organisationskultur – oder hier die Vereinskultur oder die Kultur an einem Flugplatz ist die Grundgesamtheit gemeinsamer Werte, Normen und Einstellungen, welche die Entscheidungen, die Handlungen und das Verhalten der Organisationsmitglieder prägen. Die Organisationskultur bildet den handlungsprägenden Rahmen. Leitbildprozesse gelten als ein zentrales Instrument des Kulturmanagements. Darauf wird im späteren Verlauf des Buches intensiv eingegangen. Diese Arbeitsprozesse unterstützen Organisationen, z. T. implizit gelebte Kulturmerkmale der Tiefenstruktur wie Selbstverständnis und Vision zu explizieren. Diese gilt es dann ggf. zu beeinflussen, indem sie vertieft oder variiert werden, um die Soll-Wahrnehmung zu prägen. Unterschieden werden zentral zwei Ebenen der Unternehmenskultur: die Tiefenstruktur als handlungsprägende Ebene (Werte, Normen, Einstellungen) sowie die Oberflächenstruktur, die von Dritten beobachtbar ist. Wenn die Tiefenstruktur als handlungsprägender Rahmen der Oberflächenstruktur arbeitet, dann muss Unternehmenskommunikation als Verhaltensmanagement dort ansetzen, um Image und Reputation nachhaltig beeinflussen zu können.[36]

Vielen Vereinen fehlt der Nachwuchs und eine wirklich zukunftsfähige Strategie.

Mission, Vision, Werte in Flugsportvereinen

Viele Flugsportvereine wurden vor etlichen Jahren gegründet, haben teils eine reichhaltige Historie und in den meisten Vereinen sind viele Dinge historisch gewachsen, viele Interessen haben sich verändert, die Freizeitgestaltung und das Familienbild, sowie die berufliche Einbindung ist eben nicht mehr wie zu Gründungszeiten von vielen Vereinen. Um zukunftsfähig zu sein und zu bleiben, sollten sich Vereine immer wieder neu erfinden, und neu aufstellen. Dazu muss zunächst die Notwendigkeit für diesen Prozess erkannt werden, es bedarf einer gewissen Dissonanz. Systeme tendieren dazu stabil zu sein und stabil bleiben zu wollen. In einigen Vereinen ist ein Generationswechsel in der Vorstandschaft auch eine gute Initialzündung für Veränderungen. „Change ist doof!" lautet in etlichen Organisationen das Motto – aber um langfristig zukunftsfähig zu sein, und

Mission, Visionen, Werte, Strategie

um gemeinsam sicheren Flugsport ausüben zu können ist es wichtig an diesem Kultur-Thema zu arbeiten. Der BWLV bietet extra Workshops zum Thema „Generation Z geht in Führung" an, um der nächsten Generation aber auch der abgebenden Generation zu zeigen, wie ein Generationswechsel gelingen kann.[37]

Kultur ist immer eine Resultierende – d. h. Kultur kommt quasi hinten raus, wir müssen daher vorne anfangen und die Vereine und Organisationen so gestalten, dass eine Sicherheitskultur herauskommt.

Als Basis jeder Organisationsentwicklung hat es sich in meiner Beratungspraxis in vielen verschiedenen Organisationsformen bewährt, zunächst auf die Ursprünge der Organisaton zu schauen, um dann nach vorne zu planen. Ein Flugsportverein sollte sich mit der Mission, der Vision und den Werten beschäftigen. Zukunft braucht Herkunft. Erst dann macht es Sinn, sich mit Zukunftsstrategien zu beschäftigen und konkrete Ziele und Projekte anzupacken.

Die beiden Kultur-Experten Prof. Thomas Ginter und Alex Romppel, mit denen ich viel über Organisationsentwicklung im Austausch bin, formulieren den Richtungssinn wie folgt: „Kultur ist Handeln und Handeln braucht immer Richtung. So bewegt sich jede Organisation in eine bestimmte Richtung, nach der die Organisationsmitglieder ihre Aktivitäten ausrichten. Dabei geht es nicht um explizit formulierte Ziele, sondern vielmehr um einen gemeinsam empfundenen Richtungssinn, der dem Sosein der einzelnen Akteure Sinnhaftigkeit verleit un deinen Zwang zur Veränderung impliziert."[38]

In einem Zukunfts-Workshop oder Zukunftsprozess sollten wir uns mit folgenden Fragen beschäftigen, um langfristig die richtigen Entscheidungen treffen zu können. Es gilt ein ZUKUNFTSBILD zu entwickeln, an dem sich die weiteren Entscheidungen ausrichten sollten.

Was ist unser Kern?

- Was ist unser „Warum“?
- Was ist unser Kern? – Wer sind wir?
- Was ist der Grund, warum es uns gibt (auch jenseits der Satzung)?
- Wie definieren wir uns als Verein?
- Was macht uns einzigartig?
- Was kann unser Verein sehr gut?
- Was haben wir für Stärken?
- Wo stehen wir? Wo wollen wir hin?
- Wie entwickelt sich die Gesellschaft?
- Wie entwickelt sich die Flugszene?
- Wie sind wir attraktiv?
- Wie müssen wir uns aufstellen, um auch langfristig erfolgreich und gut zu sein?
- Was haben wir aktuell alles Positives? (Flugplatz, Infrastruktur, Flugzeugpark, …)
- Wenn wir in 15 Jahren auf den Flugplatz kommen, was erleben wir dann dort? (Zukunftsbild)

Mitglieder

- Welche Zielgruppe (Mitglieder/Gäste) kommen zu uns?
- Welche Zielgruppe (Mitglieder/Gäste) wünschen wir uns?
- Wie entwickeln sich unsere Mitglieder/Zielgruppe?
- Warum sind unsere Mitglieder bei uns? Was suchen sie, was wünschen sie sich?

Angebot

- Welches Angebot wollen wir anbieten
- Welche Flugsparten haben allgemein Zukunft, welche wollen wir fördern?
- Wie sieht unser Flugschul-Betrieb in 2, 5 und in 10 Jahren aus?

Infrastruktur und Flugzeugpark

- Welche Infrastruktur, Flugzeugpark und welches Angebot macht Sinn?
- Was unterscheidet uns von anderen Fliegervereinen und Flugplätzen?
- Was unterscheidet uns von anderen Vereinen in den umliegenden Gemeinden?
- Was würde uns noch besser machen?
- Was ist unser Ziel in den nächsten 5, 10, 20 Jahren für den Verein?
- Was wollen wir wie anpacken?

Aus den Antworten gilt es dann konkrete Aufgabenpakete oder Themen zu erarbeiten, die in Projektteams bearbeitet werden. Heute die Weichen für die Zukunft gestalten. Eine breite Beteiligung sollte angestrebt werden, um alle Zielgruppen und deren Interessen zu berücksichtigen. An den Ergebnissen sollten sich dann weitere Entscheidungen im Verein orientieren.

Es macht häufig Sinn, bevor man in die konkrete Bearbeitung von Themen geht, eine breite Befragung im Verein zu starten, um einerseits allen die Möglichkeit der Beteiligung zu geben, aber auch für die handelnden Personen, eine bessere Perspektive auf die Wahrnehmung im Verein zu haben, denn jeder Mensch hat auf die Organisation eine andere Blickrichtung und Interpretation. Dies kann beispielsweise mit den folgenden Fragen in einer Online-Befragung stattfinden, die dann ausgewertet präsentiert und diskutiert werden kann. Der Vorteil einer Vorab-Befragung ist das schnellere Starten, man kommt schneller voran, aber vor allem, die Beteiligten setzen sich schon früher damit auseinander und das Unterbewusstsein arbeitet automatisch daran weiter, sowie dass die Entscheidungsträger schon eher ein Stimmungsbild haben.

Umfrage im Vorfeld:

- Warum gibt es uns, den Verein überhaupt? Was ist der Grund unserer Existenz?
- Was sollte aus Deiner Sicht das ZIEL des Vereins sein?
- Wofür soll der Verein stehen – für welche WERTE wollen wir stehen?
- Was sind aktuell unsere „Stärken"?
- Was sind aktuell unsere „Schwächen"?
- Was braucht es aus Deiner Sicht, dass der Verein eine tolle Zukunft haben wird?
- Welche Zielgruppe/Mitglieder wollen wir zukünftig für uns gewinnen?
- Mit was sollten wir aus Deiner Sicht aufhören? Was sollten wir nicht mehr tun?
- Wenn eine Wunschfee kommen würde, und Du Dir etwas für den Verein wünschen dürftest, was wäre das?

Fragen, die helfen, um den Strategieprozess zu begleiten und zu steuern:

Die folgenden Fragen sollen helfen, den Blick für den Handlungsbedarf zu schärfen. Durch die Auseinandersetzung mit diesen Fragen kann das Projektteam den Veränderungsprozess besser verstehen, Fallen vermeiden und Hürden überwinden.

- Was passiert, wenn nichts passiert?
- Warum sind die Dinge noch immer so, wie sie sind – das heißt: Worin besteht der Sinn des Bestehenden?
- Gibt es eine „strategische Lücke" oder einen Korrekturbedarf für uns, der eine Neuorientierung notwendig macht?
- Welche „Not" gilt es durch die Strategie und den Change zu wenden?

- Wer sind die Nutznießer des Status quo – wer wäre vermutlich Nutznießer einer Veränderung?
- Sind sich Initiatoren und Betroffene in der Einschätzung einig, dass man die Strategie wirklich braucht – oder gibt es Meinungsunterschiede?
- Welches konkrete Ergebnis soll der Wandel haben?
- Was wäre dabei ein gutes und was ein schlechtes Ergebnis?
- Woran wollen Sie den Erfolg dieses Wandels festmachen?
- Was wird nach dem Wandel anders sein als heute?
- Was soll im Change auf keinen Fall passieren?
- Haben die Vorstandsmitglieder unterschiedliche Erwartungen?
- Wie plausibel, realistisch und kompatibel sind diese Erwartungen insgesamt?
- Gibt es Anzeichen für verdeckte Erwartungen?

Viele sogenannte Strategien oder Initiativen sind zahnlose Tiger oder fangen nicht an, sich in der Praxis durchzusetzen oder wirksam zu werden. Wann sind Strategien überhaupt wirksam?

- Strategien legen das/die Aktivitätsfeld/er oder die Aktivitätenfelder eines Vereins fest. Eine Strategie ist immer das „Wie?“ – wie soll die langfristige Vision und die Ziele erreicht werden.
- Strategien sind konkurrenzbezogen, d. h. sie bestimmen das Handlungsprogramm in Relation zu Wettbewerbern, z. B. in Form von Imitation, Kooperation, Dominanz oder Abgrenzung. Einerseits auch zum Vergleich mit anderen Flugsportvereinen, aber auch anderen lokalen Vereinen, um von diesen zu lernen. Was machen die gut oder weniger gut – mit welcher Wirkung?
- Strategien nehmen Bezug auf die Umweltsituationen und -entwicklungen, auf Chancen und Risiken. Sie reagieren auf externe Veränderungen und/oder versuchen diese, aktiv im eigenen Sinne zu beeinflussen. D. h. für Vereine, wie hat sich die Gesellschaft und das Freizeitverhalten verändert? Wie viel Zeit können und wollen Mitglieder auf dem Flugplatz verbringen? Wie wird das Thema Motorflug in der Gesellschaft bewertet – wie wichtig ist eine Nachhaltigkeitsstrategie? Wie elementar wichtig ist ein sicherer Flugsport und eine positive Presse?
- Strategien nehmen Bezug auf die Ressourcen des Vereins, auf die Stärken und Schwächen in ihrer relativen Position. Welche finanziellen Mittel stehen aktuell und langfristig zur Verfügung? Was wäre wünschenswert, aber was ist auch machbar?
- Strategien spiegeln die zentralen Einstellungen, Wünsche und Wertvorstellungen der Entscheidungsträger wider und sollten aber auch die Interessen der Mitglieder reflektieren, nur so kann eine Gegenwehr verhindert und die Unter-

stützung erreicht werden. Werte sind sehr zentral – diese sollten eine Resonanz finden und besprochen (und dokumentiert) – aber vor allem auch gelebt werden.
- Strategien sind auf den ganzen Verein, nicht nur auf einzelne Sparten, Abteilungen oder Funktionsbereiche gerichtet.
- Strategien haben eine hohe Bedeutung für die Vermögens- und Ertragslage eines Vereins und weit reichende Konsequenzen, was die Ressourcenbindung anbelangt; es handelt sich um große Entscheidungen.
- Strategien sind zukunftsorientiert, sie basieren auf Erwartungen über die Entwicklung eigener Kompetenzen und Rahmenbedingungen
- Strategien können, müssen aber nicht, Ergebnis eines systematischen Planungsprozesses sein. Es gibt auch sogenannte spontane Strategie oder emergente Strategien, die automatisch entstehen.
- Strategien erfordern für ihre erfolgreiche Umsetzung die Formulierung von Maßnahmenplänen für die betroffenen Funktionsbereiche.

Strategien sind dann operativ wirksam, wenn:
- Ein Charakter der Handlungsorientierung vorliegt.
- Konkrete Entscheidungssituationen zu einer Handlungsprämisse werden.

Der Verein Segel- und Sportfliegerclub Bad Waldsee Reite e.V. hat einen solchen Zukunftsworkshop durchgeführt und auch ein Leitbild entwickelt, um das gemeinsame Verständnis zu dokumentieren und für neue Mitglieder zu veranschaulichen.

Alle weiteren Vorhaben, Strategie und Aktivitäten richten sich daran aus und geben Klarheit und auch Sicherheit im Handeln.

Menschliche Werte und Vereinskultur im privaten Flugsport: Eine dynamische Verbindung

Der private Flugsport ist eine Leidenschaft, die Menschen auf der ganzen Welt verbindet. Egal, ob man ein erfahrener Pilot oder ein Anfänger ist, die Liebe zur Luftfahrt vereint Menschen unterschiedlicher Hintergründe und Lebenswege. In diesem Artikel werden wir untersuchen, wie menschliche Werte und die Werte eines Flugsportvereins in enger Verbindung mit der dynamischen Flugsicherheit stehen und wie sie die Vereinskultur prägen.

Menschliche Werte und der private Flugsport

Die Luftfahrt hat schon immer eine Faszination für den Menschen dargestellt. Die Idee, frei wie ein Vogel durch den Himmel zu gleiten, weckt Träume von Freiheit

Leitbild des Sport- und Segelflieger-Clubs

SPORT- und SEGELFLIEGER-CLUB
Bad Waldsee-Reute e.V.

Unsere Mission und unser Zweck:

Die Mission unseres Vereins ist die Förderung des Luftsports für die breite Bevölkerung und der luftsportlichen Jugendarbeit in Bad Waldsee und Umgebung. Diese Mission wird durch den Betrieb von Luftsportgeräten, Luftsportanlagen und technischen Einrichtungen, sowie der Förderung von sportlicher Aus- und Weiterbildung erreicht. Eines unserer Hauptanliegen ist die Betreuung und Förderung der Jugend.

Unsere Werte:

- Kameradschaft und Teamorientierung
  - Wir fördern die Gemeinschaft und das respektvolle Miteinander.
  - Wir unterstützen gemeinsame Aktivitäten und Treffen.
- Flugbegeisterung und Freude am Fliegen
  - Wir fördern das gemeinsame Hobby des Flugsports.
  - Wir tauschen uns aus und unternehmen gemeinsame Flugerlebnisse.
- Ausbildung und Weiterbildung
  - Wir streben eine hohe Kompetenz in allen Luftsportdisziplinen an und lernen gemeinsam.
  - Wir bilden uns stetig fort und fördern die Flugsicherheit.
- Wertschätzung und Vertrauen
  - Wir gehen offen, wertschätzend und respektvoll miteinander um.
  - Wir schätzen die Vielfältigkeit der Persönlichkeiten und Kompetenzen.

03. März 2023

und Abenteuer. Diese Träume werden oft von wichtigen menschlichen Werten getragen, wie Freiheit, Verantwortung, Sicherheit und Gemeinschaft.

- **Freiheit:** Der private Flugsport verkörpert das Gefühl der Freiheit in seiner reinsten Form. Piloten haben die Möglichkeit, die Wolken zu durchbrechen und die Welt von oben zu betrachten. Dieses Gefühl der Freiheit inspiriert nicht nur Piloten, sondern auch Menschen am Boden, ihren eigenen Träumen nachzugehen.
- **Verantwortung:** Mit großer Freiheit kommt auch eine große Verantwortung. Piloten sind sich bewusst, dass sie die Sicherheit ihres Flugzeugs, ihrer Passagiere und anderer Menschen am Boden gewährleisten müssen. Dieser hohe Grad an Verantwortung prägt die Persönlichkeiten der Piloten und fördert wichtige Werte wie Sorgfalt und Achtsamkeit.
- **Sicherheit:** Die Luftfahrtbranche legt einen besonders hohen Wert auf Sicherheit. Piloten müssen strenge Standards und Protokolle befolgen, um sicherzustellen, dass Flüge sicher sind. Dies spiegelt den tief verwurzelten menschlichen Wert wider, das Leben und die Gesundheit anderer zu schützen.

- **Gemeinschaft:** Der private Flugsport fördert auch die Bildung von Gemeinschaften. Flugvereine und -gruppen bieten die Möglichkeit, sich mit Gleichgesinnten auszutauschen, Erfahrungen zu teilen und voneinander zu lernen. Diese Gemeinschaften sind oft stark miteinander verbunden und helfen dabei, Werte wie Zusammenarbeit und Unterstützung zu festigen.

Die Werte eines Flugsportvereins und die Vereinskultur

Ein Flugsportverein ist oft das Herzstück der Flugaktivitäten für viele Piloten. Diese Vereine haben ihre eigenen Werte und eine einzigartige Vereinskultur, die tief in die Welt des privaten Flugsports eingebettet sind.

- **Sicherheit steht an erster Stelle:** Jeder Flugsportverein hat Sicherheit als oberste Priorität. Die Mitglieder teilen die Verpflichtung, sicher zu fliegen und ständig ihre Fähigkeiten zu verbessern. Dies schafft eine Atmosphäre des Vertrauens und der Zuverlässigkeit.
- **Ausbildung und Weiterentwicklung:** Die meisten Vereine bieten Schulungen und Weiterbildungsprogramme an, um sicherzustellen, dass ihre Mitglieder gut ausgebildet und informiert sind. Dies fördert den Wert des lebenslangen Lernens und die kontinuierliche Verbesserung der fliegerischen Fähigkeiten.
- **Gemeinschaftsgefühl:** Flugsportvereine sind oft wie eine Familie. Die Mitglieder teilen die gleiche Leidenschaft für das Fliegen und unterstützen sich gegenseitig in ihren fliegerischen Bestrebungen. Dies stärkt den Wert der Gemeinschaft und des Zusammenhalts.
- **Respekt und Verantwortung:** In der Vereinskultur herrscht ein hoher Grad an Respekt und Verantwortung gegenüber anderen Mitgliedern, dem Verein und der Flugumgebung. Dies schafft eine Umgebung, in der alle Piloten ihr Bestes geben und aufeinander aufpassen.

Die dynamische Flugsicherheit bezieht sich auf die Fähigkeit eines Piloten, sich an wechselnde Situationen und unerwartete Herausforderungen anzupassen. Diese Fähigkeit ist eng mit den menschlichen Werten und der Vereinskultur im privaten Flugsport verbunden.

Piloten, die die Werte von Freiheit, Verantwortung, Sicherheit und Gemeinschaft teilen und in einem unterstützenden Flugsportverein aktiv sind, entwickeln oft eine bessere Fähigkeit zur dynamischen Flugsicherheit. Sie sind besser darauf vorbereitet, in stressigen Situationen ruhig zu bleiben, kluge Entscheidungen zu treffen und flexibel auf Veränderungen zu reagieren.

Insgesamt zeigt sich, dass der private Flugsport nicht nur eine Leidenschaft ist, sondern auch eine Gelegenheit bietet, wichtige menschliche Werte zu leben und zu pflegen. Die Verbindung zwischen diesen Werten und der Vereinskultur sowie der dynamischen Flugsicherheit stärkt nicht nur die Piloten, sondern trägt auch zur Sicherheit und Qualität des Flugsports bei.

Werte sind grundlegende Überzeugungen, Prinzipien und Standards, die das Verhalten, die Entscheidungsfindung und die Einstellungen einer Person oder einer Gruppe von Menschen beeinflussen. Werte sind tief verwurzelte Überzeugungen darüber, was als gut, wünschenswert, moralisch oder ethisch akzeptabel angesehen wird. Sie dienen als Leitprinzipien, nach denen Menschen ihr Leben gestalten und ihre Handlungen bewerten.

Hier sind einige wichtige Aspekte zur Definition von Werten:

- **Überzeugungen:** Werte sind tief verwurzelte Überzeugungen, die Menschen darüber haben, was wichtig und bedeutsam ist. Diese Überzeugungen beeinflussen ihre Sichtweise auf die Welt und ihre Interaktionen mit anderen.
- **Prinzipien:** Werte fungieren als Prinzipien oder Richtlinien, die das Verhalten einer Person leiten. Sie beeinflussen, wie Menschen Entscheidungen treffen und wie sie sich in verschiedenen Situationen verhalten.
- **Persönlich und kulturell:** Werte können auf persönlicher Ebene oder auf kultureller Ebene existieren. Auf persönlicher Ebene sind sie individuell und können von Person zu Person variieren. Auf kultureller Ebene sind sie oft gemeinsame Überzeugungen innerhalb einer bestimmten Gemeinschaft, Gesellschaft oder Kultur.
- **Stabilität und Veränderung:** Werte können stabil sein und über lange Zeiträume hinweg bestehen bleiben, aber sie können auch im Laufe des Lebens einer Person oder aufgrund von gesellschaftlichen Veränderungen evolvieren.
- **Beeinflussung von Verhalten:** Werte beeinflussen die Entscheidungen und Handlungen einer Person. Sie dienen als Maßstab, an dem das eigene Verhalten bewertet wird, und können dazu beitragen, ethisches und moralisches Verhalten zu fördern.
- **Konflikte und Prioritäten:** In verschiedenen Situationen können Werte miteinander in Konflikt geraten, wenn sie nicht miteinander vereinbar sind. Menschen müssen dann Prioritäten setzen und abwägen, welcher Wert in einer gegebenen Situation vorrangig ist.

Beispiele für Werte sind Freiheit, Gerechtigkeit, Integrität, Familie, Freundschaft, Ehrlichkeit, Respekt, Mitgefühl, Verantwortung und Toleranz. Diese Werte bilden die Grundlage für unsere moralischen und ethischen Entscheidungen und beeinflussen unsere Interaktionen mit anderen Menschen und unserer Umwelt. Werte sind also grundlegend für die Art und Weise, wie wir unser Leben führen und die Welt um uns herum verstehen. Werte sind wie ein innerer Kompass, an dem wir unsere Entscheidungen ausrichten.

Welche Werte müsste ein Verein leben, damit eine tolle Sicherheitskultur entstehen kann?

Eine starke Sicherheitskultur in einem Verein erfordert das Vorleben und die Förderung bestimmter Werte und Prinzipien, die die Sicherheit und das Wohlbefinden der Mitglieder in den Mittelpunkt stellen. Hier sind einige wesentliche Werte, die ein Verein leben sollte, um eine herausragende Sicherheitskultur zu schaffen:

Verantwortungsbewusstsein: Jedes Mitglied des Vereins sollte sich seiner individuellen Verantwortung für die Sicherheit bewusst sein. Dies bedeutet, dass sie sich ihrer Handlungen und Entscheidungen bewusst sind und sicherstellen, dass sie keine unnötigen Risiken eingehen.

1. **Kommunikation:** Offene und effektive Kommunikation ist entscheidend für die Sicherheitskultur. Mitglieder sollten ermutigt werden, Sicherheitsbedenken, Vorschläge und Erfahrungen zu teilen, damit Verbesserungen vorgenommen werden können.
2. **Teamarbeit:** Zusammenarbeit ist ein wesentlicher Wert in einer Sicherheitskultur. Die Mitglieder sollten in der Lage sein, zusammenzuarbeiten, um gemeinsame Sicherheitsziele zu erreichen und sich gegenseitig zu unterstützen.
3. **Transparenz:** Transparente Prozesse und Entscheidungsfindung sind wichtig, um das Vertrauen der Mitglieder in die Vereinsführung zu stärken. Dies gilt insbesondere für sicherheitsrelevante Informationen und Entscheidungen.
4. **Lernen und Weiterbildung:** Die Bereitschaft, kontinuierlich zu lernen und sich weiterzubilden, ist von entscheidender Bedeutung. Mitglieder sollten ermutigt werden, ihre Fähigkeiten und Kenntnisse in Bezug auf Sicherheit zu verbessern.
5. **Vertrauen:** Vertrauen in die Sicherheitsmaßnahmen und -systeme des Vereins ist unerlässlich. Die Mitglieder sollten darauf vertrauen können, dass ihre Sicherheit eine oberste Priorität ist.
6. **Fehlerkultur:** Eine positive Fehlerkultur ist wichtig, damit Mitglieder sich trauen, Sicherheitsvorfälle oder Fehler zu melden, ohne Angst vor negativen Konsequenzen zu haben. Diese Meldungen sollten als Chancen zur Verbesserung betrachtet werden.
7. **Vorbildfunktion der Führung:** Die Führungsebene des Vereins sollte die Werte der Sicherheitskultur vorleben und diese in allen Aktivitäten und Entscheidungen demonstrieren.
8. **Kontinuierliche Verbesserung:** Der Verein sollte bestrebt sein, seine Sicherheitspraktiken kontinuierlich zu verbessern. Dies bedeutet, dass ständig nach Wegen gesucht wird, wie die Sicherheit erhöht werden kann.

9. **Rechenschaftspflicht:** Mitglieder sollten für ihr Verhalten im Hinblick auf die Sicherheit rechenschaftspflichtig sein. Dies bedeutet, dass es Konsequenzen für unsicheres Verhalten geben sollte, um die Ernsthaftigkeit der Sicherheit zu unterstreichen.

Diese Werte sind nicht nur wichtig für die Schaffung einer herausragenden Sicherheitskultur in einem Verein, sondern auch für die Gewährleistung einer sicheren Umgebung und eines positiven Gemeinschaftsgefühls. Wenn diese Werte von allen Mitgliedern geteilt und praktiziert werden, kann der Verein eine starke und nachhaltige Sicherheitskultur entwickeln, die das Wohlbefinden und die Sicherheit seiner Mitglieder fördert.

Werteorientierte Sicherheitskulturen gestalten mit den 9 Levels of Value Systems

Clare W. Graves (1914 – 1986) war Psychologieprofessor am Union College in Schenectady bei New York (USA). Den Anstoß zu seinen Forschungen bekam er von seinen Studierenden, die wissen wollten, wer von den vielen Theoretikern (Maslow, Freud, Jung, Rogers, Watson etc.) denn nun recht habe mit seinen Ansätzen rund um die psychologische Entwicklung und Motivation von Menschen. Graves konnte diese Frage nicht eindeutig beantworten, wollte dafür aber einen Weg finden und startete eigene Untersuchungen zur psychologischen Reifeentwicklung des Menschen. Über 20 Jahre Forschung brachten Graves zu dem Schluss, dass menschliche Werte nichts Fixes sind. Vielmehr lernt der Mensch, dass eine gewisse Art zu leben und damit verbundene Werte für eine Periode seiner Entwicklung sinnvoll sind, für eine spätere jedoch nicht mehr. Graves' Daten legen nahe, dass die Natur des Menschen ein offenes, sich ständig weiterentwickelndes System ist, welches in einer hierarchischen Ordnung von einem stabilen System zum nächsten springt. In den 90er-Jahren bauten Don Beck und Christopher Cowan – „Schüler" von Graves – sein Werk weiter aus und gaben ihm den Namen „Spiral Dynamics". Ein wissenschaftlich valides Messinstrument, um die Werteebenen zu messen ist das Modell der 9 Levels of Value Systems®, die auf der Theorie von Graves aufbauen.

Jeder Level beinhaltet kennzeichnende Werte, die auf dieser Stufe für richtig und wichtig befunden werden. Im Folgenden stellen wir die einzelnen Levels von Beige bis Koralle in ihren Grundzügen vor. Bitte behalten Sie dabei jetzt schon einmal im Kopf, dass die Ebenen des Modells absolut gleichwertig sind, kein Level ist an sich besser oder schlechter. Es kommt vielmehr auf die Passung mit der Umwelt an!

Was sind Werte?

Wir alle haben bestimmte Werte, die unser Denken und Handeln bestimmen, ohne, dass wir uns dessen bewusst sind. Werte sagen uns, ob etwas gut oder schlecht ist, ob wir etwas akzeptieren oder ablehnen, was uns antreibt und was uns unglücklich macht. Werte geben uns Orientierung und Halt. So wichtig Werte in unserem Leben sind, so schwer sind sie greifbar.

Betrachtet man die Bedeutung des Begriffs im Deutschen näher, entsteht die Frage, was uns etwas wert und damit wichtig ist. Die lateinische Definition „Valere" drückt aus, gesund zu sein, stark zu sein – aber genauso etwas wert zu sein, etwas gelten, Einfluss zu haben. Wert beinhaltet also etwas für den Menschen Kraftvolles.

Begrifflichkeiten wie Respekt, Schutz, Einklang, Impulsivität, Klarheit, Status, Empathie oder Toleranz und viele andere mehr fallen unter den Begriff Werte. Jeder Mensch hat nicht nur ganz individuelle Werte, sondern auch unterschiedliche Rangfolgen der einzelnen Werte. Für den einen bedeutet „Einklang" beispielsweise, Job und Privatleben harmonisch unter einen Hut zu bekommen. Für den anderen besteht bereits Einklang, wenn er seine gesteckten Ziele erreicht hat – auch wenn andere dadurch den Kürzeren gezogen haben.

Im Flugsport ist ein Bewusstsein über die eigenen Werte sowohl für die Sicherheit als auch für den (zu definierenden) Erfolg wichtig, sowie im Umgang mit Passagieren oder anderen Fliegern im Verein oder in der Luft. Es macht Sinn, sich als Pilot mit den eigenen Werten zu beschäftigen, um das eigene Denken und Handeln besser zu verstehen.

Flugsport prägt auch die Werte

Die Lebensumstände, Erfahrungen und natürlich das menschliche wie soziale Umfeld prägen die eigenen Werte. Was hat sich bewährt – was hat sich als gut herausgestellt – das prägt die Werte.

Um Werte und deren Entwicklungen gut verstehen zu können ist das Werte-Graves-Entwicklungsmodell der 9 Levels of Value Systems (www.9levels.de) sehr hilfreich. Mit diesem Modell haben bereits die Damen Nationalmannschaft der Segelfliegerinnen, der Jugendkader des BWLV sowie die Flugschule Freiraum von Weltcupsieger Achim Joos gearbeitet. Auf diese Projekte bin ich im Buch „Mentales Training für Piloten" eingegangen.

Das Modell der 9 Levels basiert auf den Erkenntnissen von Professor Clare W. Graves und seiner über 20-jährigen Forschungsarbeit. Graves' Theorie beschreibt in verschiedenen Perspektiven, wie Menschen, Systeme und Organisationen – basierend auf ihrem biopsychosozialen System – die Welt betrachten und danach denken und handeln. Das Modell der 9 Levels of Value Systems ist nun die Weiterentwicklung des Graves'schen Modells. Das Modell der 9 Levels of Value Systems[39] hilft, sich selbst und andere besser zu verstehen. Das Modell unterteilt sich in 9 Ebenen – sog. Levels – auf denen sich der Mensch von seiner Geburt an immer weiter auf den nächst höheren Level bewegt, auf dem bestimmte Wertevorstellungen vorherrschen, die das Denken, Fühlen und Handeln auf dieser Ebene bestimmen.

Das Modell habe ich bereits im Buch „Mentales Training für Piloten" auf das Individuum bezogen und erklärt. Hier gilt der Fokus auf die Werte der Organisation, also zum Beispiel des Vereins oder eines Flugplatzes.

Die 9 Levels der Wertesysteme von Clare W. Graves

Die Sicherheit im privaten Flugsport steht immer im Mittelpunkt des Interesses. Um diese Sicherheit zu gewährleisten, müssen nicht nur technische Aspekte berücksichtigt werden, sondern auch die menschliche Dimension, insbesondere die Organisationskultur und die Werte der beteiligten Personen. Das Konzept der 9 Wertesysteme von Clare W. Graves bietet einen interessanten Ansatz, um die Kultur in Flugsportvereinen zu analysieren und zu gestalten, um eine Vertrauenskultur zu fördern, in der offener und vertrauensvoller Dialog über Fehler und Missstände stattfinden kann.

Clare W. Graves entwickelte eine Theorie der menschlichen Entwicklung, die besagt, dass Individuen und Gruppen verschiedene Wertesysteme durchlaufen, die jeweils eine bestimmte Denkweise, Werte und Verhaltensweisen prägen. Diese Wertesysteme sind nicht festgelegt, sondern können sich im Laufe der Zeit verändern, abhängig von persönlichen Erfahrungen, sozialen Umständen und individuellem Wachstum. Die 9 Wertesysteme sind:

- Beige: Instinktive Überlebensbedürfnisse.
- Purpur: Stammesmentalität und Zugehörigkeit.
- Rot: Egozentrische Macht und Dominanz.
- Blau: Strukturierte Ordnung und Hierarchie.
- Orange: Erfolg, Wachstum und Individualismus.
- Grün: Gemeinschaft, Zusammenarbeit und Harmonie.
- Gelb.: Systemisches Denken und Flexibilität.
- Türkis: Ganzheitliches Denken und Integration.
- Koralle: Globales Denken und universelle Ethik.

Die Anwendung der 9 Wertesysteme von Clare W. Graves auf die Flugsicherheit im privaten Flugsport ermöglicht es, die Organisationskultur zu analysieren und

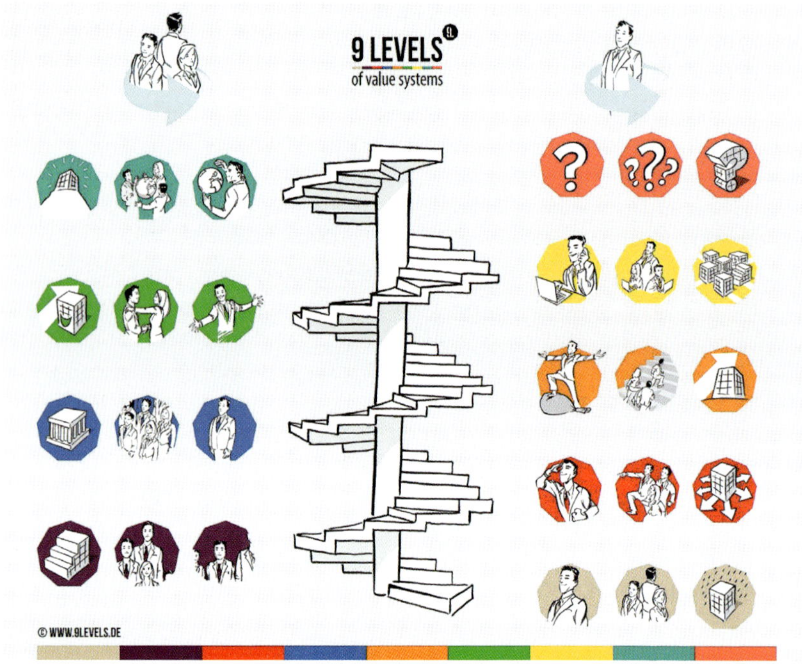

gezielt zu gestalten, um eine Vertrauenskultur zu schaffen, in der offener und vertrauensvoller Dialog über Fehler und Missstände gefördert wird. Jedes Wertesystem bringt seine eigenen Stärken und Herausforderungen mit sich, die in eine ganzheitliche Strategie zur Verbesserung der Flugsicherheit integriert werden können. Indem Flugsportvereine die verschiedenen Wertesysteme verstehen und ansprechen, können sie die Grundlage für eine sicherere und vertrauensvollere Flugumgebung legen.

Reflexion:

Lese die folgenden Beschreibungen der Levels/Werteebenen aufmerksam durch und nutze die Reflexionsfragen, um eine erste Einschätzung des Vereins oder des Flugplatzes zu bekommen:

- Welche Aspekte und Werteebenen erkennst Du in Deinem Verein?
- Welche Werteebenen sind Dir am sympathisten?
- Welche Werteebenen werden im Verein auch abgelehnt?
- Welche Werteebenen würden im Sinner einer Flugsicherheit sinnvoll sein?

Die Anwendung der 9 Wertesysteme in Flugsportvereinen für eine Vertrauenskultur in der Flugsicherheit ist hilfreich. Im Folgenden werden zunächst die Grundwerte jedes Levels erläutert und dann auf den Flugsport übertragen.

Hier wird das Modell der 9 Levels in 10 Minuten erklärt

Beige – Grundlegende Sicherheitsbedürfnisse

Dieser Level beschreibt die fundamentalste Stufe von Leben und Bewusstsein. Es geht im Kern um Grundbedürfnisse wie Überleben, Schutz und Fortpflanzung.

Im ersten Wertesystem, Beige, geht es um grundlegende Überlebensbedürfnisse. Flugsportvereine sollten sicherstellen, dass alle Mitglieder über die grundlegenden Sicherheitsrichtlinien und -verfahren informiert sind. Dies könnte durch Schulungen, informative Materialien und klare Kommunikation erreicht werden. Die Betonung der physischen Sicherheit schafft eine Basis, auf der die Vertrauenskultur aufgebaut werden kann.

Purpur – Gemeinschaft und Unterstützung

Die kennzeichnenden Werte von Purpur sind Zugehörigkeit, Tradition und Sicherheit.

- **Zugehörigkeit** bezeichnet das Gefühl der Verbundenheit und die Identifikation mit einer Gruppe, die durch gemeinsame Werte, Traditionen und Überzeugungen charakterisiert ist. Dieser Wert betont die Bedeutung der Gruppenidentität über das Individuum hinaus und fördert den sozialen Zusammenhalt und die gegenseitige Unterstützung innerhalb der Gemeinschaft.
- **Tradition** ist die Anerkennung und das Festhalten an den überlieferten Praktiken, Glaubenssystemen und Lebensweisen der Vorfahren oder der Gemeinschaft, in die man hineingeboren wurde. Traditionen dienen als verlässlicher Rahmen für das alltägliche Leben und als Verbindungsstück zwischen den Generationen, indem sie Kontinuität und ein kulturelles Erbe bieten.
- **Sicherheit** ist der Wert, der das Streben nach einem Zustand des Schutzes vor physischen und psychischen Gefahren, der Gewährleistung von Stabilität und dem Gefühl der Geborgenheit umfasst. In diesem Kontext bezieht sich Sicherheit sowohl auf die Bewahrung vor physischen Bedrohungen als auch auf die Aufrechterhaltung der sozialen Ordnung durch die Einhaltung von Traditionen und das Einbetten des Individuums in eine schützende Gemeinschaft.

Im Wertesystem Purpur steht die Gemeinschaft im Vordergrund. Ein Flugsportverein kann eine Kultur der gegenseitigen Unterstützung und Fürsorge fördern.

Hier könnten Mentoringsysteme eingerichtet werden, bei denen erfahrene Piloten ihre Kenntnisse und Erfahrungen an Neueinsteiger weitergeben. Dies stärkt den Zusammenhalt und ermutigt zur offenen Kommunikation über Sicherheitsbedenken.

Rot – Macht und Verantwortung

Ansehen, Macht und Autonomie sind die kennzeichnenden Werte des dritten Levels.

- Der Wert des **Ansehens** spiegelt das Streben nach Anerkennung, Bewunderung und einem bleibenden Eindruck bei anderen wider. Es ist wichtig, als jemand betrachtet zu werden, der bedeutsame und heroische Taten vollbracht hat. Ansehen bezieht sich somit auf den sozialen Status, der durch solche Handlungen und deren Wahrnehmung durch andere erreicht wird.
- **Macht** als Wert repräsentiert das Bestreben, Kontrolle und Dominanz über das eigene Leben und die Umgebung auszuüben. Es bezieht sich auf die Fähigkeit, Einfluss zu nehmen und Ereignisse zu steuern, oft durch Durchsetzungsvermögen und Autorität. Im Kontext dieses Levels ist Macht eng verbunden mit dem Überleben des Individuums und dem Ziel, sich selbst zu behaupten und zu schützen.
- **Autonomie** ist der Wert, der die Bedeutung der persönlichen Authentizität und Freiheit betont, eigene Gedanken, Gefühle und Überzeugungen offen zu manifestieren. Er umfasst die Überzeugung, dass Individuen das Recht haben, ihre Einzigartigkeit und Individualität ohne Angst vor Ablehnung oder Sanktionen durch die Gesellschaft zu kommunizieren. Dieser Wert priorisiert die persönliche Identität und Integrität über Konformität oder soziale Akzeptanz und vertritt die Ansicht, dass wahre Selbstverwirklichung durch den mutigen Ausdruck des inneren Selbst erreicht wird, selbst wenn dies zu sozialen oder persönlichen Konflikten führt.

Das Wertesystem Rot, das egozentrische Macht und Dominanz repräsentiert, kann durch die Betonung von Teamarbeit und kollektiver Verantwortung ausgeglichen werden. Individuelle Machtgelüste könnten zu Risiken führen, doch eine Kultur, in der Mitglieder Verantwortung für das Wohl aller übernehmen, kann diese Tendenzen mildern. Regelmäßige Sicherheitsbesprechungen, bei denen alle Mitglieder einbezogen werden, fördern ein gemeinsames Verständnis der Risiken.

Blau – Struktur und Hierarchie

Im Zentrum des 4. Levels stehen die Werte Ordnung, Konformität und Aufopferung.

- **Ordnung** als Wert bedeutet die Schätzung und Aufrechterhaltung einer strukturierten und vorhersehbaren Umgebung, in der Regeln und Vorgaben klar definiert und befolgt werden. Personen, die diesen Wert hochhalten, streben danach, Abläufe und Verhaltensweisen zu etablieren, die Konsistenz und Sicherheit im privaten, beruflichen und sozialen Kontext bieten. Ordnung ist somit die Grundlage für eine effiziente und funktionierende Gemeinschaft oder Organisation, in der jeder seinen Platz kennt und die zugewiesenen Aufgaben gemäß den festgelegten Richtlinien erfüllt.

- **Konformität** reflektiert die Anpassung und Unterordnung des Individuums unter die Normen, Werte und Erwartungen einer Autorität oder Gruppe. Dieser Wert betont die Bedeutung von Harmonie und das Vermeiden von Konflikten durch die Angleichung des eigenen Verhaltens an das der umgebenden sozialen oder organisatorischen Strukturen. Konformität führt zu einer homogenen Gruppe, in der Abweichungen minimiert sind und die kollektiven Ziele Priorität über individuelle Bestrebungen haben.
- **Aufopferung** als Wert bezieht sich auf die Bereitschaft, eigene Bedürfnisse und Wünsche zurückzustellen, um den Anforderungen und Zielen einer höheren Sache oder Autorität zu entsprechen. Dies kann sich in selbstlosem Handeln manifestieren, das das Wohl anderer oder das Einhalten strenger ethischer oder gesellschaftlicher Standards über persönliche Interessen stellt. Aufopferung bedeutet oft auch das Ertragen von Härten oder das Übernehmen zusätzlicher Lasten, um einen Beitrag zum Erfolg oder zum Wohlergehen der Gemeinschaft oder Organisation zu leisten.

Struktur und Hierarchie sind im Wertesystem Blau zentral. Ein Flugsportverein sollte klare Verantwortlichkeiten und Prozesse etablieren, um sicherzustellen, dass Sicherheitsrichtlinien verstanden und eingehalten werden. Ein transparentes System, in dem die Sicherheitsverantwortlichen regelmäßig über Entwicklungen berichten, schafft Vertrauen und sorgt für klare Kommunikationswege.

Orange – Erfolg und Sicherheit

Der Level „Orange" ist durch die Werte Leistung, Status und Eigenverantwortung gekennzeichnet

- **Status** wird als die Position oder der Rang definiert, den ein Individuum innerhalb der sozialen Hierarchie innehat, oft als Ergebnis von Leistung und Erfolg. Er manifestiert sich in Form von materiellem Wohlstand, beruflicher Stellung und dem Erreichen von Einfluss, wobei der individuelle Status als Spiegelbild des persönlichen Beitrags zur und der Anerkennung durch die Gesellschaft dient.
- **Eigenverantwortung** beschreibt die Wertvorstellung, die die Rechte, Bedürfnisse und Ziele des Einzelnen über die der Gruppe stellt. Im vorliegenden Text

ist damit die Betonung der persönlichen Unabhängigkeit, Selbstverantwortung und Selbstbestimmung gemeint. Es ist die Überzeugung, dass Individuen in der Lage sein sollten, ihre eigenen Entscheidungen zu treffen und ihren eigenen Weg zu Selbstverwirklichung und Erfolg zu gehen, oft in Verbindung mit einer kritischen Haltung gegenüber Autoritäten und traditionellen Normen.
- Das Wertesystem Orange fokussiert auf individuellen **Erfolg und Wachstum**. Um eine Verbindung zur Flugsicherheit herzustellen, kann der Verein betonen, dass langfristiger Erfolg stark von der Einhaltung der Sicherheitsprinzipien abhängt. Die Implementierung von Anreizsystemen, die sich auf sicherheitsbewusstes Verhalten konzentrieren, fördert eine Kultur, alle in der Sicherheit ein integraler Bestandteil des individuellen Erfolgs ist.

Leistung bezieht sich auf das erfolgreiche Erreichen von persönlich gesetzten oder gesellschaftlich anerkannten Zielen durch die Anwendung von Kompetenz, Intelligenz und Effektivität. Sie ist gekennzeichnet durch das Streben nach materieller und sozialer Verbesserung im Hier und Jetzt, wobei der individuelle Fortschritt durch objektiv messbare Errungenschaften und die Überwindung von Herausforderungen bewertet wird. In Vereinen ist das oft Wettbewerbsfliegen oder die ständige Leistungssteigerung.

Grün – Teamarbeit und offene Kommunikation

Gemeinschaft, Harmonie und Toleranz bilden die Kernwerte des Levels „Grün“.

- Der Wert **Gemeinschaft** drückt das tiefe Bedürfnis nach Zugehörigkeit und Akzeptanz aus. Es geht darum, Teil einer Gruppe zu sein, die durch gegenseitige Achtung und den Wunsch nach sozialer Verbundenheit charakterisiert wird. Die Gemeinschaft ist nicht nur ein soziales Netzwerk, sondern ein Gefüge, das jedem Individuum das Gefühl gibt, wertgeschätzt und unterstützt zu wer-den. Dies spiegelt sich in der Betonung von Gruppenentscheidungen und der Priorisierung von Gruppenbedürfnissen gegenüber individuellen Zielen wider.
- **Harmonie:** Dieser Wert bezieht sich auf das Streben nach einem friedlichen Miteinander, das durch das Vermeiden von Konflikten und das Schaffen von Ausgeglichenheit zwischen Individuen gekennzeichnet ist. In Bezug auf den Level wird Harmonie als ein Zustand beschrieben, in dem Menschen auf persönlicher Ebene Frieden finden und diesen in ihren Beziehungen zu anderen widerspiegeln. Harmonie ist ein zentraler Aspekt der sechsten Existenzstufe, in der interpersonelle Beziehungen und das Wohlbefinden der Gemeinschaft als Ganzes im Mittelpunkt stehen.
- **Toleranz:** Toleranz im Kontext des Levels bezieht sich auf die Akzeptanz und das Wertschätzen von Diversität und individuellen Unterschieden. Sie umfasst

die Anerkennung, dass jede Person einzigartige Perspektiven und Erfahrungen hat, die respektiert werden sollten. Toleranz ist das Gegenteil von Dogmatismus und engstirnigem Denken; sie ermöglicht es Individuen und Gruppen, nebeneinander zu existieren und von den reichen Erfahrungen und Ansichten eines jeden zu profitieren. Sie ist eng verbunden mit dem Konzept der Relativität und der Nicht-Klassifizierung, die im Level als wertvoll für den Aufbau einer inklusiven und menschlicheren Gesellschaft hervorgehoben werden.

Die grüne Denkweise betont Gemeinschaft, Zusammenarbeit und Harmonie. In einem Flugsportverein könnte dies dazu führen, dass ein offener und vertrauensvoller Dialog über Fehler und Missstände gefördert wird. Regelmäßige Sicherheitsbesprechungen können einen Raum schaffen, in dem Mitglieder ihre Bedenken ansprechen können, ohne Angst vor negativen Konsequenzen zu haben.

Gelb – Systemisches Denken und Flexibilität

Kennzeichnende Werte von Gelb sind Selbstverwirklichung, Akzeptanz und Ganzheitlichkeit.

- **Selbstverwirklichung:** Dieser Wert ist zentral, weil er die Wichtigkeit der Selbstbestimmung und der persönlichen Freiheit betont, wobei man zugleich darauf achtet, das Wohl anderer nicht zu beeinträchtigen. Autonomie reflektiert die Entwicklung hin zu einem interdependenten Verständnis von Individualität, das im Text beschrieben wird.
- **Akzeptanz:** Dieser Wert umfasst die Akzeptanz und Wertschätzung von Vielfalt und Unterschiedlichkeit sowie die Fähigkeit, mit Unterschieden in konstruktiver Weise umzugehen. Im Kontext des Textes wird deutlich, dass eine Gesellschaft, die auf diesen Wert aufbaut, pluralistisch und inklusiv ist, was essenziell für das Zusammenleben auf diesem Entwicklungslevel ist.
- **Ganzheitlichkeit:** Der Wert der Ganzheitlichkeit greift die tiefere Erkenntnis auf, dass das Leben in all seinen Formen respektiert und wertgeschätzt werden muss. Er spiegelt die Verschiebung hin zu einem Wertesystem wider, das die Kontinuität des Lebens und das Wohlergehen aller Lebewesen als primäres Ziel ansieht.

Die gelbe Denkweise beinhaltet systemisches Denken und Flexibilität. Ein Flugsportverein kann von dieser Denkweise profitieren, indem er eine Kultur der kontinuierlichen Verbesserung und des Lernens fördert. Mitglieder könnten ermutigt werden, sicherheitsrelevante Vorschläge zu machen und auf potenzielle Risiken hinzuweisen. Offenheit für Anpassung und Lernen trägt dazu bei, Verbesserungen voranzutreiben.

Türkis– Ganzheitliches Denken und Ethik

(Ur-)Vertrauen, Demut und Erleben sind die Kernwerte des 8. Levels.

- **(Ur-)Vertrauen:** Dieser Wert steht für die tiefe innere Überzeugung, dass das Leben und seine inhärenten Widersprüche angenommen werden können, ohne dass der Mensch alle Aspekte seiner Existenz verstehen muss. Dieses Vertrauen fungiert als Grundlage für eine Existenz, die sich über die Grenzen des Bekannten hinaus erstreckt und es ermöglicht, im Einklang mit den Gegebenheiten des Lebens zu handeln, die über das rationale Verstehen hinausgehen.
- **Demut** reflektiert die Erkenntnis der begrenzten menschlichen Erkenntnisfähigkeit und die Akzeptanz, dass man nicht alles über das Dasein wissen kann. Es wird erkannt, dass die Vorstellung, sich selbst vollständig zu kennen, eine Illusion ist. Es wird mit einer Hal-tung von Demut akzeptiert, dass das Leben Komplexitäten und Mysterien birgt, die nicht vollständig entschlüsselt werden können.
- **Erleben:** Anstelle des Strebens nach konkretem Wissen und Kontrolle betont der Wert des Erlebens die Bedeutung des direkten, subjektiven Erfahrens der Welt. Mit diesem Wert wird das Erleben der Realität, das Eintauchen in die unmittelbare Erfahrung und das Wertschätzen der fluiden Schönheit und Komplexität des Lebens an sich geschätzt. Das Erleben ist eine Annäherung an die Welt, die nicht durch den Versuch der Beherrschung, sondern durch das intuitive Verstehen gekennzeichnet ist.

Die Wertesysteme Türkis und Koralle betonen ganzheitliches Denken und universelle Ethik. In einem Flugsportverein bedeutet dies, dass die Sicherheit nicht nur auf die unmittelbare Umgebung beschränkt ist, sondern auch die Auswirkungen auf die Gesellschaft berücksichtigt werden. Eine Vertrauenskultur wird gefördert, indem Mitglieder dazu ermutigt werden, ethische Aspekte von Sicherheitsentscheidungen zu berücksichtigen und einen offenen Dialog über globale Sicherheitsfragen zu führen.

Koralle – noch nicht klar

In dem nach oben offenen Entwicklungsmodell nach Graves ist die neunte Ebene Koralle, die sich aber noch nicht wirklich ausgebildet hat. Der neunte Level Koralle ist bislang nur ansatzweise beschrieben. Der Level Korralle deutet sich schon an, jedoch gibt es bislang noch nicht viele Individuen, geschweige denn Organisationen in Koralle. Vermutlich wird es bei Koralle um Werte wie Stärke und Mut gehen, aber mit Fokus und Respekt allen Lebewesen gegenüber statt auf eine ich-bezogene Art und Weise.

Die Anwendung der 9 Wertesysteme von Clare W. Graves auf Flugsportvereine eröffnet die Möglichkeit, die Kultur und die Denkweisen innerhalb der Vereine zu analysieren und zu gestalten. Eine Vertrauenskultur, in der offener Dialog über Fehler und Missstände möglich ist, entsteht durch eine gezielte Integration dieser Wertesysteme. Jedes Wertesystem bringt seine eigenen Stärken und Herausforderungen mit sich, die in eine ganzheitliche Strategie zur Verbesserung der Flugsicherheit integriert werden können. Indem Flugsportvereine die verschiedenen Wertesysteme verstehen und ansprechen, legen sie die Grundlage für eine sicherere und vertrauensvollere Flugumgebung, in der die Sicherheit aller an oberster Stelle steht.

Werte spielen im Vereinsleben natürlich eine sehr große Rolle – wie ist die Kultur im Verein? Wie gehen die Mitglieder miteinander um? Kulturen basieren immer auf den gelebten Werten. Der Flugplatz Uelzen hat seine Werte und Leitlinien auf der Homepage (https://www.flugplatz-uelzen.de/leitlinien) veröffentlicht, und man kann beim Lesen schon gut vermuten, wie der Umgang ist und wie der Flugplatz „tickt".

Unserer Erfahrung nach in Unternehmen sind Führungskräfte und Manager gerade bei schwer fassbaren Themen wie Werte und Kultur auf der Suche nach etwas, das sie greifen können. Sie orientieren sich gerne an Zahlen und ziehen daraus die Sicherheit, die sie für Entscheidungen und deren Kommunikation an Mitarbeitende und Vorgesetzte brauchen. Gleiches gilt besonders in Vereinen und dem Hobbybereich. Daher nutzen wir zur Identifizierung der aktuellen Kultur einer Organisation in der Praxis häufig die 9 Levels of Value Systems®. Als wissenschaftlich fundiertes Analysetool ermöglichen die 9 Levels mit dem „Organization Value System" eine genaue Verortung der IST-Kultur im Graves-Modell aus Sicht der jeweils Befragten. Je nach Ausgangssituation und Zielsetzung der Analyse können IT-gestützt und datenschutzkonform hunderte von Mitarbeitende in verschiedenen Sprachversionen nach ihrer kulturellen Einschätzung der Organisation gefragt und vielfältige Auswertungen je nach Standort, Betriebszugehörigkeit, Hierarchiestufe und anderen miterhobenen Datenpunkten vorgenommen werden.

Wie sieht eine ideale Sicherheitskultur aus?

Im Arbeitskreis Flugsicherheit im BWLV haben wir mithilfe des Instrumentariums der 9 Levels Fragebögen eine ideale Organisationskultur im Sinne einer Sicherheitskultur erarbeitet. Die Fragestellung lautete: „Wie ist die ideale Kultur in einem Verein, bei der eine moderne dynamische Flugsicherheit gelebt wird?"

Das Ergebnis zeigt die Balkengrafik. Die oberen Balken zeigen die positiven Ausprägungen der Wertelevel und die unteren sind die Widerstände, also was mag die Organisation nicht.

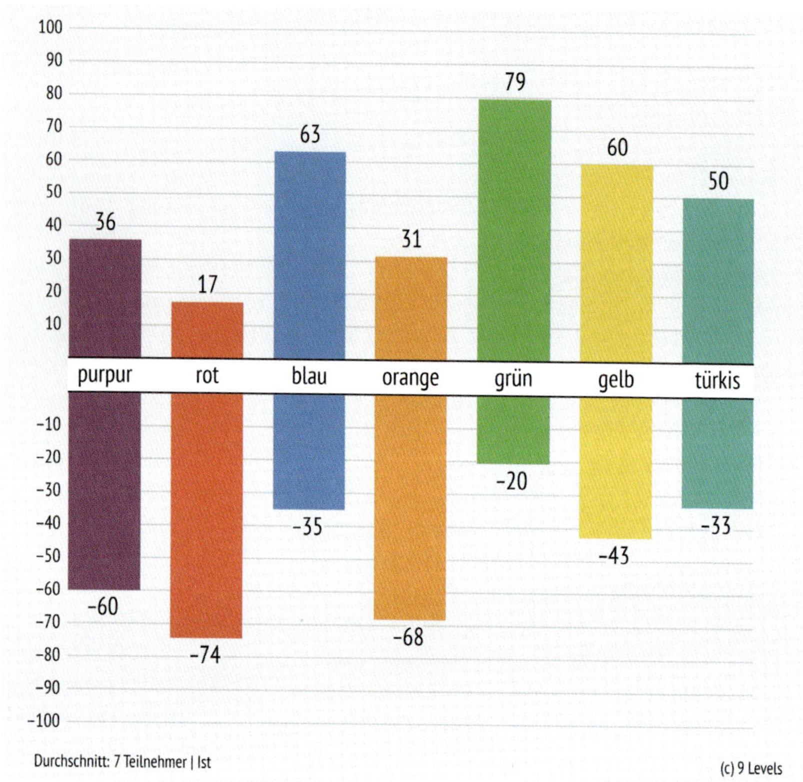

Sicherheitskultur im Verein (Flugsport) *Grafik: axiocon/9Levels*

Dieses Ergebnis lässt sich also interpretieren, dass die Experten die beiden Level Grün und Blau als erstrebenswertesten sehen, um im grünen Austausch und Miteinander die Themen offen und vertrauensvoll besprechen zu können. Fehlerkultur – also das Reden über Fehler oder Missstände ist möglich. Blau steht für Regeln, Checklisten und Prozesse, die verlässlich sind und die eingehalten werden. Gefolgt vom gelben Level, für den die stetige Weiterentwicklung relevant ist und die Vernetzung spannend ist. Wissensdurst zeichnet Gelb aus. Die Widerstände sind aus der Flugsicherheitsperspektive ebenso spannend, denn diese gilt es abzustellen. Rot kann durch Alleingänge, egozentrische Entscheidungen oder auch die Nichtbeachtung von Regeln zum Risiko werden. Der Orange Widerstand ist hier so zu interpretieren, dass ein stetiges „höher, schneller, weiter“, also ein permanentes Ausreizen der Grenzen ebenso risikobehaftet ist und oft eine Frage der Zeit (oder der Unfallpyramide), bis etwas schiefgeht.

Kombination aus den 9 Levels und der Bradley Kurve

In der Weiterentwicklung der dynamischen Flugsicherheit in der privaten Fliegerei stellt die Kombination der in Kapitel 1 vogestellten Bradley-Kurve mit dem Graves-Modell (9 Levels) einen spannenden Ansatz dar, um die Sicherheitskultur in Flugsportvereinen zu optimieren. Die Bradley-Kurve unterteilt die Entwicklung der Sicherheitskultur in vier Stufen: „Reaktiv", „Abhängig", „Unabhängig" und „Interaktiv". Diese lassen sich geschickt mit den 9 Levels of Value Systems verknüpfen.

Die erste Stufe der Bradley-Kurve, „Reaktiv", in der Sicherheit hauptsächlich als Reaktion auf vergangene Ereignisse verstanden wird, korrespondiert mit der roten Ebene des Graves-Modells. Hier steht das impulsive Handeln im Vordergrund, und Sicherheitsmaßnahmen werden oft erst nach einem Vorfall ernst genommen.

Die zweite Stufe, „Abhängig", wo Sicherheit durch die Befolgung von Regeln und Verfahren gewährleistet wird, entspricht der blauen Ebene im Graves-Modell. In dieser Phase werden Struktur, Ordnung und Disziplin betont, und die Einhaltung von festgelegten Sicherheitsvorschriften wird zur Priorität.

Die dritte Stufe, „Unabhängig", in der Eigenverantwortung und persönliche Initiative die Sicherheitskultur prägen, spiegelt sich in der orangen Ebene des Graves-Modells wider. Hier wird Sicherheit als Teil des Strebens nach Erfolg und Effizienz gesehen, wobei individuelle Kompetenz und innovatives Denken gefördert werden.

Die vierte und letzte Stufe, „Interaktiv", zeichnet sich durch eine kollektive Verantwortung für Sicherheit und kontinuierliche Verbesserung aus. Diese Stufe korrespondiert mit der grünen Ebene des Graves-Modells, die durch gemein-

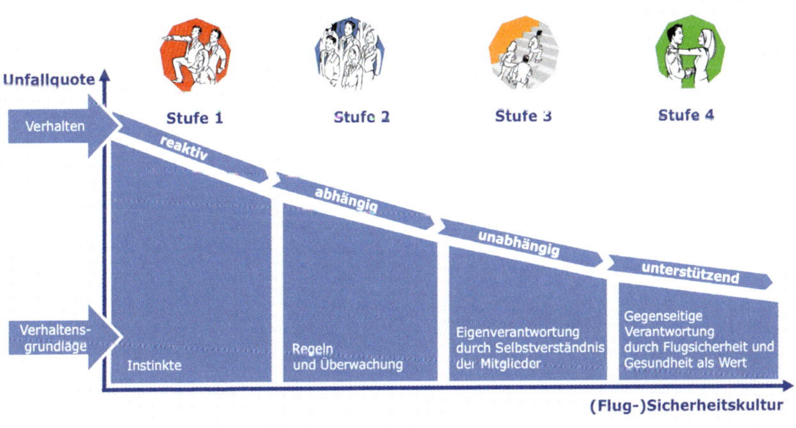

Die Bradley Kurve und 9 Levels

schaftliche Werte, Empathie und die Berücksichtigung verschiedener Perspektiven charakterisiert ist. In dieser Phase ist Sicherheit fest in der Kultur verankert und wird als gemeinschaftliches Anliegen betrachtet.

Durch die Verbindung dieser Modelle können Flugsportvereine erkennen, welche Schritte erforderlich sind, um von einer Entwicklungsstufe zur nächsten zu gelangen. Sie ermöglichen es, Sicherheitsmaßnahmen nicht nur als Vorschriften zu sehen, sondern als Teil einer kontinuierlichen Entwicklung, die sowohl individuelle als auch kollektive Bemühungen berücksichtigt. Dieser Ansatz fördert eine tiefere Einsicht in die Bedeutung von Sicherheit und unterstützt die Entwicklung einer reiferen und ganzheitlicheren Sicherheitskultur im Bereich der privaten Fliegerei.

Das Modell der 9 Levels kombinieren wir nun mit dem 7S-Modell, den Gestaltungselementen einer Organisation (und eines Flugsportvereins), um konkrete Ansatzpunkte zu haben, an denen die Organisationsentwicklung ansetzen kann.

Das 7S-Modell für mehr eine moderne Sicherheitskultur

In einem Flugsportverein ist die Organisationskultur von entscheidender Bedeutung, um ein sicheres Umfeld zu gewährleisten. Mit dem 7S-Modell von Peters und Waterman werden die sieben Schlüsselelemente einer erfolgreichen Organisationskultur erläutert. Die Leser erfahren, wie sie ihre Vereine optimieren können, um die Sicherheit, Effizienz und Zufriedenheit der Mitglieder zu steigern.

Werte stehen dabei im Mittelpunkt!

Das 7S-Modell von Peters und Waterman ist ein bewährter Rahmen oder ein bewährtes Model, das Organisationen dabei unterstützt, ihre Organisationskultur zu analysieren und zu verbessern. Die sieben Ss stehen für Strategy (Strategie), Structure (Struktur), Systems (Systeme), Skills (Fähigkeiten), Staff (Personal), Style (Stil) und Shared Values (Geteilte Werte). Später wird das 7S-Modell mit den 9 Levels of Value Systems zum Kultur-Radar fusioniert. Im Kontext von Flugsportvereinen kann das 7S-Modell wie folgt konkret angewendet werden:

Das Kultur Radar

In Anlehnung an Peters und Waterman bezeichnen wir die Elemente Führung, Mitarbeiter, Fähigkeiten, Prozesse, Struktur und Strategie als explizite Gestaltungselemente von Organisationskultur. Sie befinden sich auf der Ebene des or-

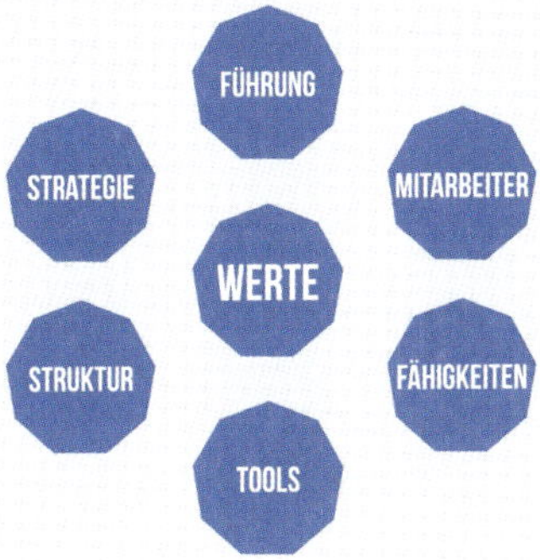

Gestaltungselemente der Organisation

ganisational Bewussten und können in ihrer Ausgestaltung klar beobachtet und benannt werden.

Werte hingegen sind ein implizites Element von Organisationskultur. Sie können durch eine Werte-Analyse (z. B. mittels der 9 Levels of Value Systems®) herausgearbeitet werden. Im Kern sind sie aber nicht direkt sichtbar, sondern manifestieren sich vor allem in der Ausgestaltung der expliziten Kulturelemente.

Reflexion:

Als „Kultur-Radar" ermöglicht Dir die folgende Grafik, selbst eine kulturelle Einschätzung einer Organisation Deiner Wahl oder Deines Flugsportvereins vorzunehmen. Auf den kommenden Seiten stelle ich Dir die typische Ausformung der sechs expliziten Gestaltungselemente von Organisationen auf jedem Level vor. Markiere in der Abbildung in den jeweiligen Farben, welchem kulturellen Level die Ausprägung der Artefakte entspricht.

Strategy (Strategie)

Die Strategie eines Flugsportvereins sollte klar definiert sein und die langfristigen Ziele sowie die Vision des Vereins widerspiegeln. Die Mitglieder müssen ein gemeinsames Verständnis darüber haben, wohin sich der Verein entwickeln möchte und wie dies erreicht werden soll. Die Strategie sollte auch Aspekte der Flugsicherheit und die Förderung einer sicheren Flugumgebung einschließen.

- Welche Vision und Mission verfolgt der Verein bzw. die Organisation?
- Wie sind diese Vision und Mission ausformuliert?

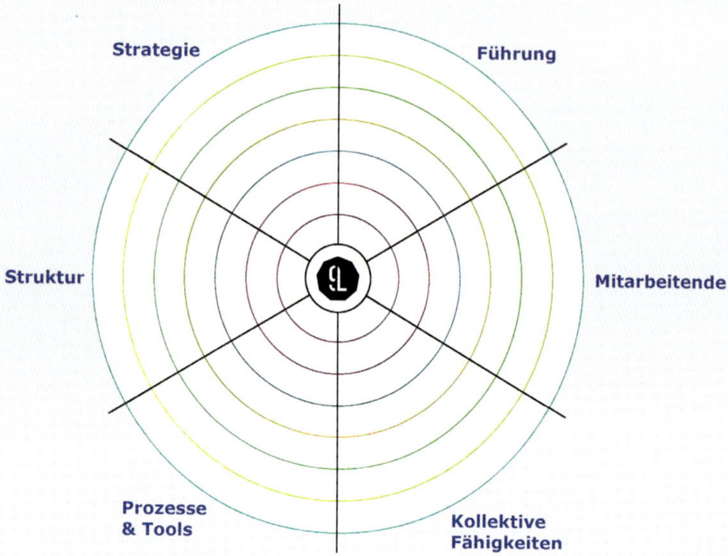

Gestaltungselemente der Organisation. Als download unter www.9levels.com/kultur-radar

- Wie sichtbar sind diese im Flugsportalltag (z. B. über Aushänge)?
- Welche Maßnahmen verfolgt das Verein, um seine Vision und Mission zu erfüllen?
- Wie sind diese Maßnahmen ausformuliert?
- Wie werden sie nachgehalten?
- Welche Kennzahlen und Kennzahlensysteme werden eingesetzt, um den Status quo und den Fortschritt der Zielerreichung sichtbar zu machen?
- Hat der Verein überhaupt eine formulierte Vision, Mission und Strategie? Und wenn ja, wer kennt diese?

Purpur: In einem purpur geprägten Fliegerverein herrscht oft eine patriarchalische Führung. Der Vorsitzende oder einflussreiche Mitglieder dominieren die Entscheidungsfindung. Die Hauptpriorität liegt darin, Traditionen und den bestehenden Zustand zu bewahren. Es gibt weder eine explizit formulierte Strategie noch definierte Maßnahmen für die Vereinsentwicklung.

Rot: In einem roten Fliegerverein fehlen klar formulierte Visionen oder Strategien. Das Ziel ist oft, möglichst viele Flugaktivitäten oder Mitglieder zu gewinnen, ohne nachhaltige oder langfristige Planung. Der Fokus liegt auf kurzfristigen Erfolgen und der Erhöhung des Ansehens des Vereins, oft ohne Rücksicht auf Regeln oder langfristige Konsequenzen.

▪ Blau: In blauen Fliegervereinen gibt es klare Zielsetzungen, hauptsächlich mit dem Fokus auf die Stabilität und Erhaltung des Vereins. Es mangelt jedoch oft an definierten Methoden zur Entwicklung und Umsetzung einer langfristigen Strategie. Entscheidungen werden meist im engen Führungskreis getroffen, ohne die Mitglieder miteinzubeziehen.

▪ Orange: In einem orange geprägten Fliegerverein wird großer Wert auf strategische Entwicklung und Erfolg gelegt. Die Mitglieder werden aktiv in die Planung und Umsetzung der Vereinsziele einbezogen. Es werden effektive Werkzeuge und Prozesse zur Erleichterung und Beschleunigung der Vereinsaktivitäten eingesetzt.

▪ Grün: Auf der grünen Ebene liegt der Fokus auf Erfolg im Sinne von Mitgliederwachstum und Effizienzsteigerung. Im Gegensatz zur orangen Ebene wird jedoch eine stärkere Betonung auf menschliche Aspekte gelegt. Es geht nicht nur um den Erfolg des Vereins, sondern auch um nachhaltige Ziele, die gemeinsam mit den Mitgliedern festgelegt und verfolgt werden.

▪ Gelb: In einem gelben Fliegerverein, der in flexiblen Netzwerken agiert, sind klare Zielsetzung und vordefinierte Regeln notwendig. Erfolg wird hier weniger in monetären Begriffen und mehr in intellektuellen und sinnstiftenden Maßstäben definiert.

▪ Türkis: Türkis geführte Fliegervereine sind stark ethisch orientiert. Die Handlungsfähigkeit und Eigenverantwortung der gelben Ebene werden in einen größeren, gesellschaftlichen und ökologischen Kontext eingebettet. Jedes Ziel wird hinsichtlich seines Beitrags zu gesellschaftlichen und ökologischen Zielen bewertet.

Die Ausrichtung der Strategie eines Flugsportvereins auf Sicherheit ist von entscheidender Bedeutung, da sie den Grundstein für einen sicheren Flugbetrieb legt. Dies bedeutet, dass die Sicherheit als nicht verhandelbare oberste Priorität betrachtet werden und als Leitprinzip bei sämtlichen Entscheidungen im Zusammenhang mit dem Flugbetrieb dienen sollte. Die strategische Ausrichtung auf Sicherheit impliziert, dass alle anderen Ziele und Interessen hinter der Gewährleistung der Sicherheit zurücktreten müssen. Dies bedeutet, dass wirtschaftliche Überlegungen, Zeitdruck oder andere Faktoren niemals die Sicherheit gefährden dürfen. Jede Entscheidung, sei es in Bezug auf Flugplanung, Wartung, Schulung oder Betriebsabläufe, sollte strengen Sicherheitskriterien unterliegen. In der Praxis bedeutet dies, dass der Flugsportverein klare Sicherheitsrichtlinien und -prozeduren entwickeln und durchsetzen sollte. Diese Richtlinien sollten nicht nur auf dem Papier existieren, sondern von allen Mitgliedern aktiv befolgt werden. Darüber hinaus sollte die strategische Ausrichtung auf Sicherheit auch die regelmäßige Überprüfung und Aktualisierung dieser Richtlinien umfassen, um sicherzustellen, dass sie den aktuellen Standards und Best Practices entsprechen. Die Führungsebene des Vereins spielt hierbei eine entscheidende Rolle, da sie die Verantwortung für die Umsetzung dieser sicherheitsorientierten Strategie trägt. Die Führungskräfte sollten als Vorbilder dienen, indem sie selbst die Sicherheitspraktiken vorleben und die Bedeutung der Sicherheit immer wieder betonen.

Insgesamt sollte die Sicherheitsstrategie eines Flugsportvereins nicht als lästige Pflicht betrachtet werden, sondern vielmehr als eine Verpflichtung gegenüber allen Vereinsmitgliedern und der gesamten Flugcommunity. Sie muss als Teil der Identität des Vereins verankert sein und als Grundlage für einen sicheren und verantwortungsvollen Flugbetrieb dienen. Dies erfordert Engagement, klare Kommunikation und die Bereitschaft, ständig an der Verbesserung der Sicherheitskultur zu arbeiten.

Reflexion:

Wie nimmst Du Zieldefinition, Umsetzungsplanung und Risikomanagement in Deiner Organisation wahr?

Structure (Struktur)

Die Organisationsstruktur des Flugsportvereins sollte gut durchdacht und effizient gestaltet sein. Es ist wichtig, dass die Zuständigkeiten und Verantwortlichkeiten klar definiert sind, damit Entscheidungen schnell und zielgerichtet getroffen werden können. Eine klare Struktur erleichtert auch die Implementierung von Sicherheitsrichtlinien und -verfahren.

- Welche Verbindungen haben die Mitglieder zueinander?
- Welche Verbindungen nach außen unterhält der Verein?
- Welche Stelle verfügt über welche Ausführungskompetenz, Verfügungskompetenz, Entscheidungskompetenz, Mitsprachekompetenz, Weisungskompetenz, Vertretungskompetenz und Kontrollkompetenz?
- Wie abgeschirmt bzw. miteinander verzahnt sind die einzelnen Vereinsorgane oder Mitglieder?
- In welche Teilaufgaben lassen sich die Gesamtaufgaben untergliedern?

- Welche Transparenz gibt es zur Struktur?
- Wie werden neue Mitglieder in diese Strukturen eingeführt?

Purpur: In einem purpur geprägten Fliegerverein gibt es eine einfache Hierarchie mit dem Vorsitzenden an der Spitze und einer zweiten Ebene, die aus festen Mitgliederstrukturen besteht, wo jeder seine spezifischen Aufgaben hat. Eine dritte Hierarchieebene mit spezifischen Zuständigkeiten ist oft nicht definiert. Mitglieder werden entsprechend ihrer Qualifikation und Erfahrung in der Fliegerei eingesetzt.

Rot: Ein Fliegerverein im roten Stadium hat typischerweise viele Mitglieder, die je nach Bedarf und Verfügbarkeit eingesetzt werden können. In der hierarchischen Struktur hat jede Führungsperson einen eigenen Bereich, oft ähnlich in Funktion und Austauschbarkeit. Dieser Verein könnte mit mehreren Schnellbooten verglichen werden, die gemeinsam, aber unkoordiniert, auf ein Ziel zusteuern. Stets den eigenen Vorteil im Blick

Blau: In blau geprägten Fliegervereinen herrscht eine klare und gerechte Hierarchie. Der Verein ist funktional organisiert, wobei die spezifischen Aufgabenbereiche und Funktionen innerhalb des Vereins zentral sind. Es gibt klare Verantwortlichkeiten sowie ein definiertes „Oben" und „Unten" in der Vereinsstruktur.

Orange: In einem orangen Fliegerverein sind die Hierarchien flach und schlank. Es entwickelt sich eine prozessuale Struktur, in der Verantwortungsbereiche ganze Prozessketten des Vereinslebens umfassen. Prozessorientierte und bereichsübergreifende Arbeitsweisen entstehen, und es gibt effektive Projektorganisationen und Aufgabenmanagement. Im administrativen Bereich arbeiten nur wenige Mitglieder.

Grün: Grün geprägte Fliegervereine entwickeln Matrixstrukturen mit vielfältigen Berichtswegen und multifunktionalen Teams, die sich je nach Aufgabe neu formieren. Es gibt häufig Kompetenz-Pools in Kombination mit einer effektiven Projektorganisation. Im Gegensatz zu orangen Vereinen sind die Strukturen, einschließlich der Gehaltsstrukturen, für alle verständlich und oft transparent.

Gelb: In gelben Fliegervereinen bildet sich eine Netzwerkstruktur heraus, oft in Form von „virtuellen Vereinen", die sich temporär für spezifische Projekte zusammenfinden. Hier werden beispielsweise erfahrene Piloten (Orange), Sicherheitsbeauftragte (Blau) und kreative Flugzeugbauer (Rot) zusammengebracht, um spezielle Anforderungen zu erfüllen. Durch ausgeprägtes Netzwerken können Projekte effizient und ideal umgesetzt werden.

- Türkis: Türkis geführte Fliegervereine zeichnen sich durch eine hohe ethische und ökologische Ausrichtung aus. Sie nutzen die Vorteile der Netzwerkstruktur (Gelb), um ein übergeordnetes, nachhaltiges Ziel zu verfolgen. Der Fokus liegt auf gesellschaftlichem Engagement, ökologischer Verantwortung und der Einbettung des Flugsports in einen größeren gesellschaftlichen Kontext. Entscheidungen werden kollektiv getroffen und basieren auf einem tiefen Verständnis für die Auswirkungen des Vereins auf Umwelt und Gemeinschaft.

Die Schaffung einer klaren organisatorischen Struktur in einem Flugsportverein ist von grundlegender Bedeutung, um die Sicherheitskultur zu stärken. Dies bedeutet, dass die Verantwortlichkeiten und Zuständigkeiten innerhalb des Vereins klar definiert sein sollten, sodass jeder genau weiß, welche Aufgaben er hat und wofür er verantwortlich ist. Im Kontext der Sicherheit heißt das, dass die Zuweisung von Aufgaben im Bereich Sicherheit eine zentrale Rolle spielt. Zum Beispiel sollten klare Verantwortlichkeiten für die Überprüfung von Flugzeugen vor dem Start festgelegt werden. Was zur Folge hätte, dass bestimmte Mitglieder oder Teams im Verein dafür zuständig sind, sicherzustellen, dass die Flugzeuge in einwandfreiem Zustand sind und alle Sicherheitsprotokolle eingehalten werden, bevor ein Flug gestartet wird. Die Struktur sollte sicherstellen, dass diese Sicherheitsverantwortlichkeiten nicht nur existieren, sondern auch effektiv umgesetzt werden. Was durch klare Kommunikation, Schulungen und Überwachung erreicht werden kann. Es ist wichtig sicherzustellen, dass alle Mitglieder des Vereins die Bedeutung ihrer jeweiligen Aufgaben im Zusammenhang mit der Sicherheit verstehen und diese gewissenhaft erfüllen. Darüber hinaus sollte die Struktur des Flugsportvereins auch Mechanismen zur kontinuierlichen Verbesserung der Sicherheitspraktiken und -verfahren beinhalten. Beispielsweise durch regelmäßige Überprüfungen, Audits und das Sammeln von Rückmeldungen aus der Mitgliedschaft. Die Erkenntnisse aus diesen Aktivitäten sollten genutzt werden, um notwendige Anpassungen und Verbesserungen vorzunehmen.

Insgesamt trägt eine klare und gut definierte organisatorische Struktur dazu bei, dass Sicherheit im Flugsportverein nicht dem Zufall überlassen wird, sondern fest in die Abläufe und Verantwortlichkeiten integriert ist. Dies schafft Vertrauen und Gewissheit in Bezug auf die Sicherheitspraktiken und trägt dazu bei, die Risiken im Flugbetrieb zu minimieren.

Reflexion:

Wie nimmst Du Rollen und Verantwortlichkeiten, Organisationsdesign und Organisationsstruktur in der von Dir betrachteten Organisation wahr?

Systems (Systeme und Prozesse)

Ein gut funktionierendes Flugsicherheitssystem ist entscheidend für den Erfolg eines Flugsportvereins. Dies umfasst unter anderem die Etablierung von regelmäßigen Sicherheitsschulungen, das Sammeln und Auswerten von Sicherheitsdaten sowie die Implementierung von Sicherheitsverfahren und -protokollen.

- Welche Prozesse und Abläufe gibt es im Verein?
- Wie ist die Arbeitsanordnung der Mitglieder?
- Welche Bestände von welchen Arbeitsmitteln gibt es?
- Welches Budget steht zur Verfügung?
- Welche Budgetierungsregeln gibt es zu seiner Verwendung?
- Wie erhält das Team die zur Aufgabenerfüllung benötigten Informationen und Sachmittel?
- Wie wird bei Störungen entschieden und gehandelt?
- Wie stark ist die Kapazität ausgelastet?
- Welche Verteil-, Durchlauf-, Warte- und Leerzeiten gibt es?
- Welche Kommunikations- und IT-Systeme werden eingesetzt?
- Welche weiteren Dienste zur Unterstützung der Arbeit werden verwendet?
- Welcher Prozess ist in welchem Reifegrad ausgeprägt?

Purpur: In purpur geprägten Fliegervereinen wird kollaborativ nach den Anweisungen des Vorsitzenden oder leitenden Mitglieds gearbeitet. Es gibt nur wenige Kernprozesse, die wenig komplex und klar strukturiert sind. Diese Prozesse werden immer gleich ausgeführt und haben einen mittleren Reifegrad. Steuernde Prozesse, etwa in Bezug auf die Gesamtorganisation des Vereins, sind kaum vorhanden.

Rot: In roten Fliegervereinen gibt es wenige definierte Routineprozesse, die stets gleich ausgeführt werden. Der Vorsitzende erteilt Anweisungen, und die Mitglieder führen diese aus. Es gibt noch keine planenden oder steuernden Prozesse, und es herrscht oft ein Kampf um knappe Ressourcen zwischen gleichrangigen Mitgliedern.

Blau: Arbeitsprozesse in blauen Fliegervereinen sind klar geregelt und beschrieben. Die Prozesse sind stark aufgeteilt und beziehen sich mehr auf die Hierarchie als auf die effektive Wertschöpfung des Vereins. Dies kann dazu führen, dass die tatsächliche Vereinsarbeit weniger im Fokus steht.

Orange: In orangen Fliegervereinen stehen Prozessorientierung und -design im Vordergrund. Effizienz und Effektivität sind die Hauptkriterien für die Gestaltung der Prozesse. Prozesskennzahlen werden definiert und gemessen, und die Prozesse werden kontinuierlich optimiert, einschließlich der Einbindung von CRM-Systemen und -Prozessen.

Grün: Die Prozesse in grünen Fliegervereinen sind ausgefeilt und effizient, da jedes Mitglied seinen Beitrag zum Gelingen leistet. Bei Problemen im Ablauf werden passende Kompetenzen hinzugezogen, um ein reibungsloses Vorgehen zu gewährleisten. Technische Hilfsmittel, insbesondere im Bereich der Kommunikation und Zusammenarbeit, werden verstärkt genutzt.

Gelb: In gelben Fliegervereinen sind die Systeme und Prozesse sehr ausgereift und unterliegen einer ständigen Optimierung, sodass sie schnell und flexibel an aktuelle Situationen angepasst werden können.

Türkis: In türkis geführten Fliegervereinen sind die Strukturen und Prozesse hochentwickelt und ganzheitlich ausgerichtet. Sie fördern ein umfassendes Verständnis für die Verbindung zwischen dem Verein, seinen Mitgliedern und der weiteren Gesellschaft. Die Prozesse sind nicht nur effizient, sondern auch ethisch und ökologisch nachhaltig gestaltet. Entscheidungen werden kollektiv und unter Berücksichtigung von sozialen und umweltbezogenen Aspekten getroffen, und es wird großer Wert auf die Entwicklung und Umsetzung von Initiativen gelegt, die sowohl dem Verein als auch der Gesellschaft zugutekommen.

Die Implementierung effektiver Systeme ist von entscheidender Bedeutung, um die Sicherheitskultur in einem Flugsportverein zu fördern und den Flugbetrieb sicherer zu gestalten. Diese Systeme dienen als Leitfaden und Hilfsmittel, um sicherzustellen, dass alle Abläufe und Aktivitäten im Einklang mit den höchsten Sicherheitsstandards durchgeführt werden. Hier sind einige zusätzliche Überlegungen zu diesem Aspekt:

- **Klare Verfahrensweisen:** Klare und gut dokumentierte Verfahrensweisen sind unerlässlich, um sicherzustellen, dass alle Mitglieder des Vereins einheitlich und nach den gleichen Standards handeln. Dies umfasst Prozeduren für Start, Landung, Notfälle, Wartung und viele andere Aspekte des Flugbetriebs. Diese Verfahren sollten regelmäßig überprüft und bei Bedarf aktualisiert werden.
- **Checklisten:** Checklisten sind ein einfaches, aber äußerst effektives Werkzeug, um menschliche Fehler zu minimieren. Sie sollten für jede Phase des Flugbetriebs entwickelt und verwendet werden. Die Überprüfung von Checklisten vor dem Start, während des Flugs und nach der Landung kann dazu beitragen, kritische Schritte nicht zu übersehen und sicherzustellen, dass alle Sicherheitsaspekte berücksichtigt werden.

- **Schulungen:** Schulungen sind ein Schlüsselaspekt, um sicherzustellen, dass alle Mitglieder des Vereins die erforderlichen Fähigkeiten und Kenntnisse haben, um sicher zu fliegen. Dies umfasst nicht nur Pilotenschulungen, sondern auch Schulungen für das Bodenpersonal, Wartungspersonal und andere beteiligte Personen. Schulungsprogramme sollten regelmäßig überarbeitet und an neue Entwicklungen in der Luftfahrt angepasst werden.
- **Überprüfung und Aktualisierung:** Systeme sollten regelmäßig überprüft und aktualisiert werden, um sicherzustellen, dass sie immer noch den höchsten Sicherheitsstandards entsprechen. Dies kann durch periodische Überprüfungen und Audits erfolgen, bei denen Schwachstellen identifiziert und behoben werden können. Mitglieder des Vereins sollten auch ermutigt werden, Rückmeldungen zu geben und Verbesserungsvorschläge für bestehende Systeme einzubringen.
- **Integration von Technologie:** Moderne Technologie kann dazu beitragen, bestehende Systeme zu verbessern. Wie z.B. die Einführung von digitalen Checklisten, Flugdatenaufzeichnungsgeräten und anderen technologischen Lösungen zur Unterstützung der Sicherheit.

Insgesamt sollten die Systeme, die in einem Flugsportverein implementiert sind, darauf abzielen, die Sicherheit zu fördern und das Risiko von menschlichen Fehlern zu minimieren. Sie sollten nicht als bürokratische Hindernisse angesehen werden, sondern als Werkzeuge, die dazu beitragen, dass jeder Flug so sicher wie möglich verläuft. Durch eine ständige Überprüfung und Aktualisierung dieser Systeme kann die Sicherheitskultur im Verein gestärkt werden.

Reflexion:

Wie nimmst Du Entscheidungssysteme, Informationssysteme und Kommunikationssysteme in Deiner Organisation wahr?

Skills (Fähigkeiten)

Die Fähigkeiten der Mitglieder sind von großer Bedeutung für die Flugsicherheit. Der Verein sollte sicherstellen, dass alle Piloten über die notwendigen fliegerischen Fähigkeiten und Kenntnisse verfügen, um sicher und verantwortungsbewusst zu fliegen. Die Förderung von kontinuierlicher Weiterbildung und Schulung ist hierbei essenziell.

- Inwieweit verfügen die Mitglieder über das Wissen und die Erfahrung, um die Ziele erfolgreich zu bewältigen?

- Welches Spezialwissen ist im Verein vorhanden?
- Wie wird Wissen und Erfahrung im Verein verbreitet und weitergegeben?
- Welche Kernkompetenzen zeichnen den Verein und die Mitglieder aus?
- Welche zentralen Fähigkeiten sind im Verein aktuell unterentwickelt?

Purpur: In einem purpur geprägten Fliegerverein liegt die Hauptkompetenz der Mitglieder im routinierten Ausführen der ihnen übertragenen Aufgaben und Prozesse. Diese sind oft begrenzt und spezifisch, und die Mitglieder sind darauf spezialisiert, sie gut auszuführen.

Rot: Fliegervereine auf der roten Ebene zeichnen sich durch Schnelligkeit, Schlagkraft und Durchsetzungsfähigkeit aus. Führungspersonen werden nach ihrer Dominanz und Durchsetzungsfähigkeit ausgewählt. Sie bewerten Mitglieder danach, wie gut diese für die Vereinsziele einsetzbar sind.

Blau: Auf der blauen Ebene bestehen die Fähigkeiten der Mitglieder darin, Regeln einzuhalten und im vorgegebenen Rahmen zu arbeiten. Dies folgt oft einer fachlichen Spezialisierung. Führungskräfte sind in der Lage, große Vereinsstrukturen zu leiten und Planungen innerhalb ihrer Zuständigkeiten durchzuführen.

Orange: Orange Fliegervereine zeichnen sich durch Fähigkeiten wie bereichsübergreifende Planung, Entwicklung und Umsetzung von Strategien, Organisation von Prozessen, eigenverantwortliches Entscheiden und das Denken über den Tellerrand hinaus aus. Das Denken in „win-win-Kategorien" ist ebenfalls hervorzuheben.

Grün: In grünen Fliegervereinen liegt die Fähigkeit darin, die Unterschiedlichkeit der Menschen zu akzeptieren und einen gesunden Umgang mit Stereotypisierung zu pflegen. Grüne Vereine nutzen individuelle Kompetenzen im kooperativen Sinn, und Mitglieder können sich selbst im Interesse der Gemeinschaft zurücknehmen.

Gelb: Die Stärke gelber Fliegervereine liegt in der hochflexiblen Nutzung von Netzwerken und der Wertschätzung der Vorteile aller vorhergehenden Ebenen. Eine wichtige Fähigkeit ist die Multiperspektivenfähigkeit, die es Individuen ermöglicht, sich nicht nur in die Lage anderer zu versetzen, sondern auch aus dieser Perspektive zu denken und zu handeln.

Türkis: In türkis geführten Fliegervereinen liegt der Fokus auf der Integration und dem ganzheitlichen Verständnis. Mitglieder und Führungspersonen sind fähig, komplexe Systeme zu verstehen und zu managen, wobei sie sowohl die individuellen Bedürfnisse als auch die des gesamten Vereins und der umgebenden Gemeinschaft berücksichtigen. Es herrscht ein tiefes Bewusstsein für Nachhaltigkeit, ökologische Verantwortung und globale Vernetzung. Die Mitglieder sind darauf ausgerichtet, gemeinsam Lösungen für komplexe Herausforderungen zu finden, die über den Flugsport hinausgehen und einen positiven Einfluss auf die Gesellschaft und Umwelt haben.

Die Entwicklung und Aufrechterhaltung der erforderlichen Fähigkeiten (Skills) bei den Mitgliedern eines Flugsportvereins sind von entscheidender Bedeutung für die Sicherheitskultur und den erfolgreichen Flugbetrieb. Dieser Aspekt geht über das Erlernen der grundlegenden fliegerischen Fertigkeiten hinaus und umfasst eine breite Palette von Kompetenzen und Qualifikationen, die für ein sicheres Fliegen unerlässlich sind. Hier sind einige zusätzliche Überlegungen dazu:

- **Fortlaufende Schulung:** Sicherheitsbewusstsein und Fähigkeiten im Flugsport dürfen niemals stagnieren. Die Mitglieder sollten sich regelmäßig weiterbilden und an Schulungen teilnehmen, um ihre fliegerischen Fähigkeiten und ihr Wissen zu erweitern. Dies gilt für Piloten, Fluglehrer, Bodenpersonal und Wartungstechniker gleichermaßen.
- **Zertifizierung und Lizenzen:** Die Mitglieder sollten die erforderlichen Zertifikate und Lizenzen besitzen, die für ihre jeweilige Rolle im Flugbetrieb erforderlich sind. Dies stellt sicher, dass sie über das grundlegende Wissen und die Fähigkeiten verfügen, um sicher zu fliegen oder andere wichtige Aufgaben zu erfüllen.
- **Simulatortraining:** Der Einsatz von Flugsimulatoren kann eine wertvolle Ergänzung zur Schulung sein. Simulatoren ermöglichen es den Mitgliedern, verschiedene Flugsituationen zu üben und auf unvorhergesehene Ereignisse vorbereitet zu sein.
- **Mentoring und Erfahrungsaustausch:** Die Mitglieder sollten die Möglichkeit haben, von erfahrenen Piloten und Experten zu lernen. Dies kann in Form von Mentorprogrammen oder Erfahrungsaustausch innerhalb des Vereins erfolgen, um bewährte Praktiken und Erfahrungen weiterzugeben.
- **Sicherheitstrainings:** Neben fliegerischen Fähigkeiten sollten die Mitglieder auch spezifische Sicherheitstrainings durchlaufen. Dies umfasst beispielsweise Schulungen zur Erkennung und Bewältigung von Notfällen, zur Nutzung von Rettungsausrüstung und zur Sicherstellung von sicherheitsrelevanten Protokollen.
- **Rezertifizierung und Fortschrittsüberwachung:** Die regelmäßige Rezertifizierung und Überwachung der Fähigkeiten der Mitglieder gewährleistet, dass sie immer auf dem neuesten Stand sind und die erforderlichen Standards erfül-

len. Dies ist besonders wichtig in einer sich ständig weiterentwickelnden Luftfahrtumgebung.

Die ständige Weiterentwicklung von Fähigkeiten und Qualifikationen ist ein kontinuierlicher Prozess, der dazu beiträgt, die Sicherheit im Flugsportverein zu gewährleisten. Die Mitglieder sollten sich der Verantwortung bewusst sein, sich aktiv an Schulungen und Fortbildungsmaßnahmen zu beteiligen, um ihre Fähigkeiten zu verbessern und zur Förderung der Sicherheitskultur beizutragen.

Reflexion:

Wie schätzt Du deine Organisation im Umgang mit Lernen sowie beim Umgang mit Veränderung und bei Konflikten kulturell ein?

Staff (Personal/Mitglieder)

Die Auswahl und Entwicklung des Personals, wie beispielsweise Fluglehrer oder Ausbildungsverantwortliche, ist von hoher Relevanz für die Flugsicherheit. Die Vereinsleitung sollte sicherstellen, dass qualifiziertes Personal mit fundiertem Fachwissen und Erfahrung die Mitglieder unterstützt und fördert.

Um den Status quo zu analysieren, können beispielsweise die folgenden Fragestellungen relevant sein:

- Wie viele und welche Mitglieder hat der Verein?
- Wer ist wie lange dabei?
- Wie ist die Altersverteilung und allgemein Diversität in der Zusammensetzung der Mitglieder?
- Wer hat welche früheren fliegerischen Stationen durchlaufen?
- Wie sehen die individuellen Kompetenzprofile im Soll und im Ist aus?
- Wer vertritt und lebt welche Individualwerte?
- Wer übernimmt welche Rolle und Verantwortlichkeit im Verein?
- Wer hat welche weiteren privaten Interessen und Hobbys?
- Welche beruflichen Tätigkeiten gehen die Mitglieder nach?
- Wer nutzt welches Arbeitsmodell oder Bezahlmodell bei Pflichtarbeitsstunden in Vereinen?
- Wer ist mit seiner Situation wie zufrieden?

■ Purpur: In einem purpur geprägten Fliegerverein gibt es kaum Personalentwicklungsmaßnahmen. „Beförderungen“ innerhalb des Vereins folgen meist der Seniorität oder einer informellen Rangfolge. Allein der Vorsitzende genießt bestimmte Statussymbole.

- Rot: In roten Fliegervereinen besteht die Mitgliedschaft aus einer breiten Masse, in der die Mitglieder als austauschbar angesehen werden. Verschiedene Gruppen verrichten ähnliche Tätigkeiten, was oft zu parallelen Strukturen führt, ohne klare Differenzierung der Funktionen.

- Blau: In blauen Fliegervereinen ist die Arbeitsplatzsicherheit und eine kontinuierliche Verbesserung der Bedingungen ein Zeichen der Vereinstreue. Titel und Ränge sind wichtig, und die Mitglieder fühlen sich oft lebenslang dem Verein verbunden. Es gibt strikte Regeln und Verfahrensanweisungen, die das Vereinsleben prägen.

- Orange: Bei orangen Fliegervereinen orientieren sich Personalentwicklung und Aufstieg an klar definierten, messbaren Zielen der Mitglieder. Die Arbeitszeiten sind flexibel, und Leistungskennzahlen sind wichtig. Die Mitglieder sind motiviert, zum Wohlergehen des Vereins beizutragen, und stolz darauf, Teil eines angesehenen Vereins zu sein. Verantwortung und Kompetenzen werden delegiert.

- Grün: In grünen Fliegervereinen werden die Mitglieder ständig motiviert und fühlen sich als wertvoller Teil der Gemeinschaft. Der permanente Ansporn und das Bewusstsein, einen sinnvollen Beitrag zu leisten, sind vorherrschend. Jedes Mitglied weiß, dass seine Fähigkeiten wichtig für den Erfolg der Gemeinschaft sind, und bringt diese gerne ein. Die Vielfalt der Fähigkeiten ist ein bewusst genutzter Vorteil.

- Gelb: In gelben Fliegervereinen erfolgt die Steuerung der Mitglieder über grundlegende Zielvorgaben und ein klares Regelwerk. Der Einsatz von Informationssystemen, insbesondere für Kollaboration und Wissensmanagement, ist zentral. Arbeitszeiten sind flexibel, und jedes Mitglied kann selbst entscheiden, wann, wo und wie viel es zum Vereinsleben beiträgt.

- Türkis: In türkis geführten Fliegervereinen wird ein ganzheitlicher Ansatz verfolgt. Die Mitglieder werden in Entscheidungsprozesse eingebunden und ihre individuellen Fähigkeiten und Potenziale werden gezielt gefördert. Der Fokus liegt auf der nachhaltigen Entwicklung des Vereins und der Einbindung in die lokale Gemeinschaft und Umwelt. Der Verein wird als Teil eines größeren Ganzen gesehen, und die Mitglieder arbeiten gemeinsam an Projekten, die sowohl dem Verein als auch der Gesellschaft zugutekommen. Flexibilität, Kreativität und gemeinschaftliche Verantwortung sind zentrale Werte.

Die Sicherheitskultur eines Flugsportvereins steht und fällt mit der Qualifikation und Kompetenz des Personals, das den Flugbetrieb unterstützt. Dieser Aspekt, der unter dem Begriff „Staff" zusammengefasst wird, bezieht sich auf die Menschen, die unmittelbar an den Betriebsabläufen und der Wartung der Flugzeuge beteiligt sind. Hier sind zusätzliche Überlegungen, wie dieser Aspekt weiter ausgestaltet werden kann:

- **Qualifikation und Schulung:** Alle Mitarbeiter, einschließlich der Piloten, Fluglehrer, Flugzeugmechaniker und anderer beteiligter Personen, sollten die erforderlichen Qualifikationen und Schulungen haben, um ihre Aufgaben sicher und effektiv auszuführen. Dies bedeutet, dass sie die notwendigen Lizenzen, Zertifikate und Schulungsabschlüsse besitzen.
- **Fortbildungsprogramme:** Fortbildungsprogramme sollten kontinuierlich angeboten werden, um sicherzustellen, dass das Personal immer auf dem neuesten Stand der Technik und der Sicherheitspraktiken ist. Dies ist besonders wichtig, da sich die Luftfahrttechnologie und -verfahren ständig weiterentwickeln.
- **Regelmäßige Überprüfung und Inspektion:** Die Flugzeuge und ihre Systeme sollten regelmäßig von qualifizierten Technikern überprüft und gewartet werden. Dies umfasst nicht nur die routinemäßige Wartung, sondern auch gründliche Inspektionen und Überholungen gemäß den Herstellervorgaben.
- **Sicherheitsbewusstsein:** Alle Mitarbeiter sollten ein starkes Sicherheitsbewusstsein entwickeln und Sicherheit als zentrale Verantwortung betrachten. Dies bedeutet, dass sie auf potenzielle Sicherheitsrisiken achten, sicherheitsrelevante Protokolle einhalten und sicherheitskritische Entscheidungen treffen.
- **Klare Kommunikation:** Die Kommunikation zwischen den verschiedenen Abteilungen und Personen, die am Flugbetrieb beteiligt sind, sollte klar und effektiv sein. Dies ist entscheidend, um sicherzustellen, dass Informationen über Sicherheitsbedenken und -anforderungen schnell und präzise übertragen werden.
- **Ressourcenbereitstellung:** Der Verein sollte sicherstellen, dass ausreichende Ressourcen zur Verfügung stehen, um sicherheitsrelevante Aktivitäten und Wartungsarbeiten angemessen durchzuführen. Dies umfasst sowohl finanzielle Mittel als auch die Bereitstellung von Werkzeugen, Ausrüstung und Ersatzteilen.
- **Sicherheitskultur:** Das Personal sollte aktiv zur Förderung einer Sicherheitskultur im Verein beitragen. Dies bedeutet, dass sie nicht nur die technischen Aspekte der Sicherheit beachten, sondern auch dazu beitragen, ein Umfeld zu schaffen, in dem Sicherheit als gemeinsame Verantwortung angesehen wird.

Die Qualität und Qualifikation des Personals im Flugsportverein sind entscheidend für die Sicherheit des Flugbetriebs. Es ist von größter Bedeutung sicherzu-

Alle Personen, die irgendwie am Flugplatz eine Tätigkeit erfüllen, sind Teil des Systems, das die Flugsicherheit schafft, oder auch nicht. Das Fehlverhalten einer Person – und das muss nicht eine Pilotin oder ein Pilot sein, kann einen Unfall verursachen.

stellen, dass alle Beteiligten über die erforderlichen Kenntnisse und Fähigkeiten verfügen, um sicherheitsrelevante Aufgaben und Verantwortlichkeiten effektiv wahrzunehmen. Dies trägt dazu bei, Unfälle zu verhindern und die Sicherheitskultur im Verein zu stärken.

Reflexion:

Wie gestalten sich das Verständnis von Mitarbeit, die Motivation zur Mitwirkung und das Verhalten von Mitarbeitenden /Mitglieder im organisationalen Alltag aus Deiner Sicht?

Style (Führungsstil)

Der Führungsstil innerhalb des Vereins sollte von Offenheit, Transparenz und Sicherheitsbewusstsein geprägt sein. Eine offene Kommunikation zwischen den Vereinsmitgliedern und der Vereinsleitung ist entscheidend, um sicherheitsrelevante Themen zu besprechen und sicherzustellen, dass alle Beteiligten aktiv zur Flugsicherheit beitragen. Bei Führung in Flugsportvereinen sind in erster Linie natürlich die Vorstandsmitglieder gemeint, aber auch alle anderen, die eine Führungsrolle innehaben – wie z. B. auch Fluglehrer oder Flugleiter.

- Gibt es eine explizite oder implizite Führungsrolle im Verein? Falls ja, wer führt sie wie aus?
- Welche Verantwortlichkeiten sind mit der Führungsrolle verknüpft?
- Inwieweit ist die Vorstandsmitglieder in die operativen Tätigkeiten des Vereins eingebunden?
- Welche organisationalen Rahmenbedingungen und Erwartungen wirken auf die Führungskraft ein?
- Welchen Führungsstil übt die Vorstandschaft aus und wie zeigt sich das im Flugtag?
- Welche Individualwerte vertritt die Vorstandschaft?
- Welchen Führungsstil bevorzugen die Mitglieder (z. B. autoritär, partizipativ, zielorientiert …)?
- Welche Erwartungen haben die Mitglieder an ihre Führung?
- Welche Anerkennungs- und Sanktionsmechanismen hat die Vorstandschaft zur Verfügung? Werden sie eingesetzt, und wenn ja, wie?
- Wie geht die Vorstandschaft mit eigenen Fehlern und denen von Teammitgliedern um?

■ Purpur: In einem purpur geprägten Fliegerverein ist der Führungsstil des Vorsitzenden oft eng und direkt, manchmal autoritär. Entscheidungen sind von starker Kommunikation geprägt, wobei jedes Mitglied das Recht hat, seine Meinung frei zu äußern. Der Vorsitzende bildet daraufhin einen Konsens, dem alle folgen. Die Mitglieder erwarten im Gegenzug Sicherheit und die Erfüllung ihrer Grundbedürfnisse im Verein.

■ Rot: Autokratische und autoritäre Führungsstile sind typisch für rote Fliegervereine. Entscheidungen werden top-down getroffen. Es geht darum, Fehler und Misserfolge zu vermeiden. Fehler werden oft streng bestraft. Kommunikation dient hauptsächlich dazu, Anweisungen zu geben und Berichte entgegenzunehmen.

■ Blau: In blauen Fliegervereinen sind Kompetenzen klar definiert und Entscheidungen werden innerhalb des vorgegebenen Rahmens getroffen. Das Ziel ist die zuverlässige Erledigung übertragener Aufgaben. Eigeninitiative oder Denken außerhalb des vorgegebenen Rahmens ist weder erwartet noch erwünscht.
Orange: In orangen Fliegervereinen steht die unbedingte Zielorientierung und die Bereitschaft zur Verantwortungsübernahme im Vordergrund. Verantwortung

und Handlungskompetenz werden weitreichend delegiert. Die Kommunikation ist offen und funktioniert bereichsübergreifend.

Grün: Der Führungsstil in grünen Fliegervereinen ist kooperativ und partizipativ. Kommunikation ist weiterhin ein wesentlicher Faktor, wobei sie wertschätzend und klar ist. Eine neue Fehlerkultur entsteht, in der Fehler als Lernchance gesehen und konstruktiv angegangen werden.

Gelb: In gelben Fliegervereinen ist offene Kommunikation essentiell, insbesondere der Austausch von Wissen. Die Herausforderung liegt darin, kreative Kommunikationswege und Arbeitsmodelle zu optimieren. Selbstverantwortung wird großgeschrieben und spiegelt sich im Führungsstil wider.

Türkis: In türkis geführten Fliegervereinen ist der Führungsstil ganzheitlich und integrativ. Die Führungskräfte fördern ein tiefes Verständnis für die Vernetzung des Vereins mit der Umwelt und Gesellschaft. Entscheidungen und Kommunikation basieren auf kollektiver Weisheit und ethischen Überlegungen. Es wird Wert auf Nachhaltigkeit, sowohl in Bezug auf die Umwelt als auch auf die Gemeinschaft, gelegt. Die Mitglieder sind in Entscheidungsprozesse eingebunden und tragen gemeinsam Verantwortung für die Entwicklung des Vereins und seiner Rolle in der Gesellschaft.

Der Führungsstil in einem Flugsportverein spielt eine herausragende Rolle bei der Gestaltung der Sicherheitskultur. Er sollte nicht nur auf die formale Hierarchie und Organisation beschränkt sein, sondern vielmehr eine Atmosphäre schaffen, in der Sicherheit als oberste Priorität angesehen und von allen Mitgliedern aktiv praktiziert wird. Hier sind einige weitere wichtige Überlegungen zu diesem Aspekt:

- **Vorbildfunktion der Führungskräfte:** Die Führungskräfte des Vereins, sei es der Vorstand, Fluglehrer oder erfahrene Piloten, sollten als Vorbilder für Sicherheitspraktiken fungieren. Dies bedeutet, dass sie nicht nur über Sicherheit sprechen, sondern diese auch in ihrem eigenen Verhalten und Handeln demonstrieren sollten. Wenn die Führungsetage die Sicherheitsregeln konsequent befolgt, sendet dies eine starke Botschaft an die gesamte Mitgliedschaft.
- **Kommunikation:** Die Führungskräfte sollten aktiv und regelmäßig mit den Mitgliedern kommunizieren, um das Bewusstsein für Sicherheit zu stärken. Dies kann in Form von Sicherheitstrainings, Sicherheitsbriefings vor dem Flug oder regelmäßigen Sicherheitsberichten erfolgen. Offene Kommunikation ermöglicht es den Mitgliedern, Bedenken und Vorschläge zur Sicherheit zu äußern.
- **Sicherheitskultur fördern:** Der Führungsstil sollte darauf abzielen, eine Sicherheitskultur zu fördern, in der sich alle Mitglieder des Vereins als verant-

wortlich für die Sicherheit ihres eigenen Handelns und für die Sicherheit der Gemeinschaft fühlen. Was eine positive Einstellung zur Sicherheit fördert, die von oben nach unten durch die Organisation getragen wird.
- **Konsequenz und Fairness:** Führungskräfte sollten sicherstellen, dass Sicherheitsverletzungen konsequent und fair behandelt werden. Dies bedeutet, dass Verstöße gegen Sicherheitsrichtlinien nicht toleriert werden sollten, aber gleichzeitig sollte auch eine Atmosphäre geschaffen werden, in der Mitglieder offen über Sicherheitsbedenken sprechen können, ohne Angst vor negativen Konsequenzen zu haben.
- **Fortbildung der Führungsebene:** Die Führungskräfte sollten sich kontinuierlich weiterbilden und auf dem Laufenden bleiben, was die neuesten Entwicklungen in der Luftfahrt und Sicherheitspraktiken betrifft. Es ermöglicht ihnen, fundierte Entscheidungen zu treffen und sicherheitsrelevante Änderungen in die Organisation zu integrieren.

Ein Führungsstil, der die Sicherheitskultur fördert, schafft Vertrauen und Engagement bei den Mitgliedern und trägt dazu bei, dass Sicherheit nicht nur eine abstrakte Idee ist, sondern in die täglichen Aktivitäten und Entscheidungen des Vereins integriert wird. Was wiederum wesentlich dazu beiträgt, Unfälle zu vermeiden und die Sicherheit im Flugsport zu gewährleisten.

Reflexion:

Wie nimmst Du Führungsziel, Führungsstil und Führungsverhalten in der von Dir betrachteten Organisation wahr?

Shared Values (Geteilte Werte)

Die gemeinsamen Werte des Flugsportvereins sollten die Bedeutung der Flugsicherheit betonen. Die Sicherheit muss als oberstes Gebot angesehen und von allen Mitgliedern als unverzichtbarer Bestandteil des Fliegens akzeptiert werden. Ein starker Zusammenhalt und ein gemeinsames Sicherheitsverständnis stärken die Sicherheitskultur im Verein.

- Welche explizit ausformulierten Werte innerhalb der Organisation und des Vereins gibt es?
- Welche Werte sind auf den Teamebenen explizit ausformuliert?
- Auf welche impliziten Werte des Vereins lässt sich aufgrund der Ausgestaltung der expliziten Elemente schließen?
- In welchem Grad sind die organisationalen Werte deckungsgleich zu den explizit ausformulierten und implizit vorhandenen Teamwerten?

Die geteilten Werte (Shared values) sind ein wesentlicher Bestandteil der Sicherheitskultur in einem Flugsportverein. Sie repräsentieren die gemeinsamen Überzeugungen und Prinzipien, die von allen Mitgliedern geteilt und aktiv gelebt werden sollten. In diesem Kontext sollten die geteilten Werte auf Sicherheit und Verantwortungsbewusstsein ausgerichtet sein und eine Schlüsselrolle bei der Gestaltung des Verhaltens und der Entscheidungsfindung innerhalb des Vereins spielen. Hier sind zusätzliche Überlegungen zu diesem Aspekt:

- **Gemeinsames Sicherheitsbewusstsein:** Die Sicherheit aller Beteiligten, sei es der Piloten, Fluggäste oder Bodenpersonal, sollte als gemeinsames Anliegen angesehen werden. Alle Mitglieder sollten sich der Tatsache bewusst sein, dass ihre Handlungen und Entscheidungen direkte Auswirkungen auf die Sicherheit haben können, und dementsprechend verantwortungsbewusst handeln.
- **Transparenz und Offenheit:** Die geteilten Werte sollten Transparenz und Offenheit gegenüber Sicherheitsbedenken und -vorfällen fördern. Die Mitglieder sollten ermutigt werden, Sicherheitsbedenken zu melden und auf potenzielle Risiken hinzuweisen, ohne Angst vor Repressalien oder Verurteilungen.
- **Verantwortlichkeit:** Jedes Mitglied des Vereins sollte sich seiner Verantwortung bewusst sein, zur Sicherheit beizutragen. Dies bedeutet, dass jeder die Pflicht hat, Sicherheitsprotokolle und -verfahren einzuhalten, auf Sicherheitsrisiken hinzuweisen und sich aktiv daran zu beteiligen, sicherheitsrelevante Entscheidungen zu treffen.
- **Respekt und Fürsorge:** Die geteilten Werte sollten auch Respekt und Fürsorge für Mitflieger und andere Beteiligte einschließen. Dies bedeutet, auf die Bedürfnisse und Sorgen anderer Mitglieder einzugehen und sich solidarisch mit der Sicherheit aller zu zeigen.
- **Lernkultur:** Ein Wert, der auf kontinuierlichem Lernen und Verbessern basiert, sollte in den Verein integriert sein. Dies bedeutet, dass Fehler und Zwischenfälle als Gelegenheiten zur Verbesserung angesehen werden sollten, anstatt als Versagen oder Schuldzuweisung.
- **Kommunikation und Teamarbeit:** Die geteilten Werte sollten die Bedeutung von Kommunikation und Teamarbeit in Bezug auf Sicherheit unterstreichen. Mitglieder sollten dazu ermutigt werden, effektiv miteinander zu kommunizieren, Informationen auszutauschen und gemeinsam an Lösungen zu arbeiten.

Die gemeinsamen Werte bilden das moralische Rückgrat der Organisation und dienen als Leitprinzipien für alle Entscheidungen und Handlungen im Flugsportverein. Wenn Sicherheit und Verantwortungsbewusstsein im Mittelpunkt dieser Werte stehen, wird die Sicherheitskultur gestärkt und ein sicherer Flugbetrieb gefördert. Es ist wichtig, dass diese Werte nicht nur auf dem Papier stehen, sondern in der täglichen Praxis von allen Mitgliedern des Vereins gelebt werden.

Transfer und Reflexion:

- Analysiere die einzelnen Elemente des Kulturradars und versuche die eigene Kultur zu erfassen, indem Du die Radarfelder einzeichnest, welchem Level dieser Teil des 7S-Modells hat?
- An welchen Stellen bedarf es einer Veränderung oder einer Korrektur?
- Was ist bereits sehr gut und sollte aber ausgebaut oder abgesichert werden?
- Wer könnte so einen Kulturwandel in der Organisation begleiten?
- Welche der 7S Elemente sollten als erstes verändert werden?
- Welche Veränderungen können schnell erfolgen, welche dauern vermutlich länger?

Die Anwendung des 7S-Modells in Kombination mit den Werteebenen der 9 Levels auf Flugsportvereine ermöglicht es, die Organisationskultur gezielt zu verbessern und die Flugsicherheit zu stärken. Durch eine klare Strategie, eine gut strukturierte Organisation, effektive Systeme und die Förderung von Fähigkeiten und Führungsqualitäten wird der Verein in der Lage sein, eine positive Sicherheitskultur zu entwickeln, in der die Mitglieder verantwortungsbewusst und sicherheitsorientiert fliegen. Ein solcher Ansatz wird zweifellos das Interesse der Leserinnen und Leser für dieses Buch wecken, da es einen wertvollen Beitrag

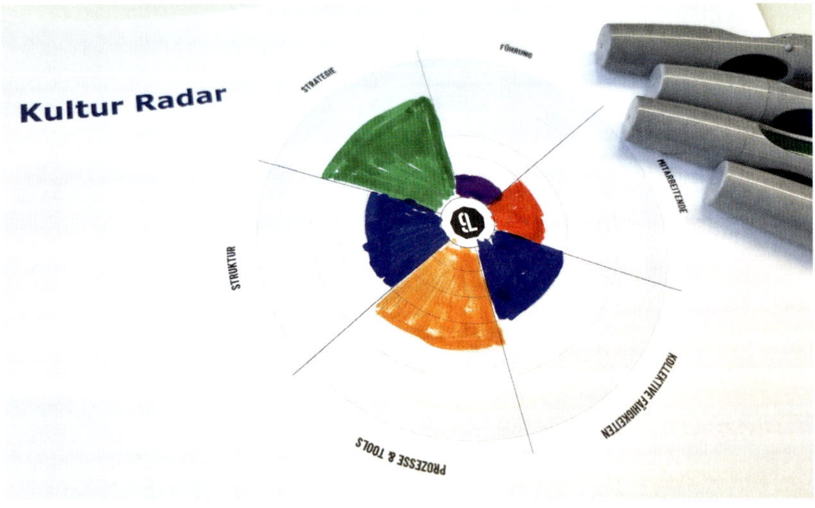

Eine erste Selbsteinschätzung der Organisation, die es zu verändern gilt. Ein Bewusstsein, wie die Kultur überhaupt ist, ist der erste Schritt zur Veränderung.

zur Förderung einer modernen dynamischen Flugsicherheit in der Privatfliegerei leistet.

Die organisationale Dimension der dynamischen Flugsicherheit ist der Hebel, um am Verein direkt zu arbeiten und dessen Kultur. Isoliert betrachtet, wird man jedoch scheitern. Es bedarf den bereits erwähnten systemischen Ansatz, der die vier Dimensionen und deren Wechselwirkungen berücksichtigt.

Praxisbeispiel:

Das hier dargestellte Ergebnis aus einem Kulturradar zeigt einen Verein, bei dem sehr viel historisch gewachsen ist, viele Dinge werden schon immer gleich gemacht und patriarchischer, kameradschaftlicher Führungsstil prägt den Verein und das Miteinander. Impulsive und eigenmächtige Mitglieder unterwandern vermutlich die kooperative Strategie. Innovative (IT-)Systeme und Sicherheitsstrukturen werden ggf. gar nicht genutzt. Hier wäre eine Empfehlung sich gemeinschaftlich Klarheit zu erarbeiten über einen Mission/Vision/Werte Workshop – oder Zukunftsworkshop, wirklich Gedanken zu machen, wie die Kultur aussehen soll, um zufrieden, sicher und mit Freude gemeinsam zu fliegen. Der Führungsstil der Vorstandschaft sollte modernisiert werden, um die Strategie auch wirklich „zum Fliegen" zu bringen.

Zahlreiche Aspekte spielen beim Segelflug zusammen, um sicher und mit Freude zu Fliegen. Auf diesem einfachen Bild sind so viele relevante Artefakte zu erahnen. *Bild: LSG Isny*

Kapitel 6

© Rainer Krumm

Der Autor wünscht allzeit gute Landungen.

Prepare for landing – Schlussappell

> „Will man ein System wirkungsvoll steuern, sollte man das Zusammenspiel seiner verschiedenen Bestandteile genau betrachten, anstatt ihr Verhalten getrennt zu beobachten.“
>
> *Paul Ehrlich, deutscher Mediziner und Forscher, 1854 – 1915*

Werte Leserinnen und Leser,
mit dem obenstehenden Zitat ist das Buch gestartet und so schließt sich der Kreis hier. Wir nähern uns dem Ende unserer gemeinsamen Reise durch die Welt der dynamischen Flugsicherheit in der Privatfliegerei. Es war eine Reise, die uns durch die komplexen und faszinierenden Aspekte der Flugsicherheit geführt hat. Unsere letzte Etappe, das Schlusskapitel, soll nicht nur eine Zusammenfassung unserer Erkundungen sein, sondern auch ein Aufruf an jeden Einzelnen von Ihnen, Teil einer fortlaufenden und lebenswichtigen Diskussion zu werden.

Die Bedeutung der dynamischen Flugsicherheit im Flugsport kann nicht hoch genug eingeschätzt werden. Wie wir gesehen haben, geht es nicht nur um die technischen Aspekte des Fliegens, sondern um ein umfassendes Verständnis der vier Dimensionen: der intrapersonellen, interpersonellen, gruppeninternen und organisationalen Dimension. Jede dieser Dimensionen spielt eine entscheidende Rolle, um nicht nur die Sicherheit jedes Fluges zu gewährleisten, sondern auch die Freude am Fliegen zu maximieren.

Intrapersonelle Sicherheit fokussiert auf das individuelle Wohlbefinden und die Kompetenz des Piloten. Jeder Pilot muss sich seiner Verantwortung bewusst sein und kontinuierlich an seiner fachlichen und mentalen Kompetenz arbeiten.

Interpersonelle Sicherheit betont die Bedeutung der Kommunikation und des Austauschs zwischen den Piloten. Sie fördert ein Umfeld, in dem Erfahrungen geteilt und aus Fehlern gelernt wird.

Gruppeninterne Sicherheit beleuchtet die Dynamik innerhalb von Fliegergruppen und Vereinen. Es ist essenziell, dass innerhalb dieser Gemeinschaften ein offener Dialog und eine Kultur des gegenseitigen Respekts und der Unterstützung herrschen.

Organisationale Sicherheit schließlich zielt auf die Strukturen und Prozesse innerhalb von Flugvereinen und anderen flugbezogenen Organisationen ab. Sie fordert eine kontinuierliche Verbesserung der Sicherheitsstandards und -praktiken.

Um eine dynamische Flugsicherheitskultur zu fördern, bietet den Verantwortungsträger in Vereinen das 9-Levels-Modell und die 7S-Methode eine sichere Möglichkeit. Diese Modelle beinhalten einen strukturierten Ansatz, um die Sicherheitskultur auf allen Ebenen zu stärken und kontinuierlich zu entwickeln.

Ich lade Dich ein, Teil dieser fortlaufenden Anstrengung zur Steigerung der dynamischen Flugsicherheit zu sein. Ermutige andere, sich mit dem Thema zu beschäftigen. Teile Dein Wissen und Deine Erfahrungen. Engagiere Dich in Diskussionen und Initiativen, die die dynamische Flugsicherheit fördern.

Lass uns gemeinsam dafür sorgen, dass der Flugsport sicher, verantwortungsvoll und genussvoll bleibt. Ich freue mich auf einen regen und konstruktiven Dialog mit Dir.

Mit sicherem Flug in die Zukunft,
Dein Rainer Krumm

Auf den folgenden Seiten folgen drei spannende Interviews mit:

- **Cordula Pflaum** über Flugsicherheit bei Airlines und was Hobbypiloten davon lernen können; mit
- **Hans-Peter Zimmermann** über seine spannenden Erfahrung aus 57 Unfallanalysen und mit
- **Robert Sentef** über zentrale Sicherheitsaspekte bei der Gebirgsfliegerei.

Erstes Debriefing im Team nach einer gelungenen Landung.

© Joachim Schreiber

Kapitel 7

Experten-Interviews zum Thema Flugsicherheit

Interview mit Cordula Pflaum: Hier spricht Ihre Kapitänin

R.K.: Hallo, und herzlich willkommen. Ich freue mich, dass wir heute ein neues Video mit einer tollen Gesprächspartnerin drehen. Cordula Pflaum ist bei uns. Wir werden uns heute darüber unterhalten, was ich als privater Flieger, als Segelflieger oder als Ultraleichtflieger von den großen Airline-Piloten und -Pilotinnen lernen kann. Was macht die große Aviation, und was können wir für unsere kleine Fliegerei davon lernen? Cordula, ich freue mich sehr, dass du dir Zeit genommen hast. Wir haben eine spannende Historie und einen Kontaktpunkt, der Jahre zurückliegt. Umso schöner ist es, dass wir uns über diesen Weg wiedergefunden haben. Cordula, bitte stelle dich kurz vor. Wer bist du? Welchen Hintergrund hast du? Welche Maschine fliegst du?

C.P.: Danke, Rainer. Ich freue mich, heute bei dir zu sein. Vielen Dank für die Einladung. Woher kennen wir uns? Es ist viele Jahre her. Wir kennen uns seit der Schulzeit, genauer, der Gymnasialzeit. Wir kennen uns aus Gruppen, mit denen wir gemeinsam durch Ravensburg gezogen sind. Umso netter und lustiger ist es, dass sich unsere Wege wieder kreuzen. Wer bin ich? Wo komme ich her? Ich bin Cordula Pflaum. Ich habe immer von der Fliegerei geträumt. Schon als Kind, mit elf Jahren war für mich klar, dass ich Pilotin oder Astronautin werden möchte. In welcher Weise und welcher Weg mich dahin führen würde, war mir nicht klar. Ich bin ohne Privatfliegerei im Vorfeld direkt bei der Lufthansa nach dem Abitur eingestiegen, habe das Anfangsstudium an der RWTH Aachen absolviert und die Aufnahmeprüfung geschafft, nach einem Jahr Studium in HAM OX in Hamburg bei der Lufthansa. Ich konnte die Ausbildung dort beginnen und bin inzwischen über 30 Jahre bei der Lufthansa. Meine Endstation ist der Airbus A350 als Ausbildungskapitänin und Examiner für das Luftfahrtbundesamt. Dazu bin ich seit 20 Jahren im Crew Resource Management Training, Leadership Training und Pädagogik Training für neue Ausbildungskapitäne und Ausbildungscopiloten bei der Lufthansa involviert und immer noch schwer verhaftet. Nächstes Jahr wird es auf den Airbus A380 gehen. Damit hatte ich alle Airbus-Flugzeuge am Steuer, die es je bei Airbus gab.

R.K.: Du bringst einen extrem großen Erfahrungsschatz mit. Du hast ein paar Bereiche wie Crew Resource Management erwähnt, über die wir reden werden. Seit 30 Jahren bist du Pilotin bei der Lufthansa. Was hat sich in dieser Zeit verändert? Kannst du die Hauptpunkte nennen?

C.P.: Vor zehn Jahren gab es eine Zeit, in der es hieß, wir sind die Manager im Cockpit. Unser Arbeitsplatz hat sich verändert. Das eine ist, ein Flugzeug zu steuern, wie man es als Privatflieger lernt. Dort hat man sehr gründlich vorzugehen. Wie sagt Airbus in seinen Golden Rules? Fly Nav Com. Fliegen, voran. Wenn wir im Simulator sind, wie gestern und vorgestern, behandeln wir dort komplexe Fehler. Im Vordergrund steht: Fly. Das sagen wir uns immer wieder. Das Navigieren heißt rein fliegerisch kommunizieren, nicht nur mit ATC, mit den Fluglotsen, sondern auch mit den Passagieren und unseren Kollegen in der Kabine. Darüber hinaus gibt es besonders am Boden noch viel mehr zu managen. Das heißt, den Piloten wurden weitaus mehr Aufgaben zugetragen. Wir verfügen über ein Diensthandy, mit dem wir uns für jeden Flug einloggen und dabei unterstützen, die operationellen Dinge am Boden zu lösen. Es gibt viel mehr Schnittstellen, aber auch mehr Regularien. Beim Thema Flugsicherheit bestehen weitaus mehr Restriktionen. Alles wird fünffach geprüft. Die Welt hat sich in der Fliegerei verdichtet.

R.K.: Ist die Fliegerei dadurch auch sicherer geworden?

C.P.: Die Luftfahrt ist bestimmt zu einem gewissen Grad sicherer geworden. Man sagt, dass es keine absolute Sicherheit gibt. Es ist wie in Sicherheitsnetz, und ein Netz hat immer Löcher. Man versucht, das Netz immer dichter zu weben, damit die Luftfahrt sicherer wird.

R.K.: Du hast gerade Fly Nav Com erwähnt. Ich habe vor kurzem von einem Unfall in der Schweiz gehört, bei dem ein Segelflieger tödlich abgestürzt ist. Man konnte leider auf seinem Handy feststellen, dass er bis zum Einschlag gefilmt hatte. Vermutlich war er durch das Filmen abgelenkt, ist wahrscheinlich mit einem Flügelende an einen Berg gekommen und eingeschlagen.

C.P.: Ich bin sehr froh, dass wir das Handy an Bord nicht dulden. Im Cockpit ist das Handy aus. Sobald ich die Triebwerke anlasse, schalte ich es aus und lege es ganz weit zur Seite.

R.K.: Damit sind wir beim Thema dynamische Flugsicherheit und beim Faktor Mensch. Kannst du den relativ breiten Begriff Crew Resource Management erläutern? Was gehört aus deiner Sicht dazu? Was lehrst du in den Workshops und Seminaren? Welchen Auslöser gab es für dieses Thema?

C.P.: Das hat sich durchaus verändert. Wo es ursprünglich herkam, ist einfach zu erklären. Historisch gesehen, müssen wir 1977 bei dem Teneriffa-Unfall anfangen, bei dem ein Pan Am-Flieger und ein KLM-Flugzeug, zwei Jumbos, zusammengestoßen sind. Zu dem Unfall kam es, als Kapitän van Zanten auf die Bahn rollte, obwohl er keine Freigabe hatte, um die KLM zu starten. Über 500 Menschen sind bei diesem Luftfahrtunglück gestorben, einem der größten in der Luftfahrtgeschichte. Die NASA hat damals mit Untersuchungen angefangen und stellte fest, dass wir nicht nur auf die technischen und prozeduralen Vorgänge achten müssen, sondern dass der Mensch eine wesentliche Rolle spielt. Das Cockpit Resource Management wurde eingeführt und nach einigen Jahren ausgeweitet. Man stellte fest, dass kleine wie große Flugzeuge nicht hinter der Cockpittür aufhören. Auch ein Privatflieger hat seine Passagiere, seine Gäste dabei. Das ganze Flugzeug ist in der Zusammenarbeit zu betrachten. Wenn die

Hier das Interview als Video

Flugbegleiter zum Beispiel durch ihre Fenster auf der Fläche eine Vereisung sehen, wünsche ich mir, dass sie nach vorne kommen und mir davon berichten. Das Flugzeug hört nicht an der Tür auf. Dafür steht Crew Resource Management. Danach gab es weitere Entwicklungen wie die Fehlerkette, um Fehlerkultur zu entwickeln und zu sehen, wie Fehler entstehen. Dann gab es das Schweizerkäse-Modell von James Reason. Die Verknüpfung dieser beiden Modelle ergab das Threat and Error Management, das bei uns in der beruflichen Luftfahrt täglich angewandt wird. TEM ist in unsere Briefings eingeflochten. Das ist schon der nächste Punkt. Wenn wir zum Crew Resource Management zurückgehen, hat sich auch das entwickelt. Am Anfang waren die Hauptthemen Kommunikation, Teamwork, situative Aufmerksamkeit, Workload Management. Weitere Themen wie Startle and Surprise kamen dazu, da man feststellte, dass manche Unfälle passieren, weil Piloten gestartelt sind, das heißt, in eine Schockstarre verfallen. So entwickelte sich CRM mit zwölf Themengebieten zu allumfassenden Schulungen, die wir jährlich abhalten und die gesetzlich gefordert sind.

R.K.: Das heißt, es geht um den zwischenmenschlichen Aspekt. Involviert ist nicht nur der Pilot, sondern auch die Copilotin, der Copilot und die gesamte Crew. Es wird mehr Wert daraufgelegt, dass alle die Verantwortung mittragen, oder?

C.P.: Genau. Ich habe schon die technischen und prozeduralen Bereiche erwähnt. So war das von der EASA und der FAA früher eingegliedert. Es gab die Non-Techs, das heißt, die nicht technischen Themen, die zu trainieren und zu schulen sind und für die ein Bewusstsein zu schaffen ist. Bei uns wurde umgestellt auf kompetenzbasiertes, differenziertes Beurteilen und auf kompetenzbasiertes Training. Dort war interessant zu sehen, dass wir nur noch vier technische und prozedurale Kompetenzen haben. Das heißt, Flight Path Management Manual Control, Flight Path Management Automatic Control, Knowledge und Application of Procedures. Wir haben aber fünf interpersonelle Kompetenzen. Das heißt, es sind inzwischen mehr Human Factors-Themen, anhand derer die Kollegen gemessen werden. Eine weitere große Veränderung besteht darin, dass ein Kollege seit ein paar Jahren mehr Training bekommen kann. Er fliegt den Engine Failure, den Triebwerksausfall einwandfrei, schreit aber seinen Kollegen an. Deshalb bekommt dieser Kollege auch mehr Training. Das war früher nicht so.

R.K.: Dieses Verhalten hat viel mit der Kommunikationskultur zu tun. Habe ich den Mut, als Copilot etwas zu sagen oder denke ich: „Wenn der neben mir sitzt, sage ich besser nichts." Es gibt nachweisbar Probleme oder Unfälle, die darauf basieren, dass jemand nichts gesagt hat, oder?

C.P.: Genau. Wir benutzen das Stichwort Assertiveness. Das Wort lässt sich schwer ins Deutsche übersetzen. Assertiveness heißt, sich behaupten, to speak up, sich wirklich zu trauen, etwas zu sagen. Wir bringen unseren Copiloten seit Jahrzehnten bei, dass dieser Aspekt ein wichtiger Bestandteil ist. Deswegen ist unsere Hierarchie im Cockpit nicht so steil. Ich sage immer zu meinen Copiloten: „Ihr seid meine Lebensversicherung."

R.K.: Ich finde es spannend, wenn man das auf einen Segelflugplatz oder einen Ultraleicht-PPL-Flugplatz überträgt. Manchmal erlebt man auf Flugplätzen einen bestimmten Umgangston. Habe ich den Mut, einem Vereinskollegen zu sagen: „Ich glaube, du hast zu wenig Sprit dabei." Oder: „Ich würde die andere Piste nehmen, da der Wind aus der anderen Ecke kommt." Oder: „Glaubst du, es ist eine gute Idee, heute nach Italien zu fliegen?" Habe ich den Mut dazu? Welchen Vereinskollegen, welcher Vereinskollegin würde ich etwas sagen und welchem nicht? Damit sind wir mitten im Thema. Wenn ich einen Hinweis bekomme und beherzige, kann man Unfälle vermeiden.

C.P.: Mir fällt spontan ein, dass dies Bestandteil einer guten Sicherheitskultur ist, die überall herrschen sollte, wo man Fluggeräte bewegt. Dazu kommt eine gute Fehlerkultur. Sobald eine Interaktion zwischen zwei Menschen stattfindet, sollte man den Mut haben zu sagen: „Ich habe einen Fehler gemacht." Man weiß, das ist ein Gewinn für alle. Auf alle Fälle. Dieser Mut muss vorhanden sein, und dazu gehört eine gute Feedbackkultur.

R.K.: Für mich sind Haltergemeinschaften spannend. Inwiefern werden Probleme am Flugzeug gemeldet? Wenn ich zum Beispiel eine harte Landung hingelegt habe, müsste ich unseren Technikexperten bitten, das Fahrwerk zu prüfen. Oder ich habe den Eindruck, dass irgendwas kaputtgegangen ist. Traue ich mich das? Muss ich mir einen Spruch anhören. Heißt es dann im Verein: „Der bekommt keinen Flieger mehr, der macht alles kaputt." Wenn ich einen potenziellen Schaden nicht melde, kann das allerdings ein Handicap für den nächsten Piloten sein, der das Flugzeug nutzt.

C.P.: Ich habe den höchsten Respekt vor eurer Fliegerei. Das ist wirklich so gemeint. Ich habe Demut und Hochachtung davor. Ich fliege privat nicht, da ich denke, dass man den Respekt haben muss, Flugzeuge in der Form zu bewegen. Bei uns habe ich meine Techniker im Rücken, die ihre Wartungsintervalle durchführen. Ich kann sagen: „Bitte prüfe den Reifen." Der Techniker macht das. Ihr habt eine ganz andere Hürde zu sagen: „Mache ich das oder lasse ich es besser? Ist mein Ruf damit ruiniert?" Das ist viel schwieriger.

R.K.: Das sind spannende Austauschthemen. Vor kurzem sagte Benedikt Bös, einer der erfolgreichsten Motorschirmflieger in Deutschland, dass er das Putzen seines Gerätes für Kontrollen nutzt. Wenn er nach dem Fliegen seinen Motor putzt, nutzt er den Moment zur Wartung. Einfach, um nachzusehen, ob alles passt. Andere machen das Flugzeug sauber, kontrollieren aber nicht, ob ein kleiner Schlauch verrutscht oder eine Schraube locker ist. Diese kleinen Tipps können, ohne Atomphysik zu sein, den nächsten Unfall vermeiden.

C.P.: Man muss sich die Zeit nehmen und darf keinen Zeitdruck haben. Wir kommen damit zu einer Thematik, die ich in der Fliegerei grundlegend für das A und O halte. Das ist die mentale Vorbereitung und die mentale Haltung zu bestimmten Dingen.

R.K.: Was macht ihr zum Thema „Mentales Training"? Ich habe dazu ein Buch geschrieben. Aber bei euch ist das eine ganz andere Dimension. Was ist aus eurer Sicht wichtig?

C.P.: Bei uns ist es historisch so gewachsen, dass wir schon an der Flugschule mit Chair Flying angefangen haben. Das ist die mentale Vorbereitung auf unsere Cockpitarbeit. Wo sind welche Knöpfe angeordnet? Was muss ich wann tun? Welche Handgriffe muss ich machen? Chair Flying ist eine Form der mentalen Vorbereitung. Das reicht vom Kleinsten zum Größten. Wenn mich meine Freunde fragen: „Du fliegst morgen zwölf Stunden nach Tokio. Wie schaffst du das? Wie kannst du dich wachhalten?". Oder ich fliege von der Ostküste der USA zurück. Es ist immer ein Nachtflug, es ist immer dunkel, man ist immer müde, egal wie man geschlafen hat. „Wie kriegst du das hin?". Das ist sehr viel mentale Vorbereitung. Ich weiß, dass ich acht Stunden vor mir habe, in denen ich parat und fit sein muss.

R.K.: Ich hatte vor kurzem ein Gespräch mit Robert Sentef, Autor des Buchs Alpenflug. Er sagt, dass man viele Themen im Vorfeld durchgegangen sein muss, weil man vor Ort manchmal keine große Entscheidung herbeizaubern kann. Man muss die Weichen gestellt haben, wenn der Kamm offen ist, kann ich darüber fliegen. Wenn der Kamm mit Wolken bedeckt ist, muss ich umdrehen. Kann ich noch umdrehen? Das heißt, die Frage ist nicht nur, ob ich fit bin, sondern es geht um die taktische Vorbereitung.

C.P.: Genau. Du sprichst ein weiteres Tool von uns an. Wir nennen das Inflight Decision-Making, was wir in Bezug auf Anflug an der Destination anwenden. Was brauchen wir an Sprit, wenn wir bestimmte Threats, das heißt, bestimmte Bedrohungen am Zielort haben? Dabei kommt das Threat and Error Management zum Tragen. Wie viel extra Sprit nehmen wir mit oder brauchen wir? Wie viel Sprit rechnen wir ein, wenn wir vor Ort sind und wann wir frühstens abbiegen, um auf Plan B auszuweichen? Der Plan B ist bei uns Standard und gewollt. Schöner wäre noch, wenn ein Plan C vorhanden wäre.

R.K.: In der Segelfliegerei gibt es die Überlegung: „Was passiert, wenn ich einen Seilriss beim Schleppen habe? Was passiert, wenn das Seil reißt? Wo kann ich herunter? Wo schaffe ich eine Kurve? Oder fliege ich einfach gerade aus, weil dort ein Acker ist? Was ist, wenn über mir ein Wald ist?". Wie gehe ich damit um? Ich finde die Einbindung von Passagieren in unserer Fliegerei spannend. Wenn ich einen Fußgänger im Cockpit dabei habe, erkläre ich das Rettungsgerät bei den ultraleichten Flugzeugen, diesen Fallschirm. Das beruhigt viele, die sagen: „Gut zu wissen, dass wir das haben." Darauf antworte ich: „Wenn ich nicht mehr reagiere, ziehst du bitte kräftig an diesem Hebel." Allein dieses Wissen ist ein Sicherheitsfaktor. Es gab einen Unfall, bei dem ein Fluglehrer einen Herzinfarkt hatte. Er ist mit seiner Frau geflogen, die nicht wusste, dass es diesen Rettungsgerätegriff gibt. Beide hätten überlebt, aber er ist leider beim Aufprall verstorben.

C.P.: Absolut. Auch das ist ein Credo, das wir in der beruflichen Luftfahrt vorantreiben. Wir agieren mit Transparenz und bieten unseren Gästen größtmögliche Informationen. Wir binden unsere Kabinenbesatzung in alle Themen ein, auch wenn es Themen sind, die wir nur im Cockpit behandeln können, ist es für mich wichtig, sie einzubinden und die Informationen weiterzugeben. Wenn wir an einer Problematik am Boden arbeiten, und ich nicht weiß, wie lange es dauern wird, gebe ich auch den Gästen immer wieder ein Update und sage: „Wir arbeiten daran. Wir erwarten das und das, und die Informationen kommen in so und so vielen Minuten."

R.K.: Ich finde es spannend, wenn man bei der Lufthansa mitfliegt, an der Notausgangstür sitzt und kurz eingewiesen wird. Wer nimmt das Thema ernst? Und wer denkt sich: „Ich bin schon tausendmal geflogen, das habe ich noch nie gebraucht, und hört nicht zu." Dann denke ich: „Wer würde im Fall der Fälle wie reagieren? Wer kriegt das Ding auf, wer nicht?". Wer sagt: „Da war ein Zettel, ich muss nachlesen." Das ist spannend. Als Passagier in einer Lufthansa-Maschine hat man nicht die Erwartung, dass man das braucht. Aber im Fall der Fälle wäre es sehr gut, man hätte aufgepasst.

C.P.: Stimmt. Das eine ist der Passagier, das andere die Kabinenbesatzung. Wir trainieren jedes Jahr mit unseren Kollegen anhand von Kabinen-Mock-ups, wo wir diese Szenarien durchgehen. Wir schulen die Kommunikation zwischen vorne und hinten. Welche Kommandos werden gerufen, wenn Sonderfälle herrschen oder evakuiert werden muss? Die Canned Decisions, die ihr bei euch in der Fliegerei sicher auch verwendet, nutzen wir immer wieder, um ein paar Sachen im Kopf aufzuräumen. Zum Glück hat die Erfahrung gezeigt, dass es auch funktioniert. Das stete mentale Training und die permanente Anwendung.

R.K.: Du hast den Begriff Threat and Error Management erwähnt. Was versteht ihr darunter? Wie kam es dazu und was heißt TEM konkret?

C.P.: Threat and Error Management wurde aus zwei Modellen entwickelt, einmal der Fehlerkette. Man hat festgestellt, dass es in der Regel nicht zu einem Unfall aufgrund von einem Fehler kommt. Oftmals ist es eine Verkettung mehrerer Fehler. Das andere ist das Swiss-Cheese-Model oder Schweizer-Käse-Modell von James Reason. Demnach gibt es verschiedene Käsescheiben, die Löcher haben. Je weniger Löcher, desto besser. Wenn ein Flugzeug anfliegt und wie eine Threat durch diesen Käse fliegt, kann es zu einem Unfall kommen. Käsescheiben sind die Fluglotsen, die Systeme, die Mechaniker und in der Regel der Pilot als letzte Käsescheibe. Alles, was eine Rolle spielt, auch das Wetter. Ich sage vor jedem Flug zu meiner Crew: „Jeder Flug ist ein Präzedenzfall." Es werden Sachen passieren, an die wir vorher nicht gedacht haben. Deswegen schulen wir kompetenzbasiert, weil man bei den neuen Technologien nicht jede Fehlerkombination kennen kann. Ich bin mir sicher, dass in der Privatfliegerei inzwischen auch unglaubliche Technologien angewandt werden. Aufgrund dessen muss man die Kollegen darin schulen, dass sie jede Kompetenz gut können, um mit jedem Fehler umgehen zu können. Das heißt, wenn wir in den Simulator gehen, gibt es viele verschiedene Optionen, die durchgespielt werden. Früher wussten die Kollegen genau, was passiert. Man will den Kollegen das Zutrauen geben, resilient zu werden und zu wissen: „Was auch kommt, ich kann es bewältigen." Threat and Error Management ist dahingehend sehr gut, da es die mentale Vorbereitung unterstützt. Ich kann mich erinnern, als Threats neu eingeführt wurden, und mein Kollege auf dem Flug nach San Francisco sagte: „Welche Bedrohungen sind heute in San Francisco?". Ich antwortete: „Wer bedroht uns? Ist einer mit einer Waffe unterwegs, oder was ist passiert?". Daraufhin sagte er: „Mit Bedrohung meine ich Wind. Land- und Seewinde, viel Verkehr." Dinge, die im täglichen Leben, in der Fliegerei vorhanden sind, die wir nicht wegwischen oder ignorieren können. Sondern die unseren Alltag bestimmen und begleiten. Wir sollen darüber nachdenken: „Was kann ich machen?". Wir führen bei jedem Briefing, sowohl beim Abflug als auch bei der Ankunft, ein TEM-basiertes Briefing durch. Das heißt, wir reden über die Bedrohungen auf diesem Flug. Wie in den letzten Tagen in München. Was sind die Bedrohungen bei dieser Wetterlage im Winter? Was können wir tun? Wenn wir das getan haben, geht es darum, wie ich als Pilot vorbereitet bin. Wie sind wir als Team vorbereitet. Dann geht man weiter und redet über Fehler, die gemacht wurden oder die wir vermeiden können. Zu guter Letzt geht es um Incidents, die passieren können. Was kann ich dagegen tun? Wie kann ich sie integrieren?

R.K.: Ich war vor kurzem auf einem Flug mit meiner Tochter nach Freiburg. Wir sind in Bad Waldsee gestartet und hatten in Freiburg Nebel. Damit hatte ich nicht gerechnet. Das war ein Fehler. Ich war aber gut vorbereitet und hatte Anflugkarten zum Beispiel von Donaueschingen dabei. Ich konnte über Freiburg umdrehen, bin in Donaueschingen heruntergegangen und habe gewartet, bis Freiburg frei war. Der erste Fehler war die erste Käsescheibe, da ich den Wettercheck nicht hundertprozentig gut gemacht habe. Im Sommer habe ich nicht mit Nebel in Freiburg gerechnet. Das war der erste Fehler. Aber hätte ich das Anflugblatt nicht dabeigehabt, wäre es anders ausgegangen. Spannend finde ich, was man für die Privatfliegerei von großen Airlinern lernen kann. Es muss aber gut heruntergebrochen werden, was das konkret heißt.

C.P.: Was hilft ist eine Checkliste, eine Terminologie, die wir neu eingeführt haben. So gleichen wir uns besser im Cockpit ab. Wir denken beide darüber nach: „Was sind die Bedrohungen? Was können wir tun? Was können wir im Vorfeld klären? Wo können wir uns besser aufstellen, um diesem Flug zum Zielort fortführen zu können?".

R.K.: In den letzten Jahren gab es in der Fliegerei zwei spektakuläre Situationen, beide in New York. Zum einen 9/11, als das Trade Center mit zwei Fliegern attackiert wurde. Aber auch die spektakuläre Landung auf dem Hudson River. Hat das die Fliegerei aus eurer Sicht stark verändert?

C.P.: Durchaus. 9/11 ist ein Bestandteil meines Buches, das ich im März auf den Markt bringen werde. Darin geht es viel um Human Factors-Komponenten. 9/11 hat uns in der Form verändert, dass die Restriktionen deutlich größer geworden sind. Am Anfang ging es darum, ankommende und abfliegende Passagiere zu trennen. Cockpittüren mussten installiert werden. Wer darf überhaupt noch in das Cockpit? Wie sind die Zugangsbeschränkungen? Diese Dinge ha-

Der Schwarzwald war frei, aber der Flugplatz Freiburg war noch im Nebel.

ben Einfluss auf uns. Die Lufträume sind aufgrund dessen noch strikter reguliert. Das war 9/11 on first sight bezüglich unserer Arbeit. Die Landung auf dem Hudson River hat das Bewusstsein positiv geschärft. Wir wissen, wir können Ditching, und wir trainieren Ditching im Simulator.

R.K.: Ich habe ein Interview mit Sullenberger gelesen. Was ich an ihm charmant finde, ist, dass er nicht Held spielt. Er sagt: „Dafür wurde ich jahrzehntelang ausgebildet. Ich habe meinen Job gemacht. Ich habe zwar das Ding heruntergesetzt, aber ohne meine Crew wäre es nicht gegangen." Ich fand das spannend, dass er die Landung rational analysiert hat. Er war darauf vorbereitet, und deswegen hat es funktioniert.

C.P.: Ich würde dem Ganzen noch etwas draufsetzen. Das ist auch für die private Fliegerei eine spannende Komponente. Wir verwenden Sullenberger auch in unseren Crew Resource Management Trainings, und nehmen gerne Interviews von ihm. Wir gehen aber in die Richtung Resilienz. Jeder von uns muss sich bewusst machen, wie resilient er selbst ist. Das gilt für jeden Piloten, ob Segelflieger oder Privatflieger oder Verkehrsflieger. Die Resilienz spielt eine große Rolle. Wenn ich neueste Studien zitieren darf, hängt die Resilienz stark vom sozialen Umfeld hat. Jeder kann sich jedes Mal, bevor er auf einen Flug geht, an die eigene Nase fassen. Als unsere zwei Töchter klein waren, habe ich zu Hause gesagt: „Das muss hier funktionieren." Ich muss mich im Flieger konzentrieren können und nicht darüber nachdenken, was für ein Chaos zu Hause herrscht. Das ist ein Respekt, den man dieser verantwortungsvollen Aufgabe zollen sollte, wenn man ein Flugzeug steuern möchte.

R.K.: In der privaten Fliegerei ist manchmal der Vorteil ein Nachteil. Die private Fliegerei ist unkompliziert. Ich komme auf den Flugplatz und bin innerhalb von ein paar Minuten startklar. Aber habe ich mich gegroundet? Bin ich nicht noch gedanklich in einem Meeting in meiner Firma? Oder hatte ich ein komisches Gespräch mit der Bank wegen meiner Baufinanzierung. Sondern ich bin am Flugplatz und in meiner Rolle als Pilot. Ich fokussiere mich darauf. Oder nehme ich den kritischen Dialog mit meinem Banker in das Cockpit mit. Oder habe ich der Familie gesagt, dass ich um 18:00 Uhr pünktlich zum Grillen zu Hause bin, um festzustellen, dass es nicht funktioniert. Ich treffe womöglich Entscheidungen, die in einem anderen Umfeld nicht passiert wären.

C.P.: Das hängt damit zusammen, dass ihr oft allein unterwegs seid, oder?

R.K.: Auch das. Viele Navigationsaufgaben werden nicht ernst genommen oder das Thema redundantes Fliegen. Haben die Leute sich darauf vorbereitet? Fliegen die nur noch mit Tablet, oder haben sie eine Karte dabei? Haben sie Notfallfrequenzen auf dem Schirm? Wir haben bei uns im Verein kleine Aufkleber gemacht, auf denen die Notfallfrequenzen stehen. Die hängen in jedem Cockpit, und jeder hat sie auf seinem Klemmbrett, das er auf dem Knie hat. Das sind extrem wichtige Kleinigkeiten, um das Thema Flugsicherheit nach vorne zu bringen.

C.P.: Das muss von Anfang bis Ende so sein. Wir haben viel über die Vorbereitung gesprochen. Es geht auch um die Nachbereitung. Bei uns ist nicht nur die After Landing Checklist oder Securing the Aircraft ein Thema. Es ist auch die mentale Nachbereitung. Das heißt, ein TEM-basiertes Debriefing zu machen. Haben wir die Bedrohungen so erlebt, von denen wir gesprochen haben? Sind sie wirklich eingetreten oder sind neue dazugekommen? Was können wir daraus lernen? Was würden wir das nächste Mal anders machen? Das sind Fragen, die wir uns stellen. Wenn außergewöhnliche Situationen stattgefunden haben, reden wir über Belastungen. Das heißt, hat mich der Flug belastet? Das, was ich gerade erlebt habe? Dafür haben wir ein gutes Tool, das ihr in der privaten Fliegerei auch nutzen könnt. Die Stiftung Mayday, die bei uns Critical Incident Stress Management etabliert hat. Wir haben viele Peers, auch aus der Privatfliegerei, die für uns tätig sind. Man kann sich an diese Peers wenden und von Peer zu Peer über das sprechen, was ich erlebt habe, wenn ich jemanden brauche. Diesem Peer muss ich nicht erklären, dass ich in einem Airbus ohne Steuersäule, sondern nur mit Sidestick sitze. Ich habe sofort jemanden an der Hand, der weiß, wovon ich spreche. Das hilft sehr, um Belastungen kurzerhand wie eine psychologische erste Hilfe abzubauen.

R.K.: Der Austausch ist extrem wichtig. Wir versuchen den Austausch in den Vereinen zu fördern. Wir haben in unserem Verein ein monatliches Meeting namens Whisky, Whisky, Golf etabliert. Das steht für WWG, wieder was gelernt. Jedes Mal stellt jemand etwas vor. Welche Flieger-Apps werden genutzt? Wir haben auch eine Session gemacht zum Thema mein schönster Fehler und was ich davon gelernt habe.

C.P.: Das ist super.

R.K.: Allein der Begriff, mein schönster Fehler, nimmt der Sache den Blaming-Faktor. Das heißt, ich hätte bei dem Freiburg-Flug, von dem ich erzählte, vorher auf die Webcam gucken können. Den Fehler habe ich erzählt. Viele haben gesagt: „Das mit den Webcams ist simpel und logisch." Aber ich muss erst daraufkommen. Wichtig ist, den Austausch in den Vereinen zu fördern. Ob das nur unter den Segelfliegern ist oder unter Piloten, wenn wir gemischten Flugbetrieb haben. Wir haben in Bad Waldsee Modellflug, Motorflug und Segelflug und einen Fußgängerweg über die Piste, der mit Schranken geregelt wird. Das ist ein komplexes System, das man auch steuern muss. Man muss überlegen, welche Fehleranfälligkeiten wir haben. Wo sind unsere Schweizer-Käsescheiben, die wir bewusst etablieren müssen, damit nichts passiert?

C.P.: Das ist die Lessons Learned-Thematik. Das kann man nicht genug propagieren. Wir haben auch unsere Chatgruppen für die verschiedenen Flugzeugmuster, um uns auszutauschen. Das wird stark gefördert, denn wir sehen uns nie. Von unserer Safety-Abteilung haben wir inzwischen eine App, die Artikel veröffentlicht, wenn irgendwas vorgefallen ist, damit wir davon lernen können.

R.K.: Das ist ein spannender Aspekt. Ihr seht euch nicht, da ihr permanent irgendwo in neuen Konstellationen unterwegs seid. Im Verein ist das anders. Ich kann sagen: „Wir treffen uns am Freitag oder einmal im Quartal." Die Luftsportgruppe Isny hat ein Projekt ausgerufen, mit der Bezeichnung „Fridays for Flugsicherheit". In Anlehnung an Fridays For Future. Die treffen sich freitags und reden über Flugsicherheit.

C.P.: Den meisten Austausch hast du mit deinen Kollegen als Trainer, wie ich einer bin. Das heißt, für die ganzen Recurrent Ereignisse, die Refresher im Simulator haben wir Zeit zu reden. Wir haben Briefing-Zeiten, können im Briefing-Raum über die neuesten Themen reden und versuchen, sie da unterzubringen. Aber wir sind 600 Ausbilder und fast 6.000 Piloten. Das ist eine Menge zu stemmen.

R.K.: Das ist wirklich eine Menge zu stemmen und eine große Herausforderung in eurer Luftfahrt, aber auch im privaten Umfeld. Die Vereine und die Pilotinnen und Piloten können viel lernen. Wer langfristig fliegen und Spaß haben will am Fliegen, kommt an dem Thema Flugsicherheit nicht vorbei. Für mich ist die Ergänzung der statischen Flugsicherheit, die reaktiv ist, um die proaktive, dynamische Flugsicherheit ein wichtiges Thema. Solche Interviews sind dafür großartig. Du bist heute nicht im Cockpit, wie man am Hintergrund sieht, sondern im privaten Umfeld tätig. Vielen Dank für das tolle Interview. Ich bin sicher, dass wir den Leuten viele Anregungen mitgeben konnten, um zu gucken, was sie auf dem Segelflugplatz, beim Ultraleichtfliegen besser machen können. Der Appell lautet, sich anzusehen, was die großen Flieger machen und was wir davon in der kleinen Fliegerei lernen können. Eine spannende Empfehlung ist dein Buch, das im März 2024 mit dem Titel „Guten Tag, hier spricht ihre Kapitänin" auf den Markt kommt. Ich freue mich sehr darauf. Wir zeichneten das Video kurz vor Weihnachten 2023 auf. Im Buch werden bestimmt spannende Anekdoten zu lesen sein.

C.P.: Vielen Dank für die Einladung, Rainer. Wir können viel voneinander lernen. Tolle Idee, diese Themen auf den Tisch zu bringen. Du sprichst von der Erhöhung der Flugsicherheit. Der Mensch hat die Möglichkeit dazu. Auch die Systeme, die immer besser werden. Aber wir machen den Unterschied. Das beschreibe ich in meinem Buch, mit vielen Anekdoten, die ich in meinen über 30 Jahren bis dato erlebt habe.

R.K.: Das ist das perfekte Schlusswort. Ich freue ich mich auf dein Buch.

Interview mit Hans-Peter Zimmermann:
57 Unfallanalysen in der Privatfliegerei

R.K.: Mein Interview-Gast ist vermutlich den meisten Lesern bekannt. Hans-Peter Zimmermann ist Privatpilot für Hubschrauber und Flächenflugzeuge und hat sich durch seinen YouTube-Kanal *„@hpzvideo“* einen Namen geschaffen, indem er Flugunfallberichte im Simulator nachstellt und kommentiert.

Zum Zeitpunkt dieses Interviews folgen ihm fast 27 000 Personen, darunter etliche namhafte Aviatiker, die seinen Stil besonders schätzen.

Hans-Peter, erzählst Du uns kurz etwas zu deinem fliegerischen Werdegang?

HPZ: Im Detail habe ich das in meinem Buch „57 Unfälle der Privatfliegerei“ getan, das Ende 2023 herausgekommen ist. Kurz zusammengefasst: Mein älterer Bruder hatte da eine Vorbildfunktion. Ihm habe ich es zu verdanken, dass ich mit 19 Jahren einen Kurs für Bordradiotelefonie, auch «Voice» genannt, besuchen und meine Rekrutenschule bei den Fliegertruppen absolvieren konnte.

Da Kriegsspiele jedoch nicht so mein Ding sind, habe ich mich früh nach einer Alternative zu den militärischen Wiederholungskursen umgeschaut und bin beim Armeefilmdienst gelandet. Dort war auch gerade viel los in Sachen Aviatik. Die drei JU-52 der Schweizer Armee sollten an eine private Trägerschaft verkauft werden, und wir durften eine Art Abschiedsfilm drehen. Ich war für den Ton zuständig und war somit drei Wochen lang entweder in der JU unterwegs oder im begleitenden Kameraflugzeug, einem Pilatus Porter. Das Fliegervirus hatte mich definitiv erwischt, nur konnte ich mir damals als armer Student nicht vorstellen, dass ich je das Geld für eine Pilotenlizenz zusammenkriegen würde.

1986 machte ich mich beruflich selbständig. 1991 schrieb ich mein erstes Buch, den „Großerfolg im Kleinbetrieb“. Es war sofort ein Bestseller und wurde in mehrere Sprachen übersetzt. Das steigerte natürlich meinen Bekanntheitsgrad, so dass meine Seminare in Persönlichkeitsbildung und Marketing sehr gefragt wurden. Der Erfolg erlaubte meiner Frau Nany und mir, ein kleines Abenteuer zu wagen, unseren Hauptwohnsitz nach Südkalifornien zu verlegen und viermal pro Jahr in die Schweiz zu fliegen, um Seminare abzuhalten.

Dort wurde mir klar, dass ich längst das Geld für eine Pilotenausbildung zur Verfügung hatte. Am 31.12.1993 händigte mir Tim Tucker, der heutige Chefpilot der Robinson-Werke, meine Helikopter-Lizenz aus.

Nach zwei USA-Aufenthalten von insgesamt fast zehn Jahren zogen wir uns in unsere bescheidene Ferienwohnung in Gstaad zurück, und ich begann mit 59 Jahren noch eine Flächenflug-Ausbildung, die ich 2017 mit der PPL(A)-Lizenz abschloss.

R.K.: Wie kam es dazu, dass du einen erfolgreichen YouTube-Kanal zum Thema Flugunfälle auf die Beine gestellt hast?

HPZ: Das war ein glücklicher Zufall. Ich hatte schon seit 2005 einen YouTube-Kanal mit zahlreichen Videos, einige zum Thema Fliegen, andere zu meinen hauptberuflichen Themen. Im Herbst 2020 flog ich mit meiner Frau zum Segnaspass, dem Ort, wo im August 2018 eine JU-52 mit 20 Personen an Bord abgestürzt war.

Der offizielle Untersuchungsbericht war damals noch nicht erschienen, und ich spekulierte während des wunderschönen Fluges über die Ursachen dieser Katastrophe. Ein Video davon stellte ich online, und es hatte im Nu mehrere tausend Klicks.

Wenige Monate später wurde der Untersuchungsbericht veröffentlicht, der weitgehend meine Vermutungen bestätigte. Da ich schon länger einen Flugsimulator besaß, stellte ich den Bericht im Simulator nach, und das Video erzielte wieder sensationell viele Klicks.

Ich muss dazu sagen, dass ich schon jahrelang alle Flugunfall-Berichte eingehend studiert hatte, weil ich aus den Fehlern der anderen lernen wollte. Wenn ich mit meinen Fliegerkollegen über diese Fälle sprach, wurde mir klar, dass nicht jeder gerne Untersuchungsberichte liest. Da kam ich auf die Idee, aus den bereits erfolgreichen Videos eine Serie zu machen und die Unfall-Analysen einem breiteren Publikum verständlich zu machen. Nach einem Jahr stellte ich fest, dass ich 57 Videos hochgeladen hatte. YouTube hat mir schon früh nahegelegt, den Kanal zu monetarisieren, und so bekomme ich jetzt zusätzlich zu meiner Altersrente noch ein kleines Taschengeld.

R.K.: Bekommst du auch Anfragen für Sponsoring?

HPZ: Ja. Aber die lehne ich alle ab, denn was wäre mein Rat wert, wenn meine Community weiß, dass ich damit Geld verdiene. Wenn ich etwas in einem Video empfehle, dann geschieht es kostenlos und weil ich davon überzeugt bin.

R.K.: Ein Alleinstellungsmerkmal deines Kanals ist ja auch deine philosophische Vorbemerkung, oder der „gemeinsame Blick aufs Leben“, wie du es nennst. Ich könnte mir vorstellen, dass das nicht allen gefällt, dass du damit also das Wachstum deines Kanals bremst.

HPZ: Wenn das so wäre, dann wär’s mir egal. Nach den ersten paar Videos fand ich es plötzlich zu billig, nur über das Unglück anderer Menschen zu berichten. Ich habe mein Leben lang anderen geholfen, ein erfüllteres Leben zu führen, und ich war der Meinung, dass vor dem Blick auf den Tod ein Blick aufs Leben erlaubt sein müsse.

Ich denke, der Erfolg gibt mir recht: In letzter Zeit kamen pro Monat tausend neue Abonnenten dazu. Nach einem Abo-Schwund sieht das nicht aus.

R.K.: Im Dezember 2023 ist dein Buch „57 Unfälle der Privatfliegerei" erschienen. Warum gerade 57?

HPZ: Das war mein Werk im ersten Jahr. Und da 57 zufälligerweise auch mein Jahrgang ist, fand ich das ein gutes Omen.

R.K.: Du hast in einem deiner Videos verkündet, dass du jetzt nur noch als Co-Pilot in ein Cockpit steigst. Was ist der Grund? Fliegst du nicht mehr gern?

HPZ: Doch, natürlich. Ich habe auch immer noch ein gültiges Medical. Aber beim Studium der Flugunfälle ist mir aufgefallen, wie oft ältere Piloten große Fehler begangen haben. Dabei fehlt es oftmals nicht an Erfahrung, aber die kognitiven Fähigkeiten nehmen nun einmal im Alter schleichend ab, und ich wollte diesen Entscheid fällen, solange ich noch klar denken kann.

R.K.: Aber mit 66 Jahren? Ist das nicht etwas früh?

HPZ: Möglich. Aber ich sage mir, lieber drei Jahre zu früh als einen Tag zu spät. Außerdem bin ich ja immer noch stark in die Fliegerei involviert und kann jederzeit in die Luft gehen, wenn ich dazu Lust habe.

R.K.: 57 Unfälle sind natürlich nicht repräsentativ. Trotzdem: Was sind deiner Meinung nach die Hauptgründe für Unfälle in der Privatfliegerei?

HPZ: Eindeutig Pilotenfehler. Und selbst dann, wenn ein technischer Defekt vorlag, missachtete der Pilot eindeutige Hinweise, dass er den Flug abbrechen sollte. Ich erwähne nur das Video „Tödlicher Taxiflug", wo sich ein erfahrener Pilot nicht traute, einem deutschen Ehepaar zu sagen, dass sie ihren Anschlussflug in Zürich vergessen können. Ich verstehe, was in diesem Piloten vorgegangen sein muss. Es hat mit dem Präventions-Paradoxon zu tun.

R.K.: Das musst du meinen Lesern erklären.

HPZ: Dieser Pilot hätte niemals beweisen können, dass er diesem Ehepaar gerade das Leben gerettet hat. Dieses Paradoxon gilt übrigens auch für meinen YouTube-Kanal: Ich werde niemals beweisen können, was alles nicht passiert, ist aufgrund meiner Videos. Damit muss man leben können. Du hast ja auch ein Buch veröffentlicht zum Thema „Mentales Training für Piloten". Das scheint mir genauso wichtig zu sein wie die technische Seite bei der Pilotenausbildung. Ein Pilot muss bereit sein, sich unbeliebt zu machen. Er braucht Charakterstärke.

R.K.: Was können Piloten konkret aus deiner Arbeit lernen? Warum sollte man sich deine Videos anschauen?

HPZ: Anschauen allein genügt vermutlich nicht, außer man will lediglich seine Sensationslust befriedigen. Ich bekomme viele Zuschriften von Fluglehrern, die diese Fälle in ihren Unterricht integrieren und mit ihren Schülern darüber diskutieren. Für sie habe ich auch mein Buch „57 Unfälle der Privatfliegerei" geschrieben. Es ist in Form einer Checkliste verfasst, jeder Fall wird auf zwei Seiten zusammengefasst, und je ein QR-Code führt zum Video und zum Untersuchungsbericht.

R.K.: Du hast viel mit Kleinbetrieben gearbeitet. Wie wichtig ist aus deiner Sicht die Austauschkultur innerhalb der Flugvereine, um Unfälle vermeiden zu können?

HPZ: Sehr wichtig. ich sehe nur leider in meiner Umgebung wenig Bereitschaft, das zu tun. Ein Stück weit kann ich es verstehen. Fliegen ist ein so schönes Hobby, bei dem man sich nicht die Laune verderben lassen möchte mit traumatischen Ereignissen. Ich konnte das aber immer abstrahieren, indem ich mir sagte: So schön die Fliegerei ist, ich will niemals den Respekt verlieren, nicht zuletzt, weil ich auch eine Verantwortung gegenüber meinen Passagieren habe.

Ich bin überzeugt, dass einige der Opfer in meinen Videos heute noch leben würden, wenn sie aus den Fehlern der anderen gelernt hätten.

R.K.: Wir haben bei uns im Verein auch angefangen, ein Format zu entwickeln, wo wir uns einmal im Monat treffen, um voneinander zu lernen. Es begann anfangs auch zäh, geht allerdings jetzt in eine gute Richtung. Ich glaube, die Leute merken, dass es Spaß macht, die Unfallursachen zu analysieren und gemeinsam Strategien zu entwerfen, um sie zu vermeiden.

HPZ: Und in jedem Verein gibt es doch bestimmt jemanden, der einen X-Plane- oder Microsoft-Flugsimulator besitzt. Ich stelle meinen immer zur Verfügung an Schülertagen und Cockpit-Schnuppertagen. Die fliegerischen Laien sind immer ganz begeistert. Aber die Aviatik-Profis könnten doch auch einmal auf die Idee kommen, zum Beispiel einen Motorausfall nach dem Take-Off im Simulator zu üben. Das kommt leider viel zu selten vor.

R.K.: Du hast ja vorhin bereits das Präventions-Paradoxon erwähnt. Im Zweifelsfall kann man nicht sagen, was wir vermieden haben. Oder wenn man einen kleinen Sicherheitsaspekt weglässt und das Schweizer-Käsemodell nach James Reason anschaut, dann ist das womöglich fatal. Das ist ein sehr spannendes Thema. Ich glaube, es wäre wirklich hilfreich, diese Videos mehr zu konsumieren.

Ich fand den Unfall von John Denver, den du auch analysiert hast, sehr interessant. Es ist ein Flugunfall der sehr weit von der deutschsprachigen Region weg passiert ist. Es ist sehr spannend zu sehen, woran dieser Unfall gelegen hat.

HPZ: Ich muss dich korrigieren: Ich analysiere nicht selbst; das wäre anmaßend. Ich stelle lediglich die offiziellen Untersuchungsberichte nach und versehe sie mit Erklärungen für Laien und manchmal mit meiner persönlichen Meinung.

R.K.: Der Fall John Denver und ein paar weitere stammen ja von außerhalb des deutschsprachigen Raumes. Haben wir hierzulande zu wenig Unfälle?

HPZ: Leider nein. Aber eine meiner Stärken ist, dass ich mehrere Sprachen spreche. Warum soll ich das nicht meiner Community zugutekommen lassen, indem ich einen französischen, englischen, niederländischen oder schwedischen Unfallbericht visualisiere? Überall werden die gleichen Fehler gemacht. In den USA scheint mir allerdings ein Phänomen zu überwiegen: Die Selbstüberschätzung. Das liegt vermutlich daran, dass das Fliegen in den Vereinigten Staaten immer noch viel preiswerter ist und sich manch einer sein eigenes Flugzeug zulegt. Dann wird zum Teil bei der Wartung gespart, und niemand überwacht den Piloten, der jederzeit sein Flugzeug aus dem Hangar ziehen und losfliegen kann.

Ein typisches Beispiel ist im Video „Tod im Schneesturm" zu sehen. Ein Pilot fliegt mit seinem eigenen Flugzeug zu einer geschäftlichen Verabredung und schlägt mindestens fünf Warnungen der ATC in den Wind, bis er mitten in einen Schneesturm gerät und beim Versuch einer Umkehrkurve abschmiert.

R.K.: Spannend. Mein Fluglehrer sagte damals zu mir, er sieht es als großes Problem an, wenn sich frisch ausgebildete Piloten so schnell wie möglich ein eigenes Flugzeug kaufen und sich als Vereinsmitglied herausnehmen. Wir müssen bei uns im Verein jedes Jahr einen Checkflug absolvieren, was ich richtig finde. Innerhalb dieser Flüge fragt mich der Fluglehrer, was ich gerne Neues ausprobieren möchte, und wir üben da, wo ich Übungsbedarf sehe. Wenn ich mich als Pilot so einem Bereich entziehe und das Thema Wartung entspannter oder fahrlässiger bewerte, hat das natürlich großes Gefahrenpotenzial.

HPZ: Auch bei uns findet jedes Jahr so ein Checkflug statt. Meinen Fluglehrern habe ich einmal gesagt, dass mir im Syllabus ein wichtiger Punkt fehle.

R.K.: Und der wäre?

HPZ: Ich habe so viele Unfallberichte studiert, wo die Piloten im langsamen Kurvenflug „abgeschmiert" sind, also einen einseitigen Strömungsabriss erlebten, dass ich einen Drill bezüglich Minimalgeschwindigkeit als unerlässlich erachte. Angenommen, ich steige in die Super Dimona unserer Fluggruppe, dann muss mir klar sein, dass ich beim Drehen in den Queranflug bei einer bestimmten Kurvenneigung auf gar keinen Fall eine bestimmte Geschwindigkeit unterschreiten darf. In dieser Zahl, die in meinem Kopf eingebrannt sein sollte, muss auch bereits eine Reserve für plötzliche Veränderungen des Windes mit eingerechnet sein.

R.K.: Hat man euch denn nicht beigebracht, welche Geschwindigkeiten in welchen Flugphasen angemessen sind?

HPZ: Doch, aber das sind Richtgeschwindigkeiten. Ich möchte eine klare Grenze im Kopf haben, bei der sämtliche Alarmglocken läuten und ich sofort die Flugzeugnase senke.

R.K.: Ich glaube, da gibt es wirklich noch sehr viel zu lernen. Wenn wir es schaffen, über Bücher, Videos und über Dialoge in den Vereinen die Flugsicherheit über die dynamische Seite etwas zu verbessern, erreichen wir viel. Die Fliegerei ist sehr schön, allerdings geschehen immer wieder Unfälle. Man sagt, dass es sich prozentual gesehen noch im Rahmen halte. Dieses Negieren des Risikos ist womöglich genau die Überheblichkeit, die zu einem Unfall führen kann.

HPZ: Darf ich dich noch etwas fragen? Du hast ja auch mehrere Bücher geschrieben. Zwei davon zum Thema Fliegen, ist das korrekt?

R.K.: Ja. Beim ersten Buch ging es um mentales Training für Piloten, und beim zweiten um dynamische Flugsicherheit.

HPZ: Was verstehst du unter dynamischer Flugsicherheit?

R.K.: Für mich ist die Abgrenzung zwischen statischer und dynamischer Flugsicherheit wichtig. Die statische Flugsicherheit geschieht nach Unfällen. Wenn beispielsweise ein bauliches Element zu schwach war und abgebrochen ist, wird es im Nachhinein verstärkt. Statische Flugsicherheit ist immer reaktiv.

Mit dynamischer Flugsicherheit meine ich verstärkt den Dialog untereinander. Zum einen geht es hier um das Mentale, man nennt es auch Human Factors. Man muss selbst mental stark sein, aber auch den menschlichen Faktor mit dem Passagier oder mit dem Fliegerkollegen nicht außer Acht lassen.

Wenn wir beide im gleichen Verein sind, kann der eine dem anderen den Hinweis geben, dass man beispielsweise zu wenig Sprit im Tank hat. Ebenso kann man sich mitteilen, wenn ein Bergpass nicht fliegbar ist.

Auch innerhalb einer ganzen Organisation ist die dynamische Flugsicherheit relevant. In der Fluggruppe zum Beispiel muss über das Thema Flugsicherheit gesprochen werden. Eine Vertrauenskultur ist in der Hinsicht wichtig. Wenn ein Pilot zum Beispiel eine harte Landung hingelegt hat, muss er den Technikexperten mitteilen, dass etwas nicht stimmt. Gerade bei Vereinsflugzeugen ist man darauf angewiesen, dass solche Dinge gemeldet werden.

Das alles soll natürlich sanktionslos ablaufen. Es darf nicht geschehen, dass ein Pilot, der die Landungen ständig nicht hinbekommt, das Flugzeug nicht mehr fliegen darf. Es muss viel mehr wertgeschätzt werden, dass man so etwas meldet. Wenn man untypische Erfahrungen meldet, können die Technikexperten der Sache nachgehen und entdecken womöglich Fehler am Fahrwerk, die so nicht direkt sichtbar wären, da sie wissen, dass es einen Grund geben muss.

HPZ: Das gefährdet natürlich andere. Die Motorfluggruppe Zürich behandelt momentan einen Fall, wo man bei einer Kontrolle nach 100 Flugstunden bemerkt hat, dass der ganze Rahmen beschädigt ist. Das Flugzeug muss verschrottet werden. Der Pilot hat nicht gemeldet, dass er eine extrem harte Landung hatte und hat damit wirklich andere Menschen gefährdet. Es wäre durchaus sinnvoll, wenn man diese Fehler vermeiden könnte.

R.K.: Es muss das Bewusstsein geschaffen werden, dass es ein ganz anderes Risikopotential hat, wenn man ein defektes Flugzeug hat und nicht darüber spricht. Es ist nicht so wie bei einem defekten Oldtimer, den man an einer bestimmten Stelle stehen lässt. Es ist zwar schade, aber es schadet keinem.

HPZ: Mal eben rechts Ranfahren funktioniert in der Fliegerei leider nicht, und daher sollte man den Respekt vor der dritten Dimension niemals verlieren.

R.K.: Ich glaube, in der Hinsicht ist noch viel Potenzial vorhanden. Ich bin dir sehr dankbar für deine Videos. 5,2 Millionen Klicks sind ein starker Leistungsausweis. Du hast damit sehr vielen Leuten geholfen. Danke, dass du für das Interview zur Verfügung standest; ich freue mich auf weitere Videos aus deiner Küche.

HPZ: Danke, und «many happy landings»!

Toll organisierter Ausflug einiger Schweizer Piloten nach Bad Waldsee Reute EDMZ.

Interview mit Robert Sentef:
Flugsicherheit beim Alpenflug

R.K.: Ich freue mich wieder über einen unheimlich interessanten Interviewgast: Robert Sentef. Viele kennen ihn durch sein Buch „Alpenflug". Aus meiner Sicht eine ganz dringende Empfehlung für alle, die sich mit der Gebirgsfliegerei auseinandersetzen möchten oder auch schon erfahren sind. Es ist ein Füllhorn an tollen Beispielen, an Tipps und Tricks. Robert, ich freue mich sehr, dass wir die Möglichkeit haben, im Interview ein paar Fragen zu stellen, worauf es beim Alpenflug ankommt. Was ist deine fliegerische Vita? Wie kam es auch zu dem Buch?

R.S.: Ich habe als Kind schon immer Modellflieger gebastelt und bin mit 16 dann gleich zum Drachenfliegen übergegangen. Ich habe mit 20 dann auch als Drachenfluglehrer mitgearbeitet und dann sehr viel in den Bergen auch Flugreisen betreut. Ich habe mit den unterschiedlichsten Leuten zu tun gehabt, von unterschiedlicher Couleur und dann natürlich Gleitschirm fliegen. Dann kam irgendwann nochmal der Christoph Kratzner und hat zu mir gesagt: „Da musst du jetzt mitkommen nach Australien, wir gehen jetzt Segelfliegen." Damit kam das Segelfliegen dazu und dann das Motorfliegen. Freunde von mir haben hier einen kleinen, privaten Flugplatz aufgemacht und da bin ich dann mit eingestiegen. Das ist bei mir hier. Ich wohne in Bad Tölz. Damit ist jeder Flug von mir quasi auch ein Alpenflug. Meine Freundin Heike sagt dann schon immer: „Das bereitet dem Robert schon richtig körperliche Schmerzen, wenn wir mal irgendwo nach Norden fliegen müssen." Das ist aber auch wirklich so. Das Fliegen im Flachland ist nicht so mein Ding. Zur Entspannung fliege ich dann gleich wieder eine Runde in den Bergen herum. Irgendwann kam bei mir die Luftbildfotografie dazu. Das heißt, ich bin sehr viel in den Alpen unterwegs. Heike und ich haben damals für den DULV gearbeitet. Wir haben dafür die Flugreisen organisiert und wir kamen gerade mit zwölf Flugzeugen aus Sizilien zurück. Das war ein wahnsinnig imposanter Tag in den Dolomiten und in den Alpen, für mich war es richtig schön. Ich sagte über Funk zu meinen Leuten hinter mir: „Schaut mal nach links in die Dolomiten. Es ist nachmittags, die Sonne scheint schräg rein, ist es nicht ein wunderschönes Bild?" und dann funkt einer zurück: „Robert, das geht bei mir

Das Interview als Video

nicht ums Genießen, bei mir geht es ums Überleben.“ Da habe ich mir überlegt: mit Sicherheit hat er recht, dass es für ihn genauso ist. Für ihn geht es hier nicht ums Genießen, sondern der ist wirklich maximal gestresst, maximal in seiner Anforderung und der kämpft wohl wirklich ums Überleben. Dann habe ich angefangen, darüber nachzudenken. Und ist ja klar, wenn du irgendwo in Paderborn aufgewachsen bist oder Berlin oder wo auch immer und hattest nie den Bezug gehabt zu den Bergen, dann fehlt dir was. Ich habe seit über 30 Jahren den Bezug. Dein Fluglehrer kann es dir wahrscheinlich auch nicht vermitteln, denn der ist auch da in Berlin oder in Hannover oder sonst wo aufgewachsen. Der kommt vielleicht auch nur einmal alle paar Jahre in die Berge. Woher sollen diese Piloten also das Wissen haben? In Gesprächen hat sich dann herauskristallisiert, das wäre vielleicht eigentlich eine gute Idee, da darüber mal ein Buch zu schreiben und vor allem, nach heutigem Wissensstand mit heutiger Methodik, Apps und Programmen. Dann habe ich mir überlegt, was muss da alles mit hinein. Was für mich natürlich ganz klar war, ist das Wetter. Deswegen ist ein Drittel des Buches auch über das Wetter. Ich habe auch ein Kapitel Mental Airborne genannt. Das finde ich sehr, sehr spannend, weil ich glaube, dass wir ganz viele Unfälle vermeiden könnten mit mentaler Vorbereitung. Wenn wir mit einem ganz anderen, mit einem vorbereiteten, trainierten Mindset an die Sache herangehen.

R.K.: Was verstehst du denn unter mentaler Vorbereitung? Was gehört für dich gerade bei der Alpenfliegerei da dazu?

R.S.: Alpenfliegen ist in erster Linie schon mal anders in Form der Routen. Wenn du von Kempten nach Flensburg fliegen willst, einmal quer durch Deutschland, da machst du da einen Startpunkt, einen Zielpunkt und das ist wahrscheinlich ein gerader Strich. Dann umfliegst du vielleicht noch den einen oder anderen Luftraum und fertig. Wenn du in den Alpen fliegst, zum Beispiel Kempten nach Bozen, dann musst du da viele Knicke machen, musst ein paarmal abbiegen, du folgst den Tälern, aber dazwischen hast du immer wieder mal Abweichungen von dieser geplanten Route. Dann folgst du nicht nur diesem Strich, dem man im Flachland eindimensional folgt, in den Alpen ist das nur eine grobe Vorgabe, sondern du entscheidest situativ immer, wo ist es für deinen Flug am besten. Es gibt viele, die sagen: *„In den Alpen fliegt man in den Tälern immer rechts.“* Das ist immer schon der erste Fehler. Das Einzige, was in den Alpen beim Fliegen wirklich immer ist: es ist immer anders. Du brauchst immer eine Flexibilität. Du brauchst immer diesen Plan B und meistens dann auch noch C und D und E. Das ist das, wo du dich mental drauf vorbereiten musst, dass du dich immer von einem Checkpoint zum nächsten hangelst. Du tastest dich heran und du musst diese Flexibilität auch im Kopf haben. Wenn ich in Innsbruck dann südlich abbiege Richtung Brenner und der ist dann doch nicht so schön, es ist doch zu turbulent oder der Pass ist vielleicht doch nicht offen, dann musst du durch deine Flexibilität die Entscheidung treffen: Ich drehe hier, jetzt um! Mit der Flexibilität musst du bereits am Boden in den Flieger gestiegen sein. Dann fliegen wir eben nicht über den Brenner, sondern nur noch nach Zell am See und gehen da schön essen und gut ist es.

R.K.: Das heißt, im Vorfeld muss ich schon die Strategie haben, wenn der Brenner dicht ist und oder ich mag nicht, ich fühle mich nicht wohl, dass ich dann eben auch weiß, da gibt es Alternative A, B oder C.

R.S.: Genau. Mitte Oktober wollten wir nach Venedig fliegen zu zweit, also mit zwei Fliegern. Da war es genau so. Wir sind über den Alpenhauptkamm drüber und im Herbst haben wir dann ganz häufig die Situation, dass die Poebene in dicke Wolken gehüllt ist. Wir kamen bei den Lienzer Dolomiten aus den Alpen heraus und es war alles in Wolken gehüllt. Dann flogen wir noch ganz an den östlichen Rand, in der Hoffnung vielleicht finden wir irgendwo ein Schlupfloch bei Belluno. Aber es war dort dann auch nicht so sicher und nicht so safe. Komm, lass uns umdrehen, dann fliegen wir eben nach Salzburg und machen uns einen schönen Abend in Salzburg. Das war dann genauso toll. Diese Flexibilität, die brauchst du da einfach.

R.K.: Inwiefern spielt da aus deiner Sicht auch der Druck womöglich eine Rolle, entweder mit dem anderen Fliegerkollegen, der im anderen Flugzeug ist, oder womöglich mit einem Passagier? Wenn ich sage, wir fliegen nach Venedig und die freuen sich sehr darüber, vielleicht ist es sogar noch ein Geburtstagsgeschenk zum 50. und dann sagt man: „Übrigens, Salzburg ist auch cool."

R.S.: Genau, das sind die Treiber, die uns im Kopf herumgeistern. „Mensch, ich habe es doch meiner Freundin versprochen, dass wir das Wochenende in Venedig verbringen. Ich habe das Hotel schon reserviert." Das ist sowieso ein Fehler als VfR-Flieger ein Hotel fest zu buchen. In den Alpen machen wir das nie. Genau sowas würde dich dann dazu veranlassen. „Mist jetzt muss ich hier eine Stornogebühr bezahlen im Hotel", oder was auch immer. Diese Flexibilität, die brauchst du einfach im Kopf, dann lebst du länger.

R.K.: Ich finde, es ist gerade ein ganz spannender Hinweis. Allein dieses Hotel buchen als VfR-Flieger macht keinen Sinn. Das sind so kleine Hinweise in Deinem Buch, wo man sagt: „Stimmt, da hat er recht." Das finde ich an deinem Buch auch so klasse, dass da eben immer wieder so kleine Merksätze drin sind. Für mich hat sich ein Merksatz auch so schön eingebrannt: „Traue keinem über 4000 Meter, vor allem nicht dir selber."

R.S.: Das ist der Unterschied, ob ich mit einem Airliner fliege oder selbst fliege. Hier muss ich alle Entscheidungen selbst treffen. Oftmals kann ich keinen anderen fragen. Wenn ich in einen Airliner einsteige, z. B. ich flieg von Portugal nach München, dann hole ich mir mein Bier, meinen Wein oder sonstiges und lasse es gut sein. Hier in der Privatfliegerei aber bin ich für alles selber verantwortlich und muss meine Entscheidungen ALLEINE treffen.

R.K.: Wie wichtig ist für dich der Austausch? Wenn sich jemand an das Thema Alpenflug herantrauen will, auch mit Fliegerkollegen entweder im Tandem, also zu zweit oder zu dritt zu fliegen oder im Vorfeld so was auch mal durchzusprechen? Ist das aus deiner Sicht empfehlenswert oder wie sollte sowas ablaufen?

R.S.: Ja, natürlich ist es empfehlenswert, aber auch mit Vorsicht zu genießen, denn es kommt stark darauf an, wen ich frage. Hat der viel Erfahrung? Was ist seine persönliche Einstellung und so weiter? Ich würde schon Leute fragen, wo ich wirklich ein gutes Gefühl habe und zu denen man vertrauen hat. Wichtig auch zu wissen, die haben auch gute Erfahrungen. Dann kommt das Nächste hinzu, wie kann der seine Erfahrungen teilen? Ich finde es wichtig, auch im Fliegerverein mit Kameraden zu reden. Allerdings: wie aktuell sind die Informationen? Diese gegenseitige Befruchtung in Fliegervereinen, empfinde ich, hält auch das Wissen aufrecht.

R.K.: Wir hatten einen Flug von Bad Waldsee nach Bresso/Mailand mit dem Fliegerverein geplant. Der hat dann leider wegen des Wetters nicht stattgefunden. Was ich da ganz spannend fand, dass die erfahrenen Piloten auch selber ihre Entscheidungen nochmal reflektieren mussten, weil von den Novizen ganz spannende Nachfragen kamen.

R.S.: Warum ist das so? Warum machst du das hier so?

R.K.: Warum fliegen wir nicht da? Ich hätte gedacht, wir fliegen da einfach geradeaus drüber. Diesen Dialog fand ich sehr interessant. Bis hin zu der Falle, wo ein Erfahrener meinte, als Ausweichflugplatz nehmen wir Como. Nach Blick auf die Luftkarte sagten alle, ja, Como passt. Bis er dann darauf hinwies: „Como, ist euch schon klar, ist nur für Wasserflugzeuge." Das fand ich ganz spannend, als dann auch gerade die Jüngeren gesagt haben: „Der hätte uns fehlgeleitet." Natürlich hätte sich das noch aufgelöst, aber allein dieser Punkt: Glaube nicht alles, was dir jemand so sagt. Sei vernünftig genug, deinen eigenen Verstand zu bedienen.

R.S.: Das ist das, was ich vorhin gemeint habe, mit Vorsicht zu genießen.

R.K.: Du begleitest manchmal Piloten, auch in deiner Rolle als Fluglehrer, bei Alpeneinweisungen. Was sind da die Haupterfahrung oder womit kämpfen die Leute am meisten?

R.S.: Das ist so spannend, weil, es ist wirklich immer anders. Ich frage die Leute am Anfang: „Wo sind eure persönlichen Grenzen und Engpässe? Was sind eure Herausforderungen? Wo habt ihr noch Angst." Ganz klar es kommt häufig das Thema Wetter, Wettervorbereitung und wie ist die Wettereinschätzung. Beim anderen ist es aber zum Beispiel, wie fliege ich dann im italienischen

Luftraum? Wie funke ich dort und so weiter? Wie verhalte ich mich da? Das hat zwar nicht unbedingt was mit Alpenfliegen zu tun, aber trotzdem irgendwo im Randbereich. Beim anderen ist es dann, wie verhalte ich mich in den Bergen? Rechts und links steht so ein riesengroßer Brocken neben mir, massives Gestein. Das ist schon Ehrfurchtseinflößend. Auch für mich, immer noch, wenn ich da durchfliege. Das ist einfach so. Wie gehe ich damit um? Wie verhalte ich mich? Wie bewege ich mich dort? So sind ungefähr die Themen bei den Piloten, aber wie gesagt, das ist bei jedem anders.

R.K.: Was ich auch interessant finde, wer bringt welche Themen mit. Auch wie du gerade sagst, dieses Thema, wer bringt schon was mit. Mir fällt zum Beispiel auf, dass die Navigation im Gebirge mir relativ leichtfällt, eben auch unter anderem durchs Skifahren, weil ich eben ganz viele Gebirgsverläufe und Talverläufe kenne. Ich weiß, wenn ich nach Ischgl fahren will, dann muss ich da abbiegen. Wenn ich über den Brenner will, muss ich da abbiegen. Wenn ich nach Zell am See will, muss ich da abbiegen. Und diese Auto-Erfahrung macht es mir dann in der Luft leichter. Ich kann mir vorstellen, dass das für den ein oder anderen, der sich nur wenig in den Bergen bewegt hat, auch eine echt große Challenge ist. Das ist im Flachland erfahrungsgemäß wirklich einfacher

R.S.: Ja, genau, das ist wirklich einfacher. Ich merke es manchmal, wenn wir beim Segelfliegen oder Gleitschirmfliegen im Flachland sind. Da denke ich mir immer, das ist wahnsinnig. Du hast hier vier Himmelsrichtungen und kannst es dir einfach aussuchen. Das haben wir in den Alpen nie. Wir fliegen gezwungenermaßen von einem Berg zum nächsten, von einem Tal zum nächsten und müssen uns auch immer mit den lokalen Windsystemen auseinandersetzen. Im Flachland hast du einen Wind und fertig.

R.K.: Wenn wir jetzt mal nicht nur in das Positive wie proaktiv hereingehen, sondern auch mal in die Rückbetrachtung gehen, was vielleicht auch manchmal echt dämliche Entscheidungen waren. Was sind aus deiner Sicht die Gefahrenquellen, wo man sagt: „Da hätte man auch nein sagen müssen“ oder „im Nachhinein betrachtet war der Unfall echt auch bekloppt.“ Gibt es da aus deiner Sicht irgendwelche Erfahrung oder vielleicht auch Beispiele, wie: „Mensch, das wäre echt vermeidbar gewesen?“

R.S.: Da gibt es viele, ich glaube, wahrscheinlich 95 Prozent der Unfälle. Wir haben vorhin kurz gesprochen über den einen Unfall in Zell am See im Jahr 2019. Da war ich gerade dabei, mein Buch zu beenden und habe eigentlich gerade so ein ähnliches Thema bearbeitet. Da dachte ich mir: „Warum?“ Es war kurz vor Weihnachten, da ist ein Pilot mit seiner Tochter in einer Cirrus bei Schlechtwetter geflogen. Er wollte mit einem Wolken-Durchstoßverfahren nach Zell am See und das hat dann nicht geklappt. Die sind am gegenüberliegenden Berg hängengeblieben. Der Flugplatz Salzburg wäre frei gewesen. Der ist fünf – zehn Minuten weiter mit der Cirrus. Warum versuche ich das zwei, drei Mal? Keine Ahnung. Ein anderes Thema ist der Föhn. Da habe ich einen sehr traurigen Absturz in Innsbruck, leider ein berührendes Beispiel. Föhn ist eine Sache, den kannst du nicht wirklich sehen. Föhn bemerkst du erst mal gar nicht. Du hast einen schönen blauen Himmel, dazu ist es warm, es ist ein schöner Tag. Vielleicht ist es ein bisschen zu warm, vielleicht kommt der Wind auch manchmal aus einer ungewohnten Richtung, sehr wahrscheinlich merkst du es nicht unbedingt gleich, dass etwas ungewöhnlich ist. Der Pilot kam von der Schweiz, eigentlich ein erfahrener Flieger, und wollte nach Kroatien. Er hat in Innsbruck nur ganz kurz aufgetankt. Es war frühmorgens gegen 8:00 Uhr UTC. Das war gerade die Zeit, wo der Föhn dann so langsam, aber massiv, durchgebrochen ist. Er startete wieder in Innsbruck und während dem Steigflug kam er in eine Föhnwalze, bzw. in eine Böe, er hatte leider Pech gehabt. Das ist eine Sache, die hätte man mit guter Vorbereitung schon herausfinden und vermeiden können, dass an diesem Tag böige und vor allem föhnige Situationen vorherrschen. Das ist nicht unbedingt das Thema bei dir, dass das eine Mentale Sache wär, aber vielleicht auch mental, also Mindset, weil so nach dem Motto: „ich bin ein erfahrener Flieger und fliege nur mal kurz vorbei, dann wird es mich schon nicht treffen."

R.K.: Das heißt, einerseits waren es Vorbereitungsfehler, womöglich Wetterwerte nicht ausreichend gecheckt, und im ersten Beispiel vielleicht auch einfach eine Entscheidung durchgepresst, weil ich als Pilot mir sage: „Mensch, wird schon passen und trifft mich vielleicht nicht so."

R.S.: Genau, es ist das Durchpressen.

R.K.: Wir merken, das Thema ist hochkomplex und ich glaube, es ist umso wichtiger, dass man sich mit den Themen beschäftigt. Immer wieder auch mal überlegt, wie könnte man es da besser machen? Dein Buch Alpenflug kann ich wirklich wärmstens empfehlen. Das liegt bei mir auf dem Nachtkästchen und ich lese da ab und zu mal hinein. Ich habe mir neulich auch ein Ultraleicht Lehrbuch „Ultraleicht Fliegen kompakt" von Winfried Kassera nochmal herausgenommen, dass ich damals zur Prüfungsvorbereitung hatte. Ich dachte mir, ich lese es noch mal durch oder überfliege es zumindest und musste festgestellt, dass ich manche Dinge jetzt besser verstehe als damals in der Prüfungsvorbereitung, bzw. auch manche Dinge schlichtweg vergessen hatte. Ich hatte das Gefühl, ich weiß, ich habe es gelesen, aber es kam mir neu vor. Ich glaube, dieser konstante Weiterbildungsprozess ist so wichtig in der Fliegerei.

R.S.: Ja, definitiv. Ich bin ein großer Fan vom Season Opener von Austro Control (*https://www.austrocontrol.at/piloten/season_opener*). Ich würde gerne sowas in Deutschland auch haben wollen, aber Deutschland ist wesentlich größer und komplexer. Wenn du jedes Jahr daran teilnimmst, erhöhst du dein Wissen Stück für Stück. Wenn du aber jedes Jahr nirgends teilnimmst, keine Fachartikel liest, keine Fachzeitschriften, wenn du dich nie mit anderen Piloten austauschst, dann baust du Stück für Stück ab Irgendwann steigst du dann in deinen Flieger und kommst in eine Situation, in der du dich nicht so auskennst, in der du unsicher bist und dann sind wir wieder an dem Punkt, dass du Angst entwickelst. Wenn die Angst größer wird, dann geht es zur Panik, dann schlägt es um und dann triffst du mit Sicherheit keine guten Entscheidungen mehr. Dann hast du eigentlich nur noch Glück.

R.K.: Ich finde, was man als Hobbyflieger auch immer wieder nochmal in den Vordergrund setzen muss: wir fliegen, weil wir Spaß haben wollen. Wir wollen eine tolle Zeit erleben, wollen vielleicht Passagieren die Welt von oben zeigen. Das kann ich natürlich dann besser, länger und schöner, wenn ich mich mit dem Thema beschäftige und vor allem, wird es dann sicherer. Dann bleibt da einfach langfristig viel Spaß und Freude am Fliegen.

R.S.: Ja, genau. Deswegen ist es wirklich wichtig, auch mal was in seine Sicherheit zu investieren. Wir investieren in irgendwelche Features und Gadgets in unseren Fliegern, aber in Fortbildungen auch mal zu investieren, ist wichtig. Im Gleitschirmbereich ist es besser etabliert, obwohl es auch manchmal verpönt. „Ich fliege doch schon seit 20 Jahren, ich muss doch nicht mit einer Flugschule nach Namibia reisen und Cobra-Starttechniken lernen." Ich sage aber: „Doch, macht das. Geh mit deiner Flugschule eine Woche weg, mache mal eine neue Starttechnik und du lernst auch so viel mehr in dieser einen Woche." Nicht nur die Starttechnik, sondern das ist auch der Austausch wieder mit den Fluglehrern, der Austausch mit den anderen Piloten. Du lernst da so viel dazu, was nicht so vordergründig ist. Das gibt dann insgesamt, wenn du das Jahr für Jahr machst, letztendlich einen sicheren Piloten ab.

R.K.: Ich finde, da ist manchmal ein kleines Detail, das mich dann aber wieder weiterbringt. Ob das aus einem Artikel war, aus einem Flugseminar, wie du sagst, beim Austausch bei einer Flugreise, da lerne ich einfach mehr. Ich glaube, viele Piloten, die auch noch Wenigflieger sind, die aber womöglich eine eigene Maschine haben, nicht mehr in einem Netzwerk von einem Verein oder so was sind. Sie laufen da echt Gefahr, dass sie halt im Zweifelsfall schlechter werden. Oder mein Fluglehrer, der im positiven Sinne sehr pedantisch war, und da bin ich ihm wahnsinnig dankbar, der sagte immer sinngemäß: „Schlampig wird es von selber, auf meine Präzision mache ich keine Abstriche". Ich dachte mir: „Ja, verdammt nochmal, er hat recht", weil es wird automatisch schlampig, so wie das Autofahren. Das wird auch nicht besser vom viel Fahren.

R.S.: Das ist auch ein gutes Beispiel. Ich meine, wie viele Flugstunden haben wir Piloten denn? 10 vielleicht, manche 20 pro Jahr und wie viele Stunden habe ich im Auto? 100 Stunden? Mein Fluglehrer hat immer gesagt: „Würden wir alle so viel Fliegen wie wir Autofahren, dann wären wir alle viel bessere Piloten."

R.K.: Ich meine auch gerade diese Routine im positiven Sinne, aber auch das bewusst machen, was mache ich da? Was läuft gut, was läuft weniger gut? Auch dass die Debrief nach irgendwelchen Flügen, wo man sagt: „An der Stelle war alles super", oder „Nein, das war zu 90 Prozent klasse, aber in 2 Situationen war es haarig und da haben wir gepennt" oder „Das hätten wir eigentlich klarmachen müssen." Ich denke, so etwas ist echt wichtig. Genauso wie in den Austausch zu gehen.

R.S.: Genau, ehrlich zu sich sein. Selbstüberschätzung, das ist oft ein Punkt, wo es gefährlich wird. Auch ehrlich zu sich sein, auch mal die Dinge ansprechen, was war nicht so toll, und zu reflektieren.

R.K.: Ich glaube, Reflexion ist der Schlüssel zum Erfolg, nicht nur im Nachhinein, aber vor allem auch im Vorfeld. Zum Beispiel einen Plan zu haben oder auch Plan B oder C zu haben. Robert, ich bin dir wirklich dankbar für das Buch, danke auch für das Interview. Ich bin mir sicher, durch dein Buch sind schon ganz viele schöne Flugerlebnisse passiert oder geschehen oder durften so sein und wahrscheinlich wurde auch die eine oder andere haarige Situation vermieden. An der Stelle vielen, vielen Dank! Man sieht sich irgendwo auf einem Flugplatz nördlich oder südlich der Alpen. Da freue ich mich auf jeden Fall.

R.S.: Gute Flüge.

Faszination Alpenflug.

Über den Autor Rainer Krumm

Rainer Krumm ist seit 1997 Unternehmensberater und Managementtrainer, und Autor von 15 Fachbüchern. Dabei begleitet er Top-Führungskräfte in deren Entwicklung und unterstützt Organisationen in Veränderungsprozessen und im Kulturwandel. Er gilt als einer der erfahrensten Organisationsentwickler nach dem Graves-Modell (9 Levels of Value Systems®). Er hat in 23 Ländern Workshops durchgeführt.

Rainer Krumm ist selbst seit 1990 aktiver Gleitschirmflieger, seit 2005 Motorschirmflieger, sowie seit 2020 Ultraleicht-Pilot. Er trainierte bereits die Deutschen Nationalmannschaften der Drachen- und Gleitschirmflieger, und bereitete die Damen Nationalmannschaft im Segelfliegen auf die Weltmeisterschaft im Bereich „Erfolg durch zielorientiertes Denken und Handeln“ vor.

Sein Buch „Mentales Training für Piloten“ ist ein Besteller und inzwischen ein Standardwerk.

Im Arbeitskreis Flugsicherheit im BWLV war er mehrere Jahre aktives Mitglied. Er ist Mitglied im Sport- und Segelflieger-Club Bad Waldsee-Reute e. V. und lebt in Ravensburg.

Kontakt:
rainer@krumm.de
www.mentalpilot.de

Literaturverzeichnis

AOPA Germany; Tips für Flugsicherheit, o. J.

Bartel, Stefan, Mit der Bradley-Kurve zu mehr Arbeitssicherheit https://www.quentic.at/fachbeitraege/mit-der-bradley-kurve-zu-mehr-arbeitssicherheit/ Stand 09.08.2023

Baumgartl, Siegfried; Kurz, Thomas : Sicherheit im Luftsport – Wege aus der Krise; LUFTSPORT FEBRUAR/MÄRZ 2022; S. 48 – 49

Bender, T.; Janssen, P.; Tänzler, K.; Gleitschirmsegeln für Meister, München, 2. Auflage, 1990

Brandl, P.; Entscheidungen treffen, Offenbach, 2023

Eckardt, R.; Mentale Stärke von Kampfpiloten lernen, Stuttgart, 2014

Eichenberger, R., Über den Wolken, Lachen, 2022

Dekker/Oates/Rafferty; Restorative Just Culture in Practice, New York, 2022

Dorn, L., Zum Einfluss von Anfordeerungen an Cockpitbesatzungen auf die Flugsicherheit, Ilmenau, 2011

Gasperl, H., Ready for take off, Saarbrücken, 2013

Ginter/Romppel; Hit the Culture Button, SpringerGabler, Wiesbaden, 2023

Kahnemann, D.; Schnelles Denken, langsames Denken, München 2011

Kalckreuth, A. v., Das stille Abenteuer; Erlebnisse und Begegnungen eines Alpenfliegers, Spezialausgabe, Stuttgart, 2002

Kassera, W.; Motorflug Kompakt, Stuttgart, 2020

Kassera, W.; Ultraleichtfliegen Kompakt, Stuttgart, 2020

Katzenbach, Smith, TEAMS, der Schlüssel zur Hochleistungsorganisation, Heyne, 2000

Krumm, R.; Mentales Training als Schlüssel zum Erfolg, in: Fly & Glide 02/2000, S. 61 – 63

Krumm, R.; Mentales Training für Piloten, Stuttgart, 2. Aufl. 2009

Krumm, R.; Mentales Training, Was zeichnet einen erfolgreichen Piloten aus?, in: Fly & Glide 01/2001, S. 42 – 44

Krumm, R.; Selbstmotivation, in: Fly & Glide 04/2000, S. 70 – 71

Krumm, R.; Stress: Ent-Spannung nach spannenden Flügen; Umgang mit stressigen Situationen für Piloten, in: Segelfliegen 03/2006, S. 23 – 25

Krumm, R.; Stressmanagement für Piloten, in: DULV-Info Nr. 01/2006, S. 30 – 32

Krumm, R.; Teams im Individualsport, in: Gleitschirm Magazin, 08/2003, S. 66

Krumm, R.; Tins, A. Ent-Spannung nach spannenden Flügen, in: DHV-Info Nr. 127/2004, S. 80 – 82

Krumm, R.; Umgang mit stressigen Situationen für Piloten, in: IZA; Zeitschrift für Gesundheit und Sicherheit am Arbeitsplatz, 03/2006, S. 31 – 35

Krumm, R.; Verantwortung akzeptieren und übernehmen, in: Fly & Glide 03/2000, S. 52 – 53

Krumm, R., 9 Levels of Value Systems. Ein Entwicklungsmodell für die Persönlichkeitsentfaltung und die Evolution von Organisationen und Kulturen, Bicken, 2017

Krumm, R; Change ist doof! Warum sich Menschen gegen Veränderungen wehren, Bicken, 2014

Krumm, R., Change Management von A bis Z, Wiesbaden, 2018

Krumm, Rainer: 30 Minuten. Werteorientiertes Führen, Wiesbaden, 2014

Krumm, Rainer / Martina Bär-Sieber / Hartmut Wiehle: Unternehmen verstehen, gestalten, verändern. Das Graves-Value-System in der Praxis. Wiesbaden, 2015

Krumm, Rainer / Benedikt Parstorfer: Clare W. Graves. Sein Leben, sein Werk. Die Theorie menschlicher Entwicklung, Bicken, 2014

Krumm, R.; Wittig, S., 30 Minuten Teamkultur, Wiesbaden, 2020

Krumm, R.; Wittig, S., 30 Minuten Organisationskultur, Wiesbaden, 2024

Lehmann, E.; Streckenfliegen beginnt im Kopf ...; in: DHV-Info Nr. 139/2006, S. 34 – 38
Leibing, A., Flugsicherheit oder die Chance zu Überleben, Hamburg, 1968
Martens, B.; Das Thermikbuch für Gleitschirm- und Drachenflieger, Gaißach, 2005
Müller, R. Flugsicherheit!, Gelsenkirchen, 1970
Nesler, M.; Öchsl-Nesler, G.; Nestflucht, München, 2007
Piccard, B., Spuren am Himmel; Mein Lebenstraum, München, 1998
Rascher, S.; Just Culture in Organisationen, Wiesbaden, 2019
Reason, J. Organizational Accidents Revisted, Boca Raton, 2016
Reason, J., Humar Error, Cambridge, 1990
Reason, J, Managing the Risks of Organizational Accidents, Hants, 1997
Schmidt, F. Ultraleichtfliegen, München, 7. Auflage, 2005
Sentef, R.; Alpenflug, Bad Tölz, 2021
Walther, P.; Werden Sie ihr eigener Coach; in: ManagerSeminare 07/2006; S. 40 – 46
Withmore, J.; Coaching für die Praxis; Freiburg, 2006

Endnoten/Referenzen

[1] Baumgartl, Siegfried; Kurz, Thomas : Sicherheit im Luftsport – Wege aus der Krise; LUFTSPORT FEBRUAR/MÄRZ 2022; S. 48 – 49

[2] BFU, Flugsicherheitsinformation, Außenlandungen Unfallschwerpunkt Nr. 1 im Segelflug, V 175, Februar 2011

[3] Vgl. Reason, J. Managing the risks of organizational Accidents, 1997

[4] Bundesstelle für Flugunfallanalysen; Studie zur Flugsicherheit von Luftsportgeräten – Analyse von Unfällen und Störungen mit Luftsportgeräten in Deutschland in den Jahren 2000 – 2019

[5] Vgl. Dekker/Oates/Rafferty; Restorative Just Culture in Practice, 2022

[6] Vereinigung Cockpit; Just Culture & Reporting Guide – ADAAP 2023

[7] Jungkurth.M., Offene Fehlerkultur – im Luftsport umsetzbar?, in der adler., 03/2023, S. 35, 36

[8] https://www.lba.de/DE/Luftfahrtunternehmen/Ereignismeldungen/Rundschreiben_Dokumente/Rundschreiben_node.html

[9] https://www.lba.de/SharedDocs/Downloads/DE/SBI/SBI3/Statistiken/Betrieb/Ereignismeldungen_einzeln.html;jsessionid=69D1ACE7BE3BAEB17E5F1742436268EA.live21303?nn=2092166

[10] Vgl. Bartel, Stefan, Mit der Bradley-Kurve zu mehr Arbeitssicherheit https://www.quentic.at/fachbeitraege/mit-der-bradley-kurve-zu-mehr-arbeitssicherheit/ Stand 09.08.2023

[11] https://www.arbeitssicherheit-sofort.de/magazin/bradley-kurve/

[12] Vgl. https://www.domeba.de/blog/risikomanagement/unfallpyramide/

[13] Peking, F.; Flugzeugtür fiel Mann vor die Füße, Schwäbische Zeitung, 11. Januar 2023

[14] https://www.fliegermagazin.de/wissen/ruderflattern-fluganfaenger-stuerzt-beim-ersten-soloflug-im-neuen-flieger-ab/

[15] Vgl. Beck, Henning; Hirn auf Abwegen, in ManagerSeminare 11/2023 Heft 308, S. 50 – 58

[16] Vgl. Meindl/Shearer; Saisonstart und Training im Navigationsflug, in der adler, 07/2003, S. 24 – 27

[17] Kubin, Robert, Saisoneinstieg, Thermik Magazin 06/2023; S. 27 – 33

[18] Göring, A., Schröder, T., Das Geschlecht läuft immer mit oder wann Man(n) zum Risikofaktor wird., in bergundsteigen, 1/09, S. 56 ff

19 https://open.spotify.com/episode/7f1Nw31TFcFxonAFVcLzJo?si=9f352ccb9caf4f51 und https://open.spotify.com/episode/1GJuDACm6sZXtx55qtiMgk?si=98848c8dba2147fa

20 Verkehrsunfälle Unfälle von Frauen und Männern im Straßenverkehr 2020; Statistisches Bundesamt (Destatis); S.7

21 Withmore (2006); S. 16

22 Withmore (2006), S. 101

23 Vgl. Hofbauer/Kauer (2008), S. 175

24 Fischer-Epe/Epe (2007), S. 14

25 Vgl. Fischer-Epe/Epe (2007), S. 14 – 16

26 Walther; P. (2006), S. 44

27 Saladini, R. (2008), S. 38-39

28 Interview mit U. Prinz in: DHV-Info 157/2009; S. 94

29 Dolderer in: Lindinger, 2009

30 Withmore (2006); S. 102

31 Nesler et al. (2007), S. 153

32 Eckardt (2014), S. 57

33 Kuhn, Jochen, Einer für alle, alle für einen; der adler 10/2022; S. 38 – 39

34 Piccard (1998), S.233 ff

35 Weinreich, G. Frauen im Flugsport, in der adler, 07/2023, S. 32 ff

36 Vgl. http://wirtschaftslexikon.gabler.de/Archiv/55073/unternehmenskultur-v7.html

37 Wagner, S., BWLV-Workshop Generation Z geht in Führung, in der adler, 03/2023, S. 4,5

38 Ginter/Rompp; Hit the Culture Button, 2023, S. 26

39 Rainer Krumm: ‚9 Levels of Value Systems', werdewelt Verlags- und Medienhaus GmbH, 2012

40 Anhand der Windaufzeichnungen konnte das sehr gut nachvollzogen werden. Was aber nicht den kompletten Unfallbericht ersetzt.

Das Magazin für die Allgemeine Luftfahrt
Der aerokurier informiert als Fachmagazin für Piloten über die Themen Motor-, Ultraleicht- und Segelflug, Business Aviation und Helicopter Operations sowie Luftsport und Luftfahrttechnik.
www.aerokurier.de / 67. Jahrgang
aerokurier
DAS MAGAZIN FÜR PILOTEN
SPECIAL
Flight Training
32 Seiten EXTRA
Flight Training
Pilot Report Tecnam P-Mentor
Der kleine Profi-Trainer
Air Leben AeroShell Aerobatic Team
Segelflug Luftwandern in Europa
Praxis Unterwegs bei Schnee
Leserwahl 2023
Jetzt abstimmen und tolle Preise gewinnen!
JEDEN MONAT NEU
PILOT LOGBOOK
Aktuelle Ausgabe jetzt als Heft oder E-Paper bestellen:
Web: aerokurier.de/heft | Telefon: 0781 6396659
E-Mail: mps-bestellungen@burdadirect.de